Creo 6.0 从入门到精通

肖 扬 张晟玮 万长成 编著

电子工业出版社
Publishing House of Electronics Industry
北京 · BEIJING

内 容 简 介

Creo软件是PTC公司的高端三维CAD/CAM/CAE软件之一，本书以其最新版本Creo 6.0为基础进行编写，主要介绍了软件的二维草绘、零件建模、产品装配、二维工程图创建、机构运动分析与仿真、结构分析与优化设计及NC加工等模块的功能、操作方法和在工程中的实际应用。对于每个模块，都首先介绍模块的功能和命令的使用，然后通过大量的工程设计实例示范让读者掌握模块的功能和操作方法。书中实例基于作者近三十年在工程设计领域中的软件应用、教学、开发经验，经过精心的挑选与设计，具有工程设计问题的典型性和实用性。阅读本书，按照示范步骤一步一步地操作，就可以完成具体的设计任务，实现对软件的快速掌握，从而可以进行常规工程产品的三维设计、分析、优化和制造了。

本书内容全面，可作为工程技术人员掌握Creo应用技术的参考书籍，也可供高等院校工程设计、机械设计等相关专业学生学习参考。

图书在版编目（CIP）数据

Creo 6.0 从入门到精通 / 肖扬，张晟玮，万长成编著. —北京：电子工业出版社，2020.6
ISBN 978-7-121-39103-3

Ⅰ.①C... Ⅱ.①肖...②张...③万... Ⅲ.①计算机辅助设计－应用软件 Ⅳ.①TP391.72

中国版本图书馆 CIP 数据核字（2020）第 099844 号

责任编辑：宁浩洛（ninghl@phei.com.cn）
印　　刷：北京七彩京通数码快印有限公司
装　　订：北京七彩京通数码快印有限公司
出版发行：电子工业出版社
　　　　　北京市海淀区万寿路 173 信箱　　邮编：100036
开　　本：787×1092　1/16　印张：24.25　字数：621 千字
版　　次：2020 年 6 月第 1 版
印　　次：2025 年 1 月第 7 次印刷
定　　价：80.00 元

凡所购买电子工业出版社图书有缺损问题，请向购买书店调换。若书店售缺，请与本社发行部联系，联系及邮购电话：(010) 88254888，88258888。

质量投诉请发邮件至 zlts@phei.com.cn，盗版侵权举报请发邮件至 dbqq@phei.com.cn。

本书咨询联系方式：(010) 88254465，ninghl@phei.com.cn。

前　言

　　PTC 公司于 1988 年发布了 Pro/ENGINEER 软件的第一版，以参数化和基于特征的三维建模为特点，经过三十多年的发展，软件的名称已经由 Pro/ENGINEER 变为 Creo；从功能上，也已经由单纯的三维设计建模发展到涉及产品设计、分析、制造、管理的全过程，包含 CAD、CAM、CAE、CAID 及可视化等应用。结合当前物联网、智能制造体系下智能设计的趋势，2019 年 5 月发布的 Creo 6.0 引入了实时仿真新功能，扩展了增强现实（AR）和增材制造设计功能，以及众多关键生产力的增强功能，连接了数字设计与物理产品，可帮助企业更快、更智能地设计面向未来的产品。

　　我国现在正处于制造业转型升级的关键时期，要提高企业的竞争力，产品设计/制造/管理的高科技应用必不可少。物联网技术、增材制造、智能制造等技术会大量地在企业应用，因此使用基于这些技术的 Creo 软件进行产品的数字设计、分析、制造和管理是非常有必要的。广大的工程技术人员及在校的学生都迫切需要熟练地掌握 Creo 软件的使用方法和相关知识，这也正是本书的写作目的。

　　本书基于广大工程技术人员在具体的工程设计实践中对 Creo 软件的需求编写，基本覆盖了产品设计、分析、制造的全流程。对三维造型和 CAD/CAM/CAE 等的相关介绍清晰、实用，也适合高等院校相关专业的在校学生阅读参考。

　　全书共 16 章，主要介绍了二维草绘、零件建模、产品装配、二维工程图创建、机构运动分析与仿真、结构分析与优化设计及 NC 加工等模块的功能和操作方法。在章节的安排上考虑了产品设计过程的顺序和各模块在建模过程中的使用频率和难易程度。对于每个模块，都首先介绍模块的功能和命令的使用，然后通过大量实例让读者掌握软件各模块的功能和操作方法。书中实例都经过精心的挑选与设计，具有典型性和实用性。阅读本书，按照示范步骤一步一步地操作，就可以很快、很容易地掌握 Creo 软件的使用方法了。

扫描二维码
提取资源下载链接

　　本书附带相关资源，包括书中所有实例的操作视频、素材文件和最终结果，以方便读者操作参考。读者可通过输入网址：https://phei-edu-res-huabei.oss-cn-qingdao.aliyuncs.com/2021/39103.rar，或扫描右侧二维码提取下载链接，获取本书资源。

　　本书由肖扬、张晟玮、万长成编著。在本书完成之际，感谢电子工业出版社的编辑、本书合作者和参与编写工作的研究生们，谢谢大家的辛勤劳动和认真努力，才使出版想法最终变成了现实。

　　由于水平和条件所限，书中难免会有不足和疏漏之处，衷心希望读者批评指正。

编著者

目 录

第1章

Creo 6.0 简介

1.1 Creo 6.0 概述

Creo 是美国 PTC 公司于 2010 年 10 月推出的三维参数化产品设计软件包。它是整合了 PTC 公司的 Pro/ENGINEER 的参数化技术、CoCreate 的直接建模技术和 ProductView 的三维可视化技术的新型 CAD 设计软件包，是 PTC 公司闪电计划所推出的第一个产品。

作为 PTC 闪电计划中的一员，Creo 具备互操作性、开放、易用三大特点。在产品生命周期中，不同的用户对产品开发有着不同的需求。不同于其他解决方案，Creo 旨在消除 CAD 行业中几十年迟迟未能解决的问题，这些问题是：

- 基本的易用性、互操作性和装配管理；
- 采用全新的方法实现解决方案（建立在 PTC 的特有技术和资源上）；
- 提供一组可伸缩、可互操作、开放且易于使用的机械设计应用程序；
- 为设计过程中的每一名参与者适时提供合适的解决方案。

Creo 的主要应用程序包括 Creo Parametric、Creo Direct、Creo Simulate、Creo Sketch、Creo Layout、Creo Schematics、Creo Illustrate、Creo View MCAD、Creo View ECAD，其中 Creo 软件包含 Creo Parametric、Creo Direct 和 Creo Simulate，Creo View 包含 Creo View MCAD 和 ECAD，其余应用程序都是单独发布的。Creo 是一个可伸缩的套件，集成了多个可互操作的应用程序，功能覆盖整个产品开发领域。Creo 的产品设计应用程序使企业中的每个人都能使用最适合自己的工具，因此，他们可以全面参与产品开发过程。除了 Creo Parametric，还有多个独立的应用程序在 2D 和 3D 建模、分析及可视化方面提供了新的功能。Creo 还提供了空前的互操作性，可确保在内部和外部团队之间轻松共享数据。

Creo 提供了四项突破性技术，解决了长期以来 CAD 应用环境中的可用性、互操作性、技术锁定和装配管理关联等方面的问题。这些突破性技术包括：

1）任意角色应用（AnyRole Apps）

在恰当的时间向正确的用户提供合适的工具，使组织中的所有人都参与到产品开发过程中。最终结果：激发新思路、创造力以及效率。

2）多样的建模方式（AnyMode Modelling）

提供业内唯一真正的多范型设计平台，使用户能够采用二维、三维直接或三维参数等方式进行设计。在某一个模式下创建的数据能在任何其他模式中被访问和重用，每个用户可以在所选择的模式中使用自己或他人的数据。此外，Creo 的 AnyMode 建模将让用户在模式之间进行无缝切换，而不丢失信息或设计思路，从而提高团队效率。

3）普适的设计数据利用（AnyData Adoption）

能够统一使用任何 CAD 系统生成的数据，从而实现多 CAD 设计的效率和价值。参与整个产品开发流程的每一个人，都能够获取并重用 Creo 产品设计应用软件所创建的重要信息。此外，Creo 提高了原有系统数据的重用率，降低了技术锁定所需的高昂转换成本。

4）任意 BOM 组装（AnyBOM Assembly）

为团队提供所需的能力和可扩展性，以创建、验证和重用高度可配置产品的信息。利用 BOM 驱动组件以及与 PTC Windchill PLM 软件的紧密集成，用户将开启并达到团队乃至企业前所未有的效率和价值水平。

2019 年 4 月 PTC 推出了最新版本的 Creo 三维计算机辅助设计（CAD）平台 Creo 6.0。最新发布的 Creo 6.0 将八大前沿技术融合在产品研发中，最终呈现在增材制造（3D 打印）、实时仿真、物联网（IoT）、增强现实（AR）、基于模型的定义（MBD）五大领域。通过将数字化设计与物理产品相连，设计的完成将更加迅速、更加智能。另外，新版 Creo 6.0 拥有现代化的界面，提供更优化的整体用户体验。Creo 6.0 的主要增强功能包括：

1）增强现实协作

每个 Creo 许可证都已拥有基于云的 AR 功能。用户可以查看、分享设计，与同事、客户、供应商和整个企业内的相关人员安全地进行协作，还可以随时随地访问自己的设计，Creo 6.0 进一步优化了这些体验。现在，用户可以发布并管理多达 10 个设计作品，控制每个作品的访问权限，还能根据需要轻松地删除旧作品。此外，用户现在还可以发布用于微软 HoloLens 和以二维码形式呈现的作品。像 HoloLens 这样的头戴式视图器可以使佩戴者与数字对象进行交互，而无须平板电脑或手机。

2）仿真和分析

全新的由 ANSYS 提供支持的 Creo Simulation Live 可在建模环境中提供快捷易用的仿真功能，对用户的设计决策做出实时反馈，从而让用户加快迭代速度并能考虑更多选项。

Creo Simulation Live 是一个快速、易用的仿真方案，被完全集成到 CAD 建模环境中。用户可以在设计工作进行时执行热分析、模态分析和结构分析，不再需要与 CAE 工程师来回商榷，也不再需要简化和重新划分模型。

3）增材制造

Creo 6.0 新增晶格结构、构建方向定义和 3D 打印切片，为增材制造设计提供更加完善的功能和更大的灵活性。此外，晶格设计的整体性能也得到了提升：支持新的晶格单元、可构建方向分析和优化、支持切片和 3D 打印文件格式 3MF。用户通过使用 Creo 6.0 可以在一个环境中完成设计、优化、验证以及运行 3D 打印检查，从而减少整体处理时间、停滞和错误。Creo 6.0 支持的 Gyroid 晶格单元最大限度地减少了对支撑结构的需求，可以节省材料、加快打印速度并减少后处理步骤。

Creo 6.0 可以帮助用户轻松提高工作效率以适应快速变化的产品设计。在此版本中，用户将发现用户界面 UI 及以下内容的改进：

（1）工作效率的核心改进。现代化界面带来更优良的整体用户体验以提高工作效率：新增了用于创建和修改功能的全新迷你工具栏；提供了现代化的功能仪表板；改进了模型树。

（2）基于模型的定义。Creo 6.0 扩展了 MBD 模块的功能，改进了独立注释、注释结构的父/子关系、针对数据共享功能的注释共享，以及其他更多的生产力增强功能，这些将有助于更轻松地管理注释。

（3）智能紧固件扩展（IFX）。使用 Creo IFX 可以将已有的紧固件迁移到新建库中，以创建自定义库。在 Creo 6.0 中，可以同时创建多个孔、检查相关紧固件是否已存在，以及轻松访问迷你工具栏中的命令。在选择紧固件参考时，可以检查数据库中是否已存在紧固件。

（4）布线。在 Creo 6.0 中，定义和放置套管和标记的单击次数减少了 50%，并且有一些新功能可以更有效地放置这些项目。例如，可以从电缆的任意一端控制套管和标记的放置，使用新的重复命令保存单击，甚至让 Creo 6.0 自动指定套管和标记的名称。当将设计检入 Windchill 时，可以在物料清单中看到它们，方便更有效地创建和放置套管以及更好地控制它们的位置。

（5）核心建模功能又一次得以改进。Creo 6.0 持续为产品开发人员提供更好的可用性和生产力工具，包括通过迷你工具栏、尺寸标注工具栏和现代化功能仪表板来更快、更直观地直接访问功能选项。模型的特征树表示和核心建模功能的增强提高了软件的易用性。钣金切割的模型重生成功能得到了改进，钣金展平功能有了显著增强，现在可以自动检测相邻壁并为这些壁创建拐角止裂槽和角缝。

经过数十年的发展，Creo 已经成为当今三维建模设计软件的领头者，广泛应用于电子、机械、工业与民用建筑、工业造型、航空航天、家电等设计制造领域，并且已经成为事实上的工业标准。

1.2 ► Creo 6.0 的安装

1．安装要求

1）操作系统要求

工作站上运行：Windows NT 或 UNIX。

个人机上运行：Windows NT、Windows 98/ME/2000/XP/7/8/10。

2）硬件要求

CPU：一般要求 Pentium 3 以上。

内存：一般要求 1GB 以上。

显卡：一般要求支持 Open_GL 的三维显卡，分辨率为 1024×768 像素以上，至少使用 64 位独立显卡，显存不小于 512MB。

网卡：必须要有。

显示器：分辨率为 1024×768 像素以上，24 位真色彩或以上。

鼠标：三键鼠标。

2．安装方法和过程

运行 Creo 6.0 安装程序 setup.exe，启动 PTC 安装助手，选中【安装新软件】单选按钮，如图 1.2.1 所示。之后按照软件的提示，按步骤进行安装。

需要特别说明的是，Creo 6.0 的安装路径是可以自行选择设定的，若需要指定程序的安装路径，则在应用程序选择界面下（如图 1.2.2）的安装路径显示框里输入完整路径；若需要指定安装的组件，则单击【自定义】按钮，在弹出的对话框里根据自己的需求，勾选需要安装的组件，再单击【确定】按钮即可。

　　当安装路径与组件都定义完成后，单击图 1.2.2 所示界面上的【安装】按钮，开始安装软件程序。等待安装完成，桌面出现与之前选择组件相应的快捷方式后即完成 Creo 6.0 的全部安装操作。

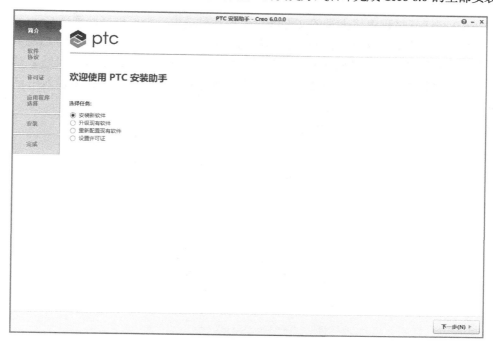

图 1.2.1　安装欢迎界面

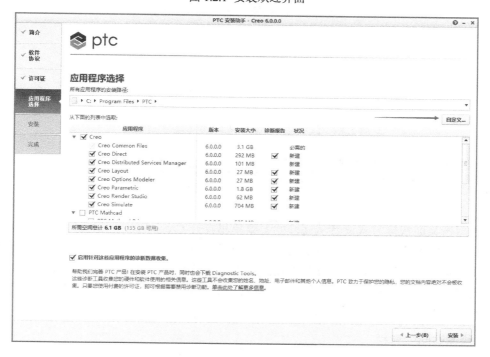

图 1.2.2　应用程序选择界面

1.3 设置 Creo 6.0 的启动目录

Creo 6.0 在运行过程中将大量的文件保存在启动目录中，为了更好地管理 Creo 6.0 的大量关联文件，在使用 Creo 6.0 之前应设置其启动目录。鼠标右键单击桌面上的 Creo 6.0 快捷方式，在弹出的菜单中单击【属性】项。此时弹出【Creo Parametric 6.0.0.0 属性】对话框，打开【快捷方式】选项卡，如图 1.3.1 所示。在【起始位置】右侧文本框中输入用户自定义的启动目录路径，单击【确定】按钮，完成设置。

图 1.3.1 【Creo Parametric 6.0.0.0 属性】对话框

1.4 Creo 6.0 工作界面介绍

直接双击桌面快捷方式或者从【开始】菜单里打开 Creo 6.0，创建【零件】文件，进入 Creo 6.0 的零件创建工作界面。根据用户选择的工作模式不同，界面也不同，但是各个模块的界面风格是大致相同的。我们以零件模式为例，简单介绍 Creo 6.0 的工作界面。工作界面包括快速访问工具栏、标题栏、功能区、视图控制工具条、导航选项卡、图形区、信息提示区及智能选取栏，如图 1.4.1 所示。

1. 快速访问工具栏

快速访问工具栏中包括新建、保存、修改模型和设置 Creo 6.0 环境的一些命令按钮。单击按钮，执行相关的命令，这为用户快速执行命令提供了极大的方便。用户可以根据自身需求情况定制快速访问工具栏。

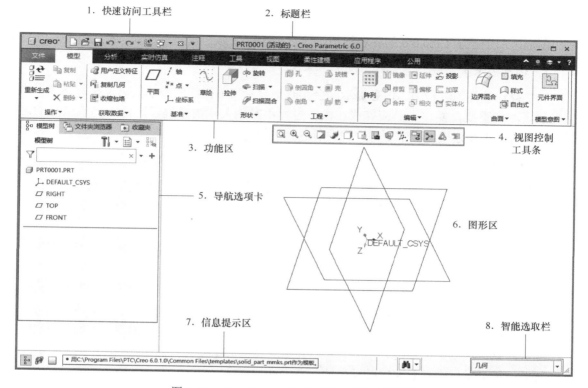

图 1.4.1　Creo Parametric 6.0 零件创建工作界面

2．标题栏

标题栏显示了活动的模型文件名称及当前软件版本。

3．功能区

功能区中包含【文件】下拉菜单和命令选项卡。其中命令选项卡显示了 Creo 6.0 中的所有功能按钮，并以选项卡的形式进行分类，用户可以根据具体情况定制选项卡。值得注意的是，在用户使用过程中常会看到有些菜单命令和按钮处于非激活状态（呈灰色），这是由于当前操作中还不具备使用这些功能的条件或者未进入相关环境，一旦具备使用这些命令的条件或进入相关环境，便会自动激活。

4．视图控制工具条

视图控制工具条是将【视图】选项卡中部分常用的命令按钮集成在一起的工具条，以方便用户实时调用，快速控制显示方式等。

5．导航选项卡

导航选项卡包括三个页面选项：模型树或层树、文件夹浏览器和收藏夹。

模型树或层树：列出了当前活动文件中的所有零件及特征，并以树的形式显示模型结构。

文件夹浏览器：用于查看文件。

收藏夹：用于有效组织和管理个人资源。

6. 图形区

图形区用于显示 Creo 6.0 的各种模型。

7. 信息提示区

用户操作软件的过程中，信息提示区会实时地显示当前操作的提示信息及执行结果。信息提示区非常重要，操作人员应养成在操作过程中时刻关注信息提示区内的提示信息的习惯，这样有助于在建模过程中更好地解决所遇到的问题。

8. 智能选取栏

智能选取栏也被称为过滤器，主要是为了方便用户快速选取需要的模型要素。

1.5 Creo 6.0 的基本操作

1. 键盘和鼠标的相关操作

Creo 6.0 通过鼠标与键盘来输入命令、文字和数值等。鼠标左键用于选择命令和对象，中键用于确认或者缩放、旋转及移动视图，而右键则用于弹出相应的快捷菜单。

缩放：直接滚动鼠标中键。

旋转：按下鼠标中键后移动鼠标指针。

平移：同时按下<shift>键和鼠标中键并移动鼠标。

2. 新建文件

单击【文件】下拉菜单下的【新建】按钮，或直接单击快速访问工具栏中的该按钮，弹出【新建】对话框，如图 1.5.1 所示。选择不同【类型】和【子类型】选项，则进入不同的功能模块界面。需要注意的是，Creo 6.0 默认的长度单位通常不是 mm。在选好【类型】和【子类型】后，取消勾选【使用默认模板】复选框，单击【确定】按钮，弹出如图 1.5.2 所示的【新文件选项】对话框，这时用户便可以选择符合自己建模要求与习惯的模型单位了。

3. 保存文件

（1）单击快速访问工具栏中的【保存】按钮，弹出【保存对象】对话框，如图 1.5.3 所示。在此对话框中设置当前模型的保存路径，单击【确定】按钮完成文件的保存。

（2）将鼠标指针停留在【文件】下拉菜单上的【另存为】选项上，便可以打开【保存模型的副本】菜单，如图 1.5.4 所示。

单击【保存副本】命令，弹出【保存副本】对话框。在【保存副本】对话框中输入当前模型副本名称和存储路径，单击【确定】按钮完成副本的创建。

单击【保存备份】命令，弹出【备份】对话框。在【备份】对话框中定义当前模型备份文件的存储路径，单击【确定】按钮完成备份的创建。

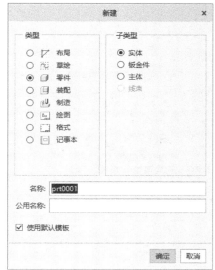

图 1.5.1　【新建】对话框

图 1.5.2　【新文件选项】对话框

图 1.5.3　【保存对象】对话框

　　单击【镜像零件】命令，弹出【镜像零件】对话框，如图 1.5.5 所示。在【镜像零件】对话框中可以设置镜像的类型以及与当前模型的相关性：选中【仅几何】单选按钮，则仅对来自选定零件的几何创建镜像合并；选中【具有特征的几何】单选按钮，则创建包含原始零件所有特征的镜像合并；勾选【几何从属】复选框修改原始模型时，镜像的合并几何将随之更新。单击【确定】按钮，系统打开镜像文件。

图 1.5.4 【保存模型的副本】菜单　　　　　　　图 1.5.5 【镜像零件】对话框

4．删除文件

将鼠标指针停留在【文件】下拉菜单上的【管理文件】选项上，即可打开【管理文件】菜单，如图 1.5.6 所示。

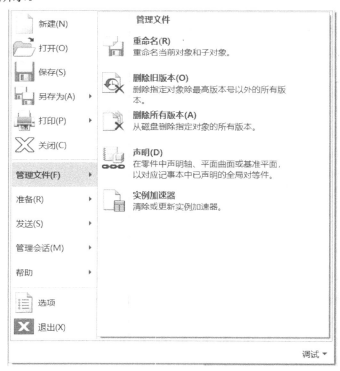

图 1.5.6 【管理文件】菜单

在打开模型的情况下，单击【删除旧版本】命令，弹出【删除旧版本】对话框，如图 1.5.7 所示。在此对话框中，Creo 6.0 将会提示用户确认是否删除当前活动窗口的模型所对应的所有旧版本，单击【是】按钮，完成操作。

单击【删除所有版本】命令，弹出【删除所有确认】对话框，如图 1.5.8 所示。单击【是(Y)】按钮，则删除当前模型的所有版本。

图 1.5.7　【删除旧版本】对话框　　　　　图 1.5.8　【删除所有确认】对话框

1.6　Creo 6.0 配置文件简介

1. 配置文件的功用

Creo 6.0 的配置文件是 Creo 的一大特色，Creo 6.0 里的所有设置都是通过其配置文件来完成的，例如，在选项里可以设置中英文双语菜单、单位、公差以及更改系统颜色等。掌握各种配置文件的使用方法，根据自己的需求来制作配置文件，可以有效提高工作效率，减少不必要的麻烦，也有利于标准化。

配置文件包括系统配置文件和其他配置文件。

（1）系统配置文件用于配置整个 Creo 6.0 系统，包括 config.sup 以及 config.pro。Creo 6.0 安装完成后这两个文件存在于 Creo 6.0 安装目录下的"text"文件夹内。一般配置文件的路径为：X:\Program Files\PTC\Creo6.0\Common Files\text\config，其中 X 代表用户安装 Creo 6.0 时所使用的内存盘。在 Creo 6.0 启动时，首先会自动加载 config.sup，然后是 config.pro。config.sup 是受系统保护即强制执行的系统配置文件，如果其他配置文件里的选项设置与这个文件里的选项设置存在矛盾，系统以 config.sup 中的设置为准，它的配置不能被覆盖，这个文件一般用于进行企业强制执行标准的配置。

（2）其他配置文件有很多，下面介绍几种常用的配置文件。

- Gb.dtl——工程图主配置文件。
- Format.dtl——工程图格式文件的配置文件。
- Table.pnt——打印配置文件。
- A4.pcf——打印机类型配置文件。
- Tree.cfg——模型树配置文件。

需要注意的是，其他配置文件命名中扩展名是必需的。文件名有些可以自定义，一般来讲按照系统默认的命名就可以了。

2. 配置文件的更改

1）系统配置文件的更改

下面以更改绘图设置选项为例，说明如何对系统配置文件进行更改。

方法：直接通过软件提供的【Creo Parametric 选项】修改。

单击【文件】下拉菜单中的【选项】命令，弹出【Creo Parametric 选项】对话框，单击对话框左侧【配置编辑器】选项。此时，在该对话框中可以完成工程图模板、零件图模板、装配图模板的指定，以及长度单位、质量单位的设置。

在【Creo Parametric 选项】对话框中，选择【drawing_setup_file】选项对其值进行更改。单击其【值】下的下拉列表框右侧的下拉按钮，如图 1.6.1 所示。在弹出的下拉列表中选择【浏览】（英文环境下为【Browse】），此时弹出【选择文件】对话框，选择"standard_mm.dtl"文件打开即可，如图 1.6.2 所示。

然后单击【Creo Parametric 选项】对话框中的【确定】按钮，弹出【Creo Parametric 选项】提示框，如图 1.6.3 所示。如果单击【是(Y)】按钮，则弹出【另存为】对话框，系统默认在启动目录中生成新的系统配置文件 config.pro，单击【确定】按钮，则系统配置文件保存了绘图设置选项的更改，以"standard_mm.dtl"文件定义的工程图格式作为当前环境的格式；如果单击【否(N)】按钮，则此设置只对本次操作生效。

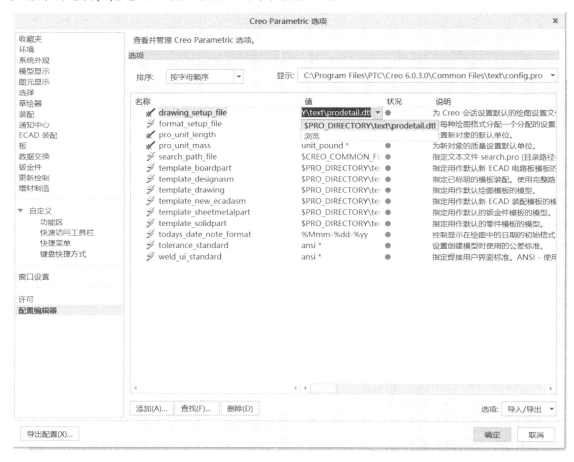

图 1.6.1 【Creo Parametric 选项】对话框

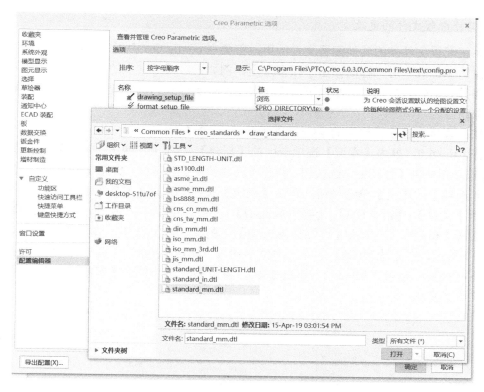

图 1.6.2 【选择文件】对话框

图 1.6.3 【Creo Parametric 选项】提示框

2）其他配置文件的更改

除系统配置文件外的其他配置文件的更改都要在 config.pro 中指定才能生效。

中国国家标准中对工程图做出了很多规定，例如，对尺寸文本的方位与字高、尺寸箭头的大小等都有明确的规定。下面以更改工程图中的箭头样式为例，说明如何对其他配置文件进行更改。

方法：直接通过软件提供的【Creo Parametric 选项】修改。

打开 Creo 6.0，单击【主页】选项卡中的【新建】按钮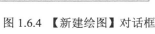，弹出【新建】对话框，选取【类型】选项组中的【绘图】单选按钮，弹出【新建绘图】对话框，如图 1.6.4 所示。选取【指定模板】选项中的【空】单选按钮，单击【确定】按钮，进入工程图创建界面。

选择【文件】|【准备(R)】|【绘图属性(I)】命令，如图 1.6.5 所示，弹出【绘图属性】窗口，如图 1.6.6 所示。单击【详细信息选项】下的【更改】按钮，弹出【选项】对话框，如图 1.6.7 所示。在【选项(O)】下的文本框中输入"arrow_style"，单击【值】下拉列表框右侧的下拉按钮，选取"filled"。单击【添加/更改】按钮，单击【确定】按钮，完成工程图配置文件的更改。

图 1.6.4 【新建绘图】对话框

图 1.6.5 【绘图属性(I)】命令位置

图 1.6.6 【绘图属性】窗口

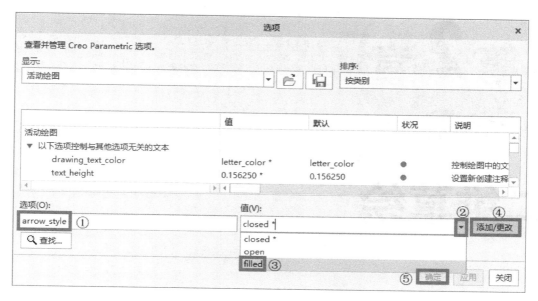

图 1.6.7　【选项】对话框

第 **2** 章

二维草绘

2.1 草绘简介与草绘的基本过程

草绘器是 Creo 6.0 中进行平面图形绘制的模块。对于三维造型来讲，有很多地方是需要进行平面图形的绘制的，都要使用草绘器的功能进入草绘模式，因此它是使用 Creo 的基础。

1．进入草绘模式

平面图形的绘制是在草绘模式下进行的，进入草绘模式有两种途径：

（1）由草绘模块进入草绘模式：单击快速访问工具栏中的【新建】按钮或执行【文件】|【新建】命令，弹出如图 2.1.1 所示的【新建】对话框。在【类型】选项组中选中【草绘】单选按钮，在【名称】文本框输入文件名称，然后单击【确定】按钮，进入草绘模式。该模式下创建的二维草图文件扩展名为 ".sec"，可以在创建三维零件时调用。

（2）由零件模块进入草绘模式：将在后面章节介绍。

2．二维草绘模式下的基本术语

Creo 软件草绘过程中常常会使用到一些较为专业的术语，了解这些术语对掌握草绘十分有利。常用术语如下：

图 2.1.1 【新建】对话框

- 图元：指二维草图中组成截面几何的元素，如直线、中心线、圆弧、圆、样条曲线、点及坐标系等。
- 参照图元：指创建特征截面或标注时所参照的图元。
- 约束：定义某个单一图元几何位置或多个图元的位置与几何关系。

3．设置草绘环境

在 Creo 软件中创建二维草图时，用户可以根据个人需要设置草绘环境。

单击菜单栏【文件】|【选项】命令，弹出【Creo Parametric 选项】对话框，如图 2.1.2 所示。设置完成后，单击【确定】按钮生效。部分选项组介绍如下。

【对象显示设置】：设置在草绘环境中是否显示尺寸、约束符号、顶点等项目，被选中的项目系统会自动显示。

【草绘器约束假设】：可以设置在草绘环境中的优先约束选项。系统会根据该选项的选择，自动创建有关约束。

【精度和敏感度】：设置尺寸显示的小数点位数或求解器的精度。

【草绘器栅格】：可以设置在草绘环境中的栅格状态，包括栅格类型、栅格间距、栅格方向。

【草绘器启动】：选中该选项，进入草绘模式时草绘平面自动定位与屏幕平行。

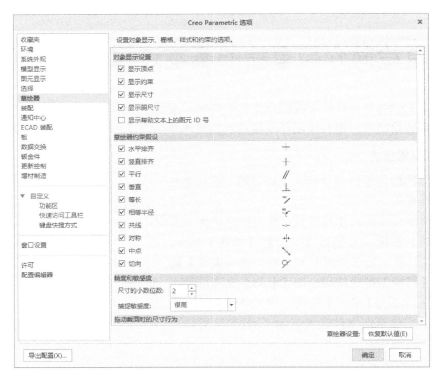

图 2.1.2 【Creo Parametric 选项】对话框

4．草绘基本过程

（1）粗略地绘制几何图元，即勾勒出图形的大概形状。

（2）编辑添加约束。

（3）标注尺寸绘制图元时，系统自动生成的尺寸为弱尺寸，以较浅的颜色显示；用户创建的尺寸则以较深的颜色显示，称为强尺寸（弱尺寸在用户修改成功后将自动转变为强尺寸）。

（4）修改尺寸。

（5）重新生成。

（6）草图诊断。检查草图中是否存在几何不封闭、几何重叠等问题。

2.2 草绘界面与工具的使用

1．草绘工具简介

功能区【草绘】选项卡主要包括操作、基准、草绘、编辑、约束、尺寸、检查等区域，如图 2.2.1 所示。

图 2.2.1 【草绘】选项卡

1）【选择】按钮

在【操作】区域按下【选择】按钮 ，切换到选取图元模式。单击鼠标左键，可一次选取一个项目或图元；也可以按下<Ctrl>键同时单击鼠标左键选取多个项目或图元。

2）图元绘制工具按钮

位于【基准】区域和【草绘】区域，具体操作为：

① 单击选择对应的工具按钮，注意信息提示区提示。

② 根据信息提示区在图形区进行相应操作。

③ 按下鼠标中键完成图元的创建。

（1）【中心线】按钮：创建几何中心线、构造中心线。

中心线大多用作辅助线，可用来定义旋转特征的中心轴或截面的对称中心线。几何中心线是草绘截面的几何图元，会保留在由草绘创建的三维特征上；而构造中心线是为了方便图元绘制而创建的一种参照图元，不会保留在由草绘创建的三维特征上。

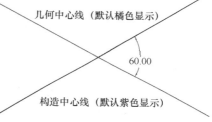

图 2.2.2　创建中心线

➤ 几何中心线：单击功能区【基准】区域的【中心线】按钮 ，然后在图形区选择两个空白区域单击即可完成几何中心线的创建。

➤ 构造中心线：单击功能区【草绘】区域的【中心线】按钮 ，操作同上，如图 2.2.2 所示。

（2）【点】按钮：创建几何点、构造点。

几何点和构造点的区别类同于几何中心线和构造中心线。

➤ 几何点：单击功能区【基准】区域的【点】按钮 ，然后在图形区该点的放置位置单击，即完成了该几何点的创建。用户可连续创建多个点，单击鼠标中键结束当前指令。

➤ 构造点：单击功能区【草绘】区域的【点】按钮 ，操作同上。

（3）【坐标系】按钮：创建几何坐标系、构造坐标系。

几何坐标系会将特征级信息传达到草绘器之外，它可用于将信息添加到 2D 和 3D 草绘器中的草绘曲线特征和基于草绘的特征；而构造坐标系是草绘辅助，不会将任何信息传达到草绘器之外。

➤ 几何坐标系：单击功能区【基准】区域的【坐标系】按钮 ，然后在图形区空白区域选择合适位置作为中心点并单击创建。

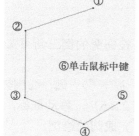

图 2.2.3　线链的创建

➤ 构造坐标系：单击功能区【草绘】区域的【坐标系】按钮 ，操作同上。

（4）【线】按钮：创建直线。

单击功能区【草绘】区域【线】按钮旁的倒三角可实现两个创建直线的工具按钮的切换。

➤ 多个直线组成的线链：单击其中的 线链按钮，在图形区依次单击如图 2.2.3 中所示①～⑤的位置，可创建多个直线组成的线链，然后在空白区域单击鼠标中键结束线链命令。

➢ 相切直线：单击其中的 ╳ 直线相切按钮，再单击选择两个圆或圆弧，然后在空白区域单击鼠标中键完成相切直线的创建。注意：根据选择位置的不同，可创建内公切线，也可以创建外公切线。相切直线的创建如图 2.2.4 所示。

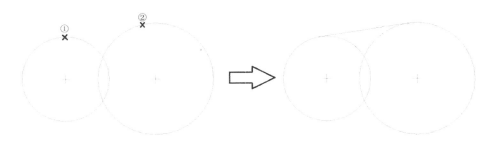

图 2.2.4 相切直线的创建

（5）【矩形】按钮：绘制矩形。

单击功能区【草绘】区域【矩形】按钮旁的倒三角可实现四个绘制矩形的工具按钮的切换，可绘制的矩形如图 2.2.5 所示。

➢ 拐角矩形：按下 ▢ 拐角矩形 按钮，在图形区选择位置放置矩形两个对角点，单击鼠标中键完成创建，如图 2.2.5（a）所示。

➢ 斜矩形：按下 ◇ 斜矩形 按钮，在图形区绘制一条直线作为矩形的一条边；然后，拖动鼠标至矩形所需大小，单击完成矩形的绘制。单击鼠标中键完成创建，如图 2.2.5（b）所示。

➢ 中心矩形：按下 ▣ 中心矩形 按钮，在图形区单击，确定矩形中心的位置；移动鼠标将矩形拖至所需大小，单击完成矩形的绘制，如图 2.2.5（c）所示。

➢ 平行四边形：按下 ▱ 平行四边形 按钮，操作步骤参照斜矩形绘制，按鼠标中键完成创建，如图 2.2.5（d）所示。

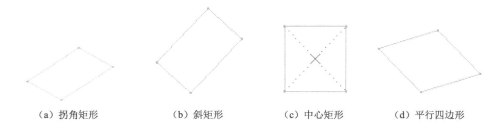

（a）拐角矩形　　　　（b）斜矩形　　　　（c）中心矩形　　　　（d）平行四边形

图 2.2.5 绘制矩形

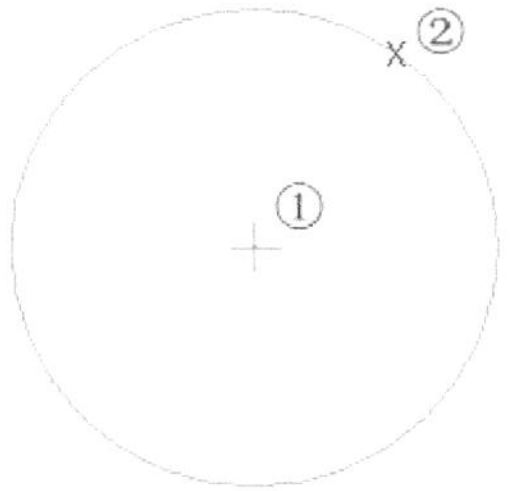

（6）【圆】按钮：绘制圆。

单击功能区【草绘】区域【圆】按钮旁的倒三角可实现四个绘制圆的工具按钮的切换。

➢ 通过圆心和圆上一点绘制圆：按下 ⊙ 圆心和点按钮，在图形区单击选择圆心①（见图 2.2.6），移动鼠标，单击定出圆周上的点②以确定半径，完成圆的绘制。

➢ 绘制同心圆：按下 ◎ 同心按钮，选取一个参照圆

图 2.2.6 通过圆心和圆上一点绘制圆　或一条圆弧来定义圆心，松开左键，拖动鼠标至所需大小，

单击完成一个同心圆的绘制，以此方法可以绘制多个不同大小的同心圆，单击鼠标中键结束命令，如图 2.2.7 所示。

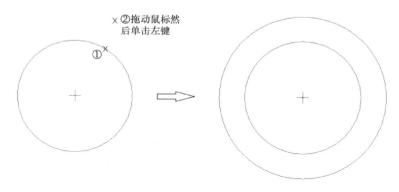

图 2.2.7 绘制同心圆

➢ 通过三点来绘制圆：按下 ⬤ 3 点按钮，依次选择三个点，完成圆的绘制。单击鼠标中键完成绘制，如图 2.2.8 所示。

➢ 绘制与三个图元相切的圆：按下 ⬤ 3 相切按钮，依次选择三个图元完成圆的绘制。单击鼠标中键完成绘制。绘制相切圆的过程如图 2.2.9 所示。

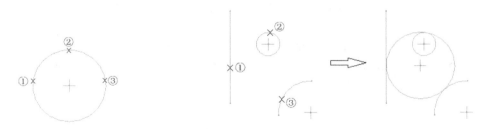

图 2.2.8 三点绘制圆   图 2.2.9 绘制相切圆

（7）【弧】按钮：绘制圆弧。

单击功能区【草绘】区域【弧】按钮旁的倒三角可实现五个绘制弧的工具按钮的切换。

➢ 三点绘制圆弧：按下 ⤻ 3点/相切端按钮，在图形区单击鼠标左键依次选择圆弧的起点、终点和圆弧上任意一点，单击鼠标中键完成创建，绘制过程如图 2.2.10 所示。

另外，使用该命令绘制圆弧时，若圆弧端点与已有图元端点重合，在选定第三点即圆弧上一点时，当重合处显示 ⤻ （相切）标记时单击，即可绘制相切圆弧，如图 2.2.11 所示。

➢ 由圆心和端点绘制圆弧：按下 ⤻ 圆心和端点按钮，在图形区内依次单击选择圆心、圆弧的起点和终点完成绘制，如图 2.2.12 所示。

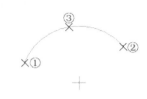

图 2.2.10 三点绘制圆弧

➢ 绘制一条与已知三个图元相切的圆弧：按下 ◁ 3 相切 按钮，分别选取三个图元，系统将自动创建一条与三个图元相切的圆弧，如图 2.2.13 所示。选择图元的顺序不同，圆弧将发生相应改变。

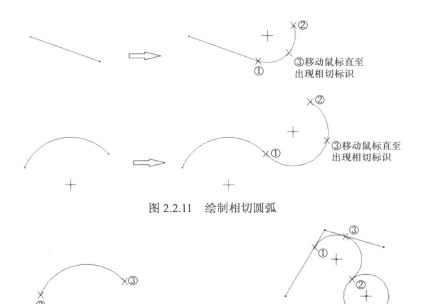

图 2.2.11　绘制相切圆弧

图 2.2.12　由圆心和端点绘制圆弧　　　　图 2.2.13　绘制与三图元相切的圆弧

➢ 绘制同心圆弧：按下 同心 按钮，选取一个参照圆或一条圆弧来确定圆心，移动鼠标，确定圆弧半径以及起点后单击（该操作是同时完成的），然后单击确定圆弧终点完成绘制。绘制过程如图 2.2.14 所示。

➢ 绘制圆锥弧：按下 圆锥 按钮，在图形区单击选择圆锥弧的两个端点，拖动橡胶条状圆锥弧到合适位置，单击确定弧上一点，完成圆锥弧的绘制，绘制过程如图 2.2.15 所示。

图 2.2.14　绘制同心圆弧　　　　　　　　图 2.2.15　绘制圆锥弧

（8）【椭圆】按钮：绘制椭圆。

单击功能区【草绘】区域【椭圆】按钮旁的倒三角可实现两个绘制椭圆的工具按钮的切换。

➢ 通过轴端点绘制椭圆：按下 轴端点椭圆 按钮，通过确定椭圆轴的两个端点来绘制椭圆，绘制过程如图 2.2.16 所示。

➢ 通过中心和轴绘制椭圆：按下 中心和轴椭圆 按钮，通过确定椭圆中心以及椭圆的长短半轴来完成椭圆的绘制，绘制过程如图 2.2.17 所示。

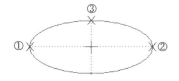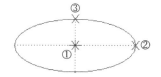

图 2.2.16　通过轴端点绘制椭圆　　　　　图 2.2.17　通过中心和轴绘制椭圆

（9）【样条】按钮：创建样条曲线。

样条曲线是由一系列离散的点拟合得到的平滑曲线。按下【样条】按钮 ，在图形区单击鼠标左键指定一系列的点，再单击鼠标中键，系统将自动生成一条样条曲线。

（10）【圆角】按钮：创建圆角。

单击功能区【草绘】区域【圆角】按钮旁的倒三角可以完成四种圆角的创建按钮的切换。可创建的四种圆角如图 2.2.18 所示。

➢ 创建圆形圆角：按下 圆形 按钮，鼠标左键分别单击需要构建圆角的两个图元，即可完成圆形圆角的创建，单击鼠标中键终止命令。

➢ 创建圆形修剪：按下 圆形修剪 按钮，操作方法同上。

➢ 创建椭圆形圆角：按下 椭圆形 按钮，操作方法同上。

➢ 创建椭圆形修剪：按下 椭圆形修剪 按钮，操作方法同上。

（11）【倒角】按钮：创建倒角。

单击功能区【草绘】区域【倒角】按钮旁的倒三角，可以实现两种倒角的创建按钮的切换。可创建的两种倒角如图 2.2.19 所示。

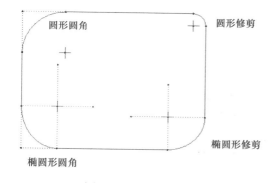

图 2.2.18　四种圆角

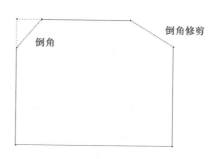

图 2.2.19　两种倒角

➢ 创建倒角并创建构造线：按下 倒角 按钮，操作步骤与创建圆角相同。

➢ 创建倒角修剪：按下 倒角修剪 按钮，操作同上。

（12）【文本】按钮：创建文本。

按下 文本按钮，信息提示区显示"选择行的起点，确定文本高度和方向"的提示信息，单击一点作为文本放置起点，此时信息提示区显示"选择行的第二点，确定文本高度和方向"的提示信息，单击另一点，以确定文本放置终点（即确定文本高度和方向）。此时，在起点与终点之间将出现一条构造线，线的长度决定文本的高度，角度决定文本的方向。同时系统弹出【文本】对话框，如图 2.2.20 所示。在【文本】对话框中可对文本进行编辑。

在【文本】文本框中输入文本。单击 按钮，可弹出如图 2.2.21 所示的【文本符号】对话框，用户可从中选择所需符号。

【文本】对话框的其余项目说明如下。

● 【字体】：从系统提供的字体列表中选取字体。

● 【水平】：可以选择文本的水平位置处于图元或实体的【左侧】、【中心】或【右侧】。

● 【竖直】：可以选择文本的竖直位置处于图元或实体的【底部】、【顶部】或【中心】。

图 2.2.20 【文本】对话框   图 2.2.21 【文本符号】对话框

- 【长宽比】：拖动滑动条或者输入数值增大或减小文本的长宽比。
- 【斜角】：拖动滑动条或者输入数值增大或减小文本的倾斜角度。
- 【沿曲线放置】：勾选此复选框，可沿着一条曲线放置文本，操作时系统会提示用户选取将要放置文本的曲线，其中 ![]按钮可切换文本沿曲线的方向。沿曲线放置的文本如图 2.2.22 所示。

- 【字符间距处理】：勾选此复选框，可控制某些字符之间的空格，改善文本字符串的外观。

图 2.2.22 沿曲线放置的文本

文字输入完毕后单击【确定】按钮，完成文本创建。若想更改文本，可在图形区双击文本，则回到【文本】对话框。

（13）【偏移】按钮：通过偏移边创建图元。

按下功能区【草绘】区域中【偏移】按钮![]，系统会自动弹出如图 2.2.23 所示的【类型】对话框。偏移边选择有三种：

- 【单一】：选此选项，单击鼠标左键，一次只能选择一个图元。
- 【链】：选此选项，单击选择时必须选取基准曲线或边界的两个图元，两图元之间所有图元形成一链。若存在多个可能的链式边界时，会弹出如图 2.2.24 所示的【选取】子菜单，在此需要确定所期望的模型边界。各选项含义如下：
  - 【接受】：接受当前链。
  - 【下一个】：切换至下一条链式基准曲线或模型边界。
  - 【上一个】：切换回上一条链式基准曲线或模型边界。
  - 【退出】：退出选取。
- 【环】：选中此选项，只需单击选择现有模型边界或基准曲线的一个图元，系统会自动选取与其首尾相接的整个封闭曲线。

图 2.2.23　【类型】对话框

图 2.2.24　【选取】子菜单

值得注意的是，如果在零件模式下单击图元所在的特征平面，若有两个及以上的封闭环，系统会加亮显示当前选取的环，也会弹出如图 2.2.24 所示的【选取】子菜单，通过选择【下一个】或【上一个】实现选取环的切换。

➢ 通过偏移边创建图元操作：选择【单一】、【链】或【环】三项之一，选取要偏移复制的图元，弹出【于箭头方向输入偏移[退出]】对话框，如图 2.2.25 所示。图元上的箭头表示偏移方向，输入偏移量，若要改变偏移方向，偏移量输入负值即可，单击 ✓ 按钮完成操作。偏移边创建图元的效果如图 2.2.26 所示。

图 2.2.25　【于箭头方向输入偏移[退出]】对话框

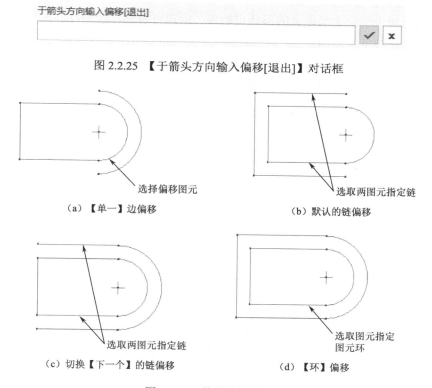

（a）【单一】边偏移　　　　　　　　　（b）默认的链偏移

（c）切换【下一个】的链偏移　　　　　（d）【环】偏移

图 2.2.26　偏移边创建图元

（14）【加厚】按钮：将元件按照用户定义做两侧偏移。

按下功能区【草绘】区域中【加厚】按钮，系统会自动弹出如图 2.2.27 所示的【类型】对话框，参看【偏移】按钮介绍进行边的选取。在图 2.2.28 所示的对话框中分别输入厚度值和偏移值，均通过单击 ✓ 按钮完成操作。最后单击【类型】对话框中的【关闭】按钮，退出【加厚】命令。

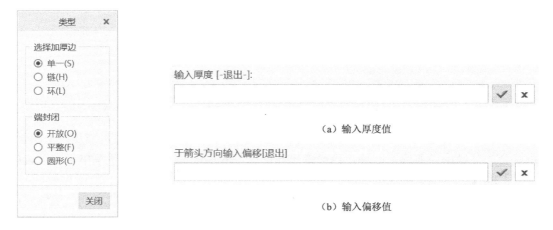

（a）输入厚度值

（b）输入偏移值

图 2.2.27 【类型】对话框　　　　　　图 2.2.28 厚度值和偏移值输入对话框

（15）【选项板】按钮的使用。

草绘选项板相当于一个预定义的形状定制库，用户可将选项板中存储的草图轮廓调用到当前活动对象中作为草绘截面。

① 按下功能区【草绘】区域中【选项板】按钮 ，弹出【草绘器选项板】对话框，如图 2.2.29 所示。其中有四组选项卡，介绍如下。

图 2.2.29 【草绘器选项板】对话框

- 【多边形】：包括常规的多边形，如五边形、六边形等。
- 【轮廓】：包括 C 型轮廓、I 型轮廓、L 型轮廓及 T 型轮廓。
- 【形状】：包括一些常用的截面形状，如椭圆形、跑道形等。
- 【星形】：包括多种星形截面，如五角星、六角星等。

② 用户可以通过双击或者拖拽的方式调用选项卡里的图形。例如，调用六角星：双击六角星选项，【草绘器选项板】对话框上方预览区出现六角星轮廓，此时单击图形区内的某

一位置，操作界面顶部将跳转到【导入截面】操控板，如图 2.2.30 所示。同时系统用虚线在图形区显示一个六角星的临时图元，用户可在【导入截面】操控板中对这个临时图元进行缩放、平移及旋转操作。

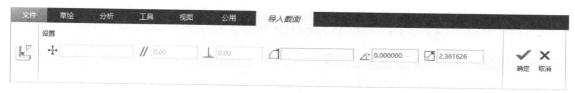

图 2.2.30　【导入截面】操控板

2. 编辑草图

Creo 创建的草图往往还需要一系列的编辑才可以满足用户要求。常用的命令有以下几种。

1）修改

其作用是修改尺寸值、样条几何及文本图元。单击【修改】按钮，然后再选择需要修改的尺寸值、样条几何或者文本图元即可对这些对象进行修改操作。

一般情况下，鼠标左键双击尺寸值、样条几何及文本图元也可以对其进行修改操作。

2）镜像

其作用是镜像选定图元。在图形区中存在中心线的情况时可以使用该功能（必须以中心线作为镜像线），首先选中需要镜像的图元，单击【镜像】按钮，此时信息提示栏显示"选择一条中心线"，然后再选择作为镜像基准的中心线，即可完成镜像操作。镜像后得到的图元与原图元关于选择的中心线轴对称。

3）分割

其作用是将一个截面图元分割成两个或多个新图元。单击【分割】按钮，在要分割的位置单击图元，图元在指定位置被分割。如果要在相交处创建分割，单击相交处的附近位置光标将自动捕捉相交，单击捕捉点创建切割。

4）删除段

其作用是修剪草绘图元。单击【删除段】按钮，然后再选择图元上需要修剪的部分单击，即可完成修剪。

需要注意的是，【删除段】一般是用来剪切图元的，当所选图元与其他图元有相交时使用该命令，系统将默认与所选位置最近的交点作为修剪点对图元进行修剪操作（同一条样条几何与自身的交点不作为修剪点）。然而，若是所选图元没有与其他图元相交，此时使用该命令，将会将该图元整个删除，其结果与<Delete>键删除图元相同。

5）拐角

其作用是将图元修剪（剪切或延伸）到其他图元或几何。单击【拐角】按钮，按住<Ctrl>键选中两个图元，两图元临近端被剪切或延伸实现相连。

6）旋转调整大小

其作用是平移、缩放和旋转选定的图元。选中需要操作的图元，单击【旋转调整大小】

按钮 🔄，弹出【旋转调整大小】操控板，如图 2.2.31 所示。

- 水平方向的尺寸：在操控板中，"//"表示新图元与原始图元水平方向的距离。
- 竖直方向的尺寸：在操控板中，"⊥"表示新图元与原始图元竖直方向的距离。
- 旋转角度：在操控板中，"△°"表示新图元相对于原始图元的转动角度。
- 缩放因子：在操控板中，"⤢"表示新图元相对于原始图元的缩放比例。

图 2.2.31 【旋转调整大小】操控板

7）复制

选中一个或多个图元，长按鼠标右键，即可弹出如图 2.2.32（a）所示的右键菜单，单击菜单中的【复制】选项。然后再长按鼠标右键，弹出如图 2.2.32（b）所示的右键菜单，单击菜单中的【粘贴】选项，此时在图形区某一位置单击，便会出现一个新的图元，同时原始图元仍然存在，并出现和【旋转调整大小】操控板内容相同的【粘贴】操控板，接下来的操作与旋转调整大小的操作相同。

（a）　　　　　　　　　　　　（b）

图 2.2.32 右键菜单

值得注意的是，选中图元后，同时按下<Ctrl>和<C>键与上述操作中单击【复制】选项作用相同，然后同时按下<Ctrl>和<V>键与上述操作中单击【粘贴】选项作用相同。若选中图元后，同时按下<Ctrl>和<X>键，后面操作与上述操作相同，最终得到的结果中将不存在原始图元，与旋转调整大小作用相似。

8）删除

删除的作用是删除不需要的图元。选中需要删除的一个或多个图元，按下<Delete>键即可删除已选择的图元。

3. 设置几何约束

在进行草绘时，仅仅是进行绘制和编辑是不够的，还需要人为地对草绘的图元之间进行位置关系的约束。

1）添加约束

约束工具按钮位于【约束】区域。具体的约束项目的按钮、含义及符号见表 2.2.1。

表 2.2.1　Creo 中的约束项目

按　钮	约束的含义	约束符号
┼ 竖直	使直线或两顶点竖直	⊥
┼ 水平	使直线或两顶点水平	▭
⊥ 垂直	使两图元相互垂直	⊥
✐ 相切	使两图元相切	⊘
↘ 中点	在直线或弧的中间放置一点	✐
⊸ 重合	使点重合	✐
┼┼ 对称	使两点或顶点关于中心线对称	┼┼
═ 相等	创建相等的线性尺寸或角度尺寸、相等曲率或相等半径	═
∥ 平行	使两线或多条线平行	∥

需要注意的是，默认情况下，约束会显示在图形区中。要切换约束的显示，请执行以下四种操作：

- 设置 sketcher_disp_constraints 配置选项。
- 单击【Creo Parametric 选项】对话框【草绘器】区域中的【显示约束】复选框。
- 单击视图控制工具条上【草绘器显示过滤器】按钮下的【约束显示】复选框。
- 单击功能区【视图】选项卡【显示】区域中的【约束显示】按钮。

添加约束时，单击相应的约束按钮，然后根据提示信息选取相应的图元，即可完成图元的约束创建。

2）删除约束

选择要删除的约束，按<Delete>键，约束即被删除。

4. 尺寸标注

Creo 中的尺寸分为弱尺寸和强尺寸两种。创建图元时，将自动生成弱尺寸。修改弱尺寸后，弱尺寸将变为强尺寸。创建另一个几何后，如果修改该几何或与其相关的其他尺寸，则弱尺寸可能会消失。可在不更改弱尺寸值的情况下对其进行加强。

尺寸标注工具按钮位于【尺寸】区域。标注尺寸时应确保【草绘器显示过滤器】按钮下的【尺寸显示】复选框被勾选，如图 2.2.33 所示，即打开尺寸显示。本书将介绍以下几种操作中常用到的尺寸标注。

1）创建线性尺寸

线性尺寸主要包括线长、两平行线之间的距离、点和线之间的距离以及两个点之间的距离等。按下【尺寸】按钮 ↦，单击相应的点或者线图元，然后在合适的位置单击鼠标中键放置尺寸并确定尺寸值，按下<Enter>键完成尺寸的创建，如图 2.2.34 所示。

图 2.2.34 中，尺寸值为 200.00 和 100.00 的两个尺寸是线长的标注，选择的图元为单一线段；尺寸值为 90.00 的尺寸是平行线之间距离的标注，选择的图元为两条平行线；尺寸值为 50.00 的尺寸是点与直线间距离的标注，选择的图元为点和直线；尺寸值为 25.00 和 60.00 的两个尺寸是两点间的距离标注，选择的图元为两个点，值得注意的是，两点间的距离可以标注水平或竖直距离，也可以标注两点间的连线距离，具体情况根据尺寸值的放置位置决定。

图 2.2.33　草绘器显示过滤器下的项目　　　　图 2.2.34　线性尺寸标注

2）创建角度尺寸

与创建线性尺寸的方法相似，在创建角度尺寸时所选取的图元为两条不平行的线段或中心线，效果如图 2.2.35 所示。

3）创建半/直径尺寸

按下【尺寸】按钮 ↦，单击鼠标左键选中圆或圆弧后，单击鼠标中键放置尺寸，则标注出来的是半径尺寸；若单击鼠标左键选中圆或圆弧后，再单击一下该图元，然后单击鼠标中键放置尺寸，则标注出来的就是直径尺寸，效果如图 2.2.36 所示。

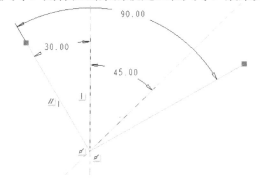

图 2.2.35　角度尺寸标注　　　　　　　图 2.2.36　半/直径尺寸标注

4）创建弧长尺寸

按下【尺寸】按钮 ↦，分别选择圆弧的两个端点和圆弧上任意一点，单击鼠标中键放置尺寸位置，效果如图 2.2.37 所示。

5）创建椭圆半径尺寸

按下【尺寸】按钮，单击椭圆上一点，再单击鼠标中键，弹出【椭圆半径】对话框，根据用户需求选择长短轴，单击【接受】按钮。再次单击鼠标中键，完成椭圆半径标注，如图 2.2.38 所示。

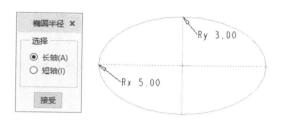

图 2.2.37　弧长尺寸标注　　　　图 2.2.38　椭圆半径尺寸标注

5. 尺寸或约束条件过多的解决方式

在绘制草图时，人为加入的尺寸或约束条件与已有的强尺寸或约束条件相互冲突时，将会出现如图 2.2.39 所示【解决草绘】对话框，同时相冲突的尺寸或约束条件也会加亮显示。一般而言，用户需要删除某些尺寸或约束条件以解决尺寸冲突的问题，使草图具有合理的尺寸和约束条件。

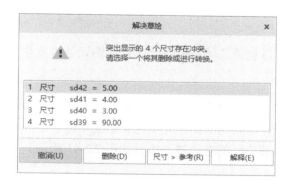

图 2.2.39　【解决草绘】对话框

例如，图 2.2.40 所示的实例中，仅需标准三角形的两条边长以及对应的夹角即可完全确定这个三角形，若再对另一条边进行标注，则会出现尺寸冲突。此时，可以通过删除之前某一尺寸或约束的方式解决冲突；也可以单击【解决草绘】对话框中的 尺寸 > 参考(R) 按钮以某一尺寸为参照尺寸。

6. 图元、尺寸编辑修改

1）创建强尺寸

在图形区单击一条弱尺寸，尺寸线右上方将会弹出 菜单，选择第四个按钮也就是【强】选项，该弱尺寸将被加强。

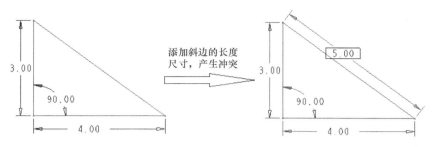

图 2.2.40　尺寸冲突实例

2）调整尺寸位置

单击要移动的尺寸的数值，按住鼠标左键不放即可拖拽该尺寸的数值至合适的位置。

3）修改尺寸

前文中有提到，【修改】按钮可用于对尺寸值进行修改。

4）锁定与解锁尺寸

用户修改过的尺寸，在进行其他操作时，依然有可能会被改变。为防止这种情况，用户可以将尺寸锁定。

与加强尺寸的方法相似，在图形区单击一条尺寸，该尺寸右上方将出现 菜单，其中第一项就是尺寸锁定与解锁切换开关，通过单击该按钮便可以对当前选择的尺寸进行锁定或解锁操作。

7．草图诊断

草绘器诊断工具可以检查几何是否封闭、几何图元是否重叠等问题。

1）着色封闭环

按下功能区【检查】区域中的 着色封闭环 按钮，系统自动用预定义的颜色将图形区图元中封闭的区域进行填充，非封闭的图元无变化。如果草绘含有几个彼此包含的封闭环，则最外面的环被着色，而内部的环的着色被替换，如图 2.2.41 所示。

2）突出显示开放端

按下功能区中的 突出显示开放端 按钮，用于检查与活动草图或活动草图组内其他图元的终点不重合的图元。在 3D 草绘几何中，仅突出显示有效图元的开放端点，如图 2.2.42 所示。

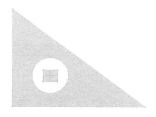

图 2.2.41　着色封闭环

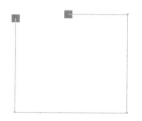

图 2.2.42　突出显示开放端

3）重叠几何

按下功能区中的 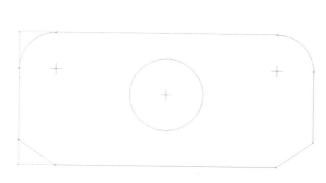 重叠几何按钮，用于检测和突出活动草图或活动草图组内与其他几何重叠的几何。重叠图元以【突出显示边】设置的颜色显示。

4）特征要求

使用【特征要求】诊断工具可以确定草绘是否满足活动特征的要求。需要注意的是，该诊断工具只能在零件模块的草绘模式中使用。

2.3　草绘例一

通过本例中的相关操作，如绘制矩形、倒圆角、倒角、绘制圆、添加约束等，帮助读者学习掌握二维草绘常见功能按钮的使用。本例所绘草图如图 2.3.1 所示。

1. 设置工作目录和新建文件

（1）运行 Creo Parametric 6.0，单击功能区的【选择工作目录】按钮，弹出【选择工作目录】对话框，用户可以根据需求设置工作目录。

（2）单击功能区或快速访问工具栏中的【新建】按钮，弹出【新建】对话框，如图 2.3.2 所示。选择【草绘】单选按钮，在【文件名】文本框中输入文件名称"shili1"，单击【确定】按钮，进入草绘模式。

图 2.3.1　草绘例一

图 2.3.2　【新建】对话框

2. 草绘轮廓

（1）绘制矩形。

单击功能区【草绘】区域中的【矩形】按钮（【拐角矩形】），在图形区绘制矩形。绘制完成后，系统会自动显示尺寸和相关约束。依次双击图形中的尺寸数值，输入图 2.3.3 中的数值，按<Enter>键或单击鼠标中键确定。

图 2.3.3　绘制矩形

💡 **小提示**：按钮▢实际名称为【拐角矩形】，可以通过单击【矩形】按钮旁的倒三角按钮弹出下拉菜单选择更多矩形。如果下拉菜单中某按钮被使用，则后续会显示在功能区替换之前的按钮。本书对类似此处情况默认显示在功能区的按钮图标名称和实际名称一般不做具体区分。

（2）倒圆角。

单击功能区【草绘】区域中的【圆角】按钮◣，再分别单击矩形左上角的两边完成倒圆角。单击功能区【草绘】区域中的【圆角】按钮旁的倒三角，选择下拉菜单中的　◣ 圆形修剪，再分别单击矩形右上角的两边完成倒圆角。单击鼠标中键退出倒圆角命令，设置倒圆角半径均为 1，结果如图 2.3.4 所示。

图 2.3.4　倒圆角

💡 **小提示**：【圆角】按钮下拉菜单中的　◣ 圆形和　◣ 圆形修剪的倒圆角效果有区别，主要体现在是否有延长构造线，不需要以原顶点为参考点的情况下可混用。

（3）倒角。

单击功能区【草绘】区域中的【倒角】按钮◪，再分别单击矩形左下角的两边完成倒角。

单击功能区【草绘】区域中的【倒角】按钮旁的倒三角，选择下拉菜单中的 ╱ 倒角修剪，再分别单击矩形右下角的两边完成倒角。单击鼠标中键，退出倒角命令。单击功能区【尺寸】区域中的【尺寸】按钮↔，再单击选中矩形的某一水平边或竖直边，在空白区域单击鼠标中键，进行尺寸设置，设置后单击鼠标中键确定。按此方法，依次完成各边尺寸设置，结果如图 2.3.5 所示。

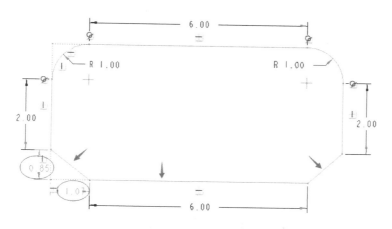

图 2.3.5　倒角及标注尺寸

（4）补全尺寸和约束。

针对不是黑色的尺寸标注需要补全尺寸，如图 2.3.5 两处圆圈标记的非黑色尺寸需要设置该处具体参数值或通过其他两处约束来代替。单击功能区【尺寸】区域中的【尺寸】按钮↔，再依次单击选中图 2.3.5 中箭头标记的左侧斜边和底边后在空白区域单击鼠标中键，进行角度设置。单击功能区【约束】区域中的【相等】按钮═，再依次单击选中图中箭头标记的左侧斜边和右侧斜边，完成相等约束设置，最后在空白区域单击鼠标中键退出相等约束命令。补全尺寸和约束的结果如图 2.3.6 所示。

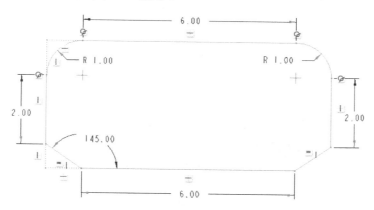

图 2.3.6　补全尺寸和约束

（5）绘制圆。

单击功能区【草绘】区域中的【圆】按钮⊙（【圆心和点】），在已绘制图形内空白区域单击并拖动鼠标形成圆形后再次单击，分别设置尺寸如图 2.3.7 所示。

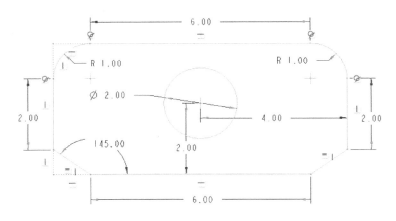

图 2.3.7　绘制圆

3. 草绘检查

（1）绘制多余线段。

单击功能区【草绘】区域中的【线】按钮 （【线链】），绘制与边交叉的直线，并设置尺寸，结果如图 2.3.8 所示。

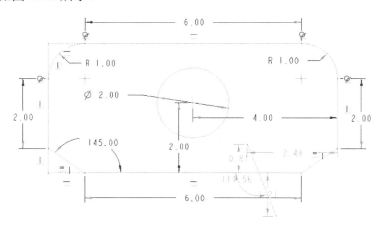

图 2.3.8　绘制多余线段

（2）使用【突出显示开放端】功能进行草绘检查。

单击功能区【检查】区域中的【突出显示开放端】按钮 ，得到如图 2.3.9 所示结果。从图中可以看出，刚绘制的线段两端是开放端，属于常规草绘问题，因此会用红色高亮显示。

（3）使用【着色封闭环】功能进行草绘检查。

单击功能区【检查】区域中的【着色封闭环】按钮 ，得到如图 2.3.10 所示结果。从图中可以看出，由于问题线段的影响，只有中心圆构成了封闭环以填充色显示，中心圆外侧则是常规显示，表明草图有问题。

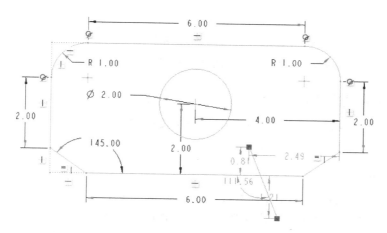

图 2.3.9　使用【突出显示开放端】功能进行草绘检查

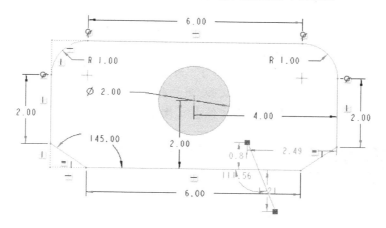

图 2.3.10　使用【着色封闭环】功能进行草绘检查

（4）修正草绘。

选中第一步中绘制的多余线段，按<Delete>键删除，得到最终检查效果如图 2.3.11 所示。检查完后可单击前述两种检查按钮来关闭显示效果。

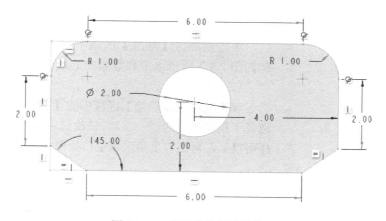

图 2.3.11　修正草绘的最终效果

小提示：草绘图形内部构成完整的封闭是后期零件模型生成的关键，为此初学者利用好【突出显示开放端】按钮和【着色封闭环】按钮对最终草绘结果进行检查十分重要。

4．尺寸显示和约束显示

单击视图控制工具条中【草绘器显示过滤器】按钮，选中 尺寸显示和 约束显示则可进行尺寸显示和约束显示的调节。

5．保存文件

单击快速访问工具栏中的【保存】按钮，或单击【文件】|【保存】命令，系统弹出【保存文件】对话框，保存路径默认为第一大步操作中所设置的工作目录文件夹，单击【确定】按钮完成文件保存。

小提示：用户在使用的过程中，若对同一文件多次保存，每一次保存时系统都将自动生成一个文件的新版本。Creo 中保存的文件形如 " shili1.sec.1"，其中 "shili1" 为文件名，"sec" 为文件格式（这里是 "草绘"），"1" 为文件版本号（数字越大，版本越新），在Creo 系统中每次打开的都是最新版本的文件，用户也可以通过修改后缀的方式修改版本号以打开旧版本文件。单击【文件】|【管理文件】|【删除旧版本】选项，以仅保留最新版本。

2.4 草绘例二

通过本例中的相关操作，如绘制中心线、修剪草绘图元、绘制椭圆、镜像图元等，帮助读者学习掌握二维草绘常见功能按钮的使用，本例所绘草图如图 2.4.1 所示。

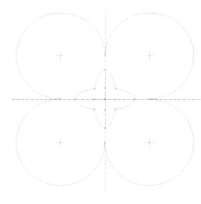

图 2.4.1　草绘例二

1．设置工作目录和新建草绘

步骤同草绘例一，文件名称改为 "shili2"。

2．草绘轮廓

（1）绘制中心线。

单击功能区【基准】区域中的【中心线】按钮，绘制如图 2.4.2 所示水平和竖直中心线。

（2）绘制圆。

单击功能区【草绘】区域中的【圆】按钮旁的倒三角，选择下拉菜单中的 3 点，依次选中水平和竖直中心线（顺序可换），再在右上角区域空白处单击，绘制大致如图 2.4.3 所示圆。

（3）添加约束和设置尺寸。

单击功能区【约束】区域中的【相切】按钮，依次单击选中圆和水平中心线，完成水平相切约束；依次单击选中圆和竖直中心线，完成竖直相切约束，单击鼠标中键退出相切约束命令。双击图中圆的直径，设置直径为 12，结果如图 2.4.4 所示。

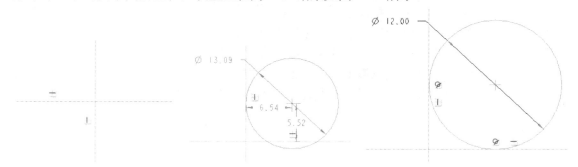

图 2.4.2　绘制中心线　　　　　图 2.4.3　绘制圆　　　　　图 2.4.4　添加相切约束和设置尺寸

（4）修剪草绘图元。

单击功能区【编辑】区域中的【删除段】按钮，再单击如图 2.4.5 所示箭头所指的圆弧，完成修剪，结果如图 2.4.6 所示。

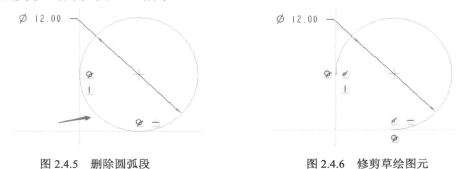

图 2.4.5　删除圆弧段　　　　　　　　　图 2.4.6　修剪草绘图元

（5）镜像图元。

选中图中圆弧，单击功能区【编辑】区域中的【镜像】按钮；再单击水平中心线，完成图元的水平镜像，结果如图 2.4.7 所示。按住<Ctrl>键，选中图中两段圆弧，单击功能区【编辑】区域中的【镜像】按钮，再单击竖直中心线，完成图元的竖直镜像，结果如图 2.4.8 所示。

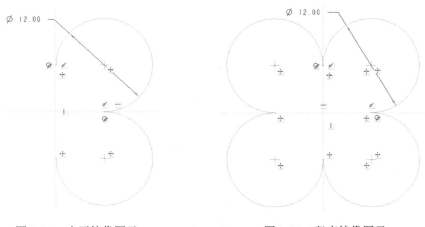

图 2.4.7　水平镜像图元　　　　　　　　图 2.4.8　竖直镜像图元

（6）绘制椭圆。

单击功能区【草绘】区域中的【椭圆】按钮 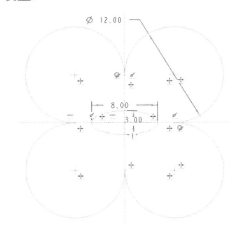（【轴端点椭圆】），在图中花瓣形图形内部水平中心线上绘制如图 2.4.9 所示椭圆（如果椭圆不关于竖直中心线对称，可通过设置尺寸参数或通过对称约束椭圆长轴端点完成竖直对称设置）。单击功能区【草绘】区域中的【椭圆】按钮 ，在图中花瓣形图形内部竖直中心线上绘制如图 2.4.10 所示椭圆（如果椭圆不关于水平中心线对称，可通过设置尺寸参数或通过对称约束椭圆长轴端点完成水平对称设置）。

图 2.4.9　绘制椭圆 1

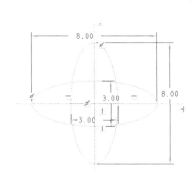

图 2.4.10　绘制椭圆 2

（7）修剪椭圆。

单击功能区【编辑】区域中的【删除段】按钮 ；依次单击两相交椭圆内部圆弧段，完成修剪，单击鼠标中键退出删除段命令，结果如图 2.4.11 所示。

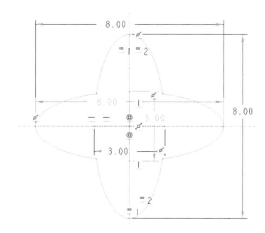

图 2.4.11　修剪椭圆

3．保存文件

单击快速访问工具栏中的【保存】按钮 ，或单击【文件】|【保存】命令，系统弹出【保存文件】对话框，将文件保存到设置的工作目录文件夹内，单击【确定】按钮完成文件保存。

2.5　草绘例三

通过本例进一步地熟悉草绘中的绘制圆、设置约束和设置构造圆命令的操作。特别是构造图元作为草绘辅助线，为将要创建的图形提供易于捕捉的定位点，实例图形如图 2.5.1 所示。

1. 设置工作目录和新建文件

步骤同实例一，文件名称改为"shili3"。

2. 草绘轮廓

（1）绘制中心线。

单击功能区【基准】区域中的【中心线】按钮，绘制水平和竖直中心线。

（2）绘制圆。

单击功能区【草绘】区域中的【圆】按钮，单击水平和竖直中心线交点处，绘制如图 2.5.2 所示圆，设置圆直径为 16。单击功能区【草绘】区域中的【圆】按钮旁的倒三角，选择下拉菜单中的 ◎ 同心，单击

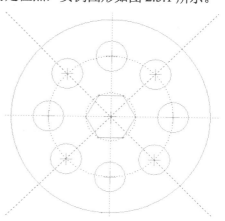

图 2.5.1　草绘例三

水平和竖直中心线交点处，拖动鼠标再在空白区域单击，完成同心圆的绘制，单击鼠标中键退出同心圆命令，设置同心圆直径为 10，绘制的同心圆如图 2.5.3 所示。

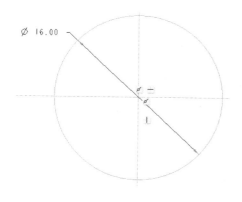

图 2.5.2　绘制圆

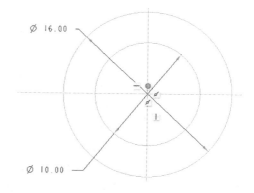

图 2.5.3　绘制同心圆

（3）设置构造圆。

单击选中内部圆，此时指针上方会自动浮现快捷工具栏（见图 2.5.4），单击其中的【构造】按钮，完成构造圆的设置，构造圆以虚线显示（见图 2.5.5）。

（4）绘制构造中心线。

单击功能区【草绘】区域中的【中心线】按钮，再单击圆心，分别绘制两条与竖直中心线成 45° 夹角的构造中心线，结果如图 2.5.6 所示。

（5）绘制相同直径圆。

单击功能区【草绘】区域中的【圆】按钮旁的倒三角，选择下拉菜单中的 ◎ 圆心和点，

分别以各中心线与构造圆的交点为圆心绘制圆，单击鼠标中键退出绘制圆命令，设置圆的直径为 2.5，结果如图 2.5.7 所示。

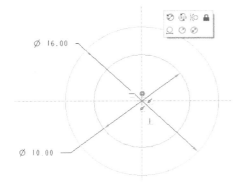

图 2.5.4　快捷工具栏

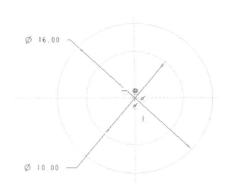

图 2.5.5　构造圆的显示

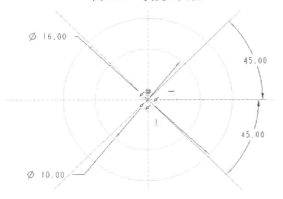

图 2.5.6　绘制构造中心线

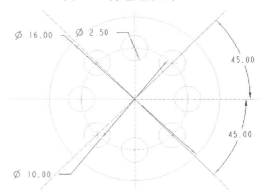

图 2.5.7　绘制圆

小提示：在图中绘制直径相同的圆时，后面绘制的圆与前面圆直径相近时会出现【相等】约束符号 ＝，因此可以在出现该符号时完成直径相同的圆的绘制。

（6）从选项板获取六边形。

单击功能区【草绘】区域中的【选项板】按钮，弹出【草绘器选项板】对话框，如图 2.5.8 所示。在【多边形】选项框中选择 六边形，按住鼠标左键将该图形拖动在图形区空白区域，此时页面顶部弹出【导入截面】操控板，单击其中的【确定】按钮，得到如图 2.5.9 所示六边形，最后单击【草绘器选项板】菜单中的【关闭】按钮。

（7）设置尺寸和约束。

双击六边形的边长，设置边长为 2。单击功能区【约束】区域中的【重合】按钮，依次单击选六边形中点和圆心，完成重合约束，单击鼠标中键退出重合约束命令，结果如图 2.5.10 所示。

（8）着色封闭环检查。

单击功能区【检查】区域中的【着色封闭环】按钮，得到如图 2.5.11 所示结果，表明草绘正确。

图 2.5.8　【草绘器选项板】对话框

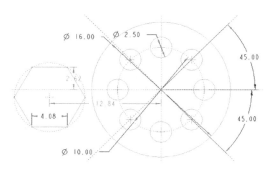

图 2.5.9　从选项板获取六边形

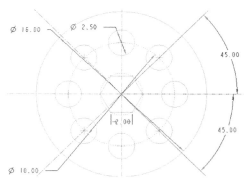

图 2.5.10　设置六边形尺寸和约束

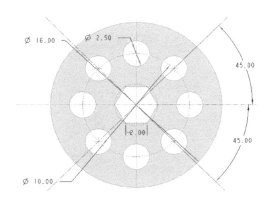

图 2.5.11　着色封闭环检查

3．保存文件

单击快速访问工具栏中的【保存】按钮，或单击【文件】|【保存】命令，系统弹出【保存文件】对话框，将文件保存到设置的工作目录文件夹内，单击【确定】按钮完成文件保存。

2.6　练习题

1．练习题 1

完成如图 2.6.1 所示的草图。该练习题中需要先通过线链命令草绘三角形轮廓，对三角形左下角进行倒圆角，在三角形顶部草绘圆弧，并进行修剪；然后在三角形内部草绘圆；最后完成所有参数设置，完成练习题 1。

2．练习题 2

完成如图 2.6.2 所示的草图。该练习题中需要先通过圆命令草绘大圆轮廓，添加倾斜中心线作为参考，在大圆轮廓上画相间 120° 的小圆，添加小圆轮廓与大圆轮廓间的相切直线，通过修剪命令删除多余线段；然后在大圆内部绘制中圆，并将其设置为构造圆，同样在构造圆上绘制相间 120° 的小圆；最后在最内部绘制圆，并设置好相关参数，完成练习题 2。

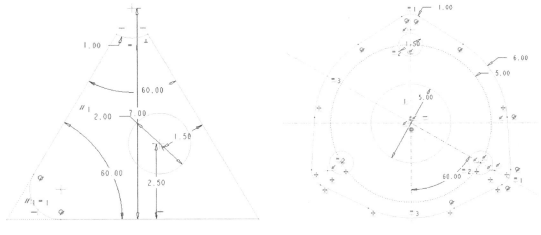

图 2.6.1　练习题 1　　　　　　　　　　　　图 2.6.2　练习题 2

第3章

拉伸类零件的建模

3.1 拉伸命令简介

拉伸是指沿垂直于草绘平面的直线路径方向生成三维实体的一种造型方法。拉伸可以添加材料创建实体、曲面及薄壳特征，也可以去除材料形成孔类特征。

1. 【拉伸】操控板

单击功能区【模型】选项卡【形状】区域中的【拉伸】按钮，界面顶部显示【拉伸】操控板，如图 3.1.1 所示。

图 3.1.1 【拉伸】操控板

2. 【拉伸】操控板主要工具按钮简介

1) 设置特征类型

- 拉伸实体：单击操控板中的【实心】按钮，使其呈按下状态。
- 移除材料：将【实心】按钮和【移除材料】按钮同时按下。
- 创建薄壳：将【实心】按钮和【创建薄壳】按钮同时按下。
- 拉伸曲面：将【曲面】按钮按下。拉伸曲面情况下进行移除材料和创建薄壳需要存在曲面特征。

2) 方向控制

在改变拉伸方向时，可单击图形区的方向箭头来控制拉伸方向，也可单击【拉伸】操控板中的【方向】按钮来控制拉伸方向。

- 添加材料拉伸生成实体或曲面时，由【方向】按钮控制特征相对于草绘平面的方向。
- 创建薄壳特征时，第一个【方向】按钮控制特征相对于草绘平面的方向，第二个【方向】按钮（此按钮在按钮按下时出现）控制材料沿厚度的生长方向。

- 移除材料时，【方向】按钮和分别从两个相互垂直方向控制材料移除方向。

3) 拉伸深度控制

拉伸以草绘平面为基准，可以单方向拉伸，也可以双方向拉伸。单击【拉伸】操控板中的【选项】按钮，弹出【选项】下滑面板，如图 3.1.2 所示。在此面板中完成两个方向的拉伸距离的设置。

图 3.1.2 【选项】下滑面板

【深度】各选项的含义如下：

- 【盲孔】选项 ⬆️：通过尺寸来确定特征的单侧深度，如图 3.1.3 (a) 所示。
- 【对称】选项 ⬆️：表示以草绘平面为基准沿两个方向创建特征，两侧的特征深度均为总尺寸的一半，如图 3.1.3 (b) 所示。
- 【到下一个】选项 ⬆️：从草绘平面开始沿拉伸方向添加或去除材料，在特征到达第一个曲面时终止，如图 3.1.3 (c) 所示。
- 【穿透】选项 ⬆️：从草绘平面开始沿拉伸方向添加或去除材料，特征到达最后一个曲面时终止，如图 3.1.3 (d) 所示。
- 【穿至】选项 ⬆️：从草绘平面开始沿拉伸方向添加或去除材料，当遇到用户所选择的实体模型曲面时停止，如图 3.1.3 (e) 所示。
- 【到选定项】选项 ⬆️：从草绘平面开始沿拉伸方向添加或去除材料，当遇到用户所选择的实体上的点、曲线、平面或一般面所在的位置时停止，如图 3.1.3 (f) 所示。

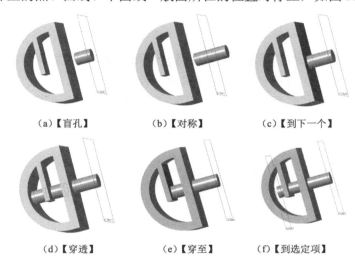

(a)【盲孔】　　　　(b)【对称】　　　　(c)【到下一个】

(d)【穿透】　　　　(e)【穿至】　　　　(f)【到选定项】

图 3.1.3　【深度】各选项的含义

4）带锥度拉伸

单击【选项】按钮，弹出【选项】下滑面板，如图 3.1.4 所示。在下滑面板中勾选【添加锥度】复选框，可以直接拉伸出带有锥度的拉伸特征，如图 3.1.5 所示。

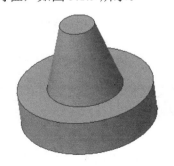

图 3.1.4　【选项】下滑面板　　　　图 3.1.5　带锥度拉伸

3．拉伸操作内部草绘解析

1）进入草绘模式

单击【拉伸】操控板中的【放置】按钮，弹出下滑面板，单击其中的【定义】按钮，或在图形区内单击鼠标右键，在弹出的快捷菜单中选择【定义内部草绘】选项，弹出的【草绘】对话框如图 3.1.6 所示。例如，指定【草绘平面】为基准平面 TOP 面、【参考】为基准平面 RIGHT 面，【方向】向右，其他选项使用系统默认值。单击对话框底部的【草绘】按钮，进入草绘模式，即可绘制截面草图。若草绘平面与屏幕不平行，可单击视图控制工具条中的【草绘视图】按钮。

2）绘制截面草图时的注意事项

拉伸实体时截面草图必须为封闭图形；拉伸曲面和薄壳时截面草图可开放也可封闭；草图各图元可并行、嵌套，但不可自我交错。

4．编辑拉伸特征

从模型树或图形区中单击要修改的拉伸特征，弹出如图 3.1.7 所示的浮动工具栏。选取【编辑定义】按钮，完成拉伸特征的编辑；若只更改模型的几个尺寸，选取【编辑尺寸】按钮，双击尺寸激活尺寸输入框，完成尺寸修改；若想对模型参考进行修改，选取【编辑参考】按钮，在弹出的【编辑参考】对话框中对原始参考和新参考进行设置。

图 3.1.6 【草绘】对话框

图 3.1.7 浮动工具栏

3.2 底座的建模

本例以底座为建模对象，如图 3.2.1 所示。通过拉伸操作进行主要建模，包括底部实体和倾斜实体两部分，主要涉及拉伸实体、创建辅助平面、倒圆角等命令的应用。

1．新建文件

（1）单击快速访问工具栏中的【新建】按钮，弹出【新建】对话框。在【类型】选项组中选中【零件】单选按钮，在【子类型】选项组中选中【实体】单选按钮，在【名称】文本框中输入文件名称"dizuo"，取消勾选【使用默认模板】选项，结果如图 3.2.2 所示。

（2）单击【确定】按钮，弹出【新文件选项】对话框，选择【solid_part_mmks】选项，如图 3.2.3 所示。单击【确定】按钮，进入零件建模界面。

图 3.2.1　底座模型

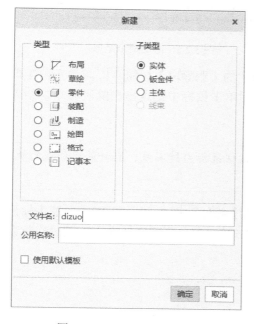

图 3.2.2　【新建】对话框

图 3.2.3　【新文件选项】对话框

2．创建底部实体

（1）单击功能区【模型】选项卡【形状】区域中的【拉伸】按钮，界面顶部显示【拉伸】操控板，保持默认设置不变。

（2）进入草绘模式。

单击【拉伸】操控板中的【放置】按钮，弹出下滑面板，单击其中的【定义】按钮，弹出【草绘】对话框。指定【草绘平面】为基准平面 TOP 面、【参考】为基准平面 RIGHT 面、【方向】向右，其他选项使用系统默认值，设置结果如图 3.2.4 所示。单击对话框的【草绘】按钮，进入草绘模式。

（3）草绘底面。

① 绘制两个矩形：单击功能区【草绘】区域中的【矩形】按钮，分别在水平中心线上侧和下侧绘制矩形，设置相关尺寸使两矩形关于竖直中心线对称，具体尺寸参数如图 3.2.5 所示。

图 3.2.4 【草绘】对话框

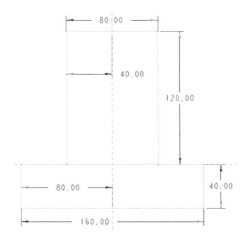

图 3.2.5 绘制两个矩形

② 删除多余线段：单击功能区【编辑】区域中的【删除段】按钮，再单击两矩形相交处的线段，一共需要选择四次，删除多余线段后单击鼠标中键退出删除段命令，结果如图 3.2.6 所示。

小提示：在使用【删除段】按钮时，可以按住鼠标左键不放，拖动鼠标形成的轨迹可对相遇的线段进行连续删除。

③ 草绘圆：单击功能区【草绘】区域中的【圆】按钮，分别以图 3.2.6 中箭头标记的两短边中点为圆心画两个圆，其中大圆直径同短边长度一样，小圆直径为 20；同时在竖直中心线上画直径为 20 的小圆，结果如图 3.2.7 所示。

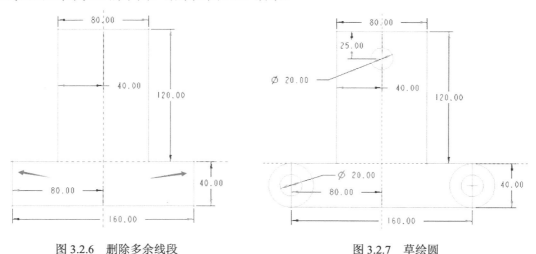

图 3.2.6 删除多余线段

图 3.2.7 草绘圆

④ 补全并修剪草图：单击功能区【草绘】区域中的【线】按钮，绘制竖直中心线上小圆的两条切线，如图 3.2.8 中箭头所指的线段。单击功能区【编辑】区域中的【删除段】按钮，依次删除各圆处的多余圆弧和线段，单击鼠标中键退出删除段命令，结果如图 3.2.9 所示。

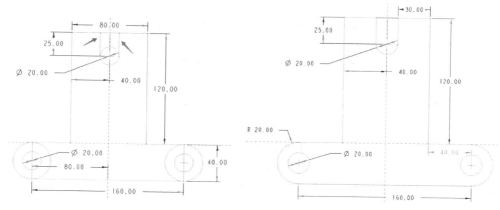

图 3.2.8　绘制连线　　　　　　　　　　图 3.2.9　修剪草图

⑤ 着色封闭环检查：单击功能区【检查】区域中的【着色封闭环】按钮🔳，得到如图 3.2.10 所示结果，表明草绘正确。

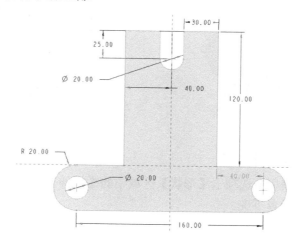

图 3.2.10　着色封闭环检查

⑥ 单击功能区【确定】按钮✔，退出草绘模式。

（4）拉伸深度设置。

在【拉伸】操控板上设置【深度】为 30，其余设置保持默认，按<Enter>键或单击鼠标中键确定，设置内容如图 3.2.11 所示。单击【确定】按钮✔，完成底部实体的创建，结果如图 3.2.12 所示。

图 3.2.11　拉伸深度设置

图 3.2.12　创建底部实体

小提示：如果确定后发现模型有误，需要在草绘中或设置拉伸深度时进行尺寸调整，则可以通过【编辑定义】按钮重新进入到相应界面。具体操作是在模型树中展开相应特征并选中，鼠标上方则会出现包含【编辑定义】按钮的浮动工具栏。

3. 创建倾斜实体

（1）创建辅助平面 DTM1。

单击功能区【基准】区域中的【平面】按钮，弹出【基准平面】对话框，按住<Ctrl>键依次选中图 3.2.13 中箭头所指的平面和边线，设置【旋转】角度为 30°，单击【确定】按钮完成辅助平面 DTM1 的创建，结果如图 3.2.14 所示。

图 3.2.13　参考平面和边

图 3.2.14　创建辅助平面 DTM1

（2）单击功能区【模型】选项卡【形状】区域中的【拉伸】按钮，界面顶部显示【拉伸】操控板，保持默认设置不变。

（3）进入草绘模式。

单击【拉伸】操控板上的【放置】按钮，弹出下滑面板，单击其中的【定义】按钮，弹出【草绘】对话框。指定【草绘平面】为辅助平面 DTM1，指定【参考】为基准平面 RIGHT 面，【方向】向右，其他选项使用系统默认值。单击对话框的【草绘】按钮，进入草绘模式。

小提示：如果设置错误，进入草绘后发现方向和书中不一致，可以在【草绘】选项卡下单击【设置】区域中的【草绘设置】按钮，重新设置草绘参数。如果熟悉草绘，也可不必调整方向和书中一致。

（4）草绘斜面。

① 设置参考：单击【设置】区域中的【参考】按钮，弹出【参考】对话框，依次选中如图 3.2.15 中箭头所指的三条边，此时三条边上面均覆盖了虚线，单击【参考】对话框中的【关闭】按钮。

② 草绘矩形和圆：单击【草绘】区域中的【矩形】按钮，以三条边为参考绘制矩形，编辑矩形高度为 60，结果如图 3.2.16 所示。单击【草绘】区域中的【圆】按钮，以矩形

顶边中点为参考绘制圆，结果如图 3.2.17 所示。

　　③ 修剪草图：单击【编辑】区域中的【删除段】按钮，删除草绘中矩形和圆内部线段，单击鼠标中键退出删除段命令，结果如图 3.2.18 所示。

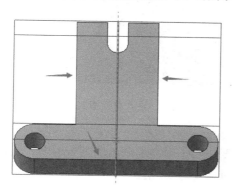

图 3.2.15　设置参考边

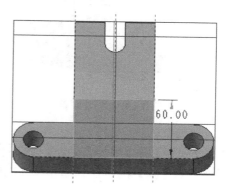

图 3.2.16　绘制矩形

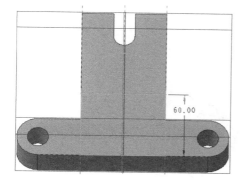

图 3.2.17　绘制圆

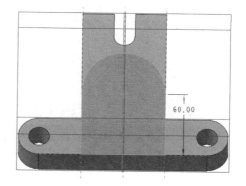

图 3.2.18　修剪草绘

　　④ 单击功能区【关闭】区域中的【确定】按钮，退出草绘模式。

（5）拉伸深度设置。

　　在【拉伸】操控板上单击【深度】下方图标旁的倒三角，在下拉菜单中单击【到选定项】按钮，然后在实体图形上选择底部实体的上表面，其余设置保持默认。单击【确定】按钮，完成倾斜实体的创建，结果如图 3.2.19 所示。

4．创建孔

（1）进入草绘模式。

　　选中实体的倾斜面，如图 3.2.20 所示。单击【形状】区域中的【拉伸】按钮，直接进入草绘模式。

> 小提示：先选中平面再单击【拉伸】功能按钮是一种快捷进入草绘模式的方法，草绘设置一般情况默认和上次草绘设置一样。此外，可通过单击【设置】区域中的【草绘设置】按钮，根据需求设置。

图 3.2.19　创建倾斜实体

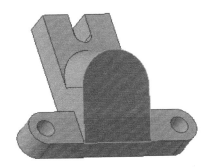
图 3.2.20　进入草绘模式

（2）草绘圆。

单击【设置】区域中的【参考】按钮▣，选择图 3.2.21 中箭头所指圆弧为参考。单击【草绘】区域中的【圆】按钮◎，单击参考圆圆心绘制直径为 30 的圆，结果如图 3.2.22 所示。单击功能区【确定】按钮✔，退出草绘模式。

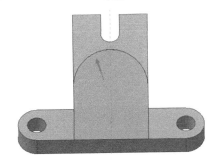
图 3.2.21　指定参考

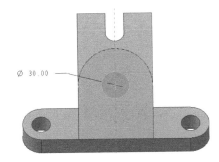
图 3.2.22　草绘圆

（3）拉伸参数设置。

在【拉伸】操控板上单击【深度】下方图标旁的倒三角，在下拉菜单中选择【到选定项】按钮⏛，然后选取实体图形底面。再单击【设置】下方的【移除材料】按钮▱，其余设置保持默认。单击【确定】按钮✔，完成孔的创建，结果如图 3.2.23 所示。

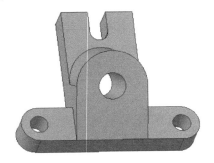
图 3.2.23　创建孔

5．倒圆角

在【模型】选项卡上单击【工程】区域中的【倒圆角】按钮◗，弹出【倒圆角】操控板，在【设置】下方输入半径为 5，如图 3.2.24 所示。再依次单击选中图 3.2.25 中箭头所指的边及对称的另一边。单击操控板上的【确定】按钮✔，完成该处倒圆角。按上述方式为图 3.2.25中圈出部位进行半径为 2 的倒圆角，结果如图 3.2.26 所示。

图 3.2.24 【倒圆角】操控板

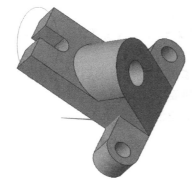

图 3.2.25 倒圆角对象

图 3.2.26 倒圆角

💡 **小提示**：在倒圆角选择多条边的时候会遇到有的边被遮挡，为此需要通过鼠标翻转模型，在翻转的时候不要按住<Ctrl>键，翻转完成后单击选取边时再按住<Ctrl>键选取。

6. 保存文件

单击快速访问工具栏中的【保存】按钮🖫，或单击【文件】|【保存】选项，系统弹出【保存文件】对话框，将文件保存到设置的工作目录文件夹内，单击【确定】按钮完成文件保存。

3.3 底壳的建模

本例以底壳为建模对象，如图 3.3.1 所示。通过拉伸操作进行主要建模，包括主体、底部和圆柱三部分，主要涉及实体拉伸、阵列、镜像、倒圆角等命令的应用。

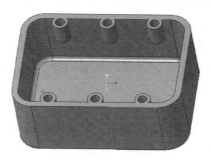

图 3.3.1 底壳模型

1．新建文件

参照 3.2 节中的新建文件步骤，新建一个文件名为 "dike" 的零件文件。

2．创建主体

（1）单击功能区【形状】区域中的【拉伸】按钮，界面顶部显示【拉伸】操控板，保持默认设置不变。

（2）进入草绘模式。

单击【拉伸】操控板上的【放置】按钮，弹出下滑面板，单击其中的【定义】按钮，弹出【草绘】对话框。指定【草绘平面】为基准平面 TOP 面，指定【参考】为基准平面 RIGHT 面，【方向】向右，其他选项使用系统默认值。单击对话框的【草绘】按钮，进入草绘模式。

（3）草绘轮廓。

① 绘制矩形：单击功能区【草绘】区域中【矩形】按钮旁的倒三角，在弹出的下拉菜单中选择 中心矩形，以原点为中心绘制矩形，设置参数如图 3.3.2 所示。

② 倒圆角：单击功能区【草绘】区域中的【圆角】按钮，分别对矩形的四个角进行倒圆角，设置半径为 20，结果如图 3.3.3 所示。

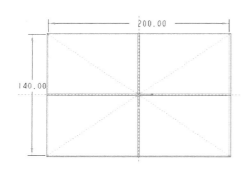
图 3.3.2　草绘中心矩形

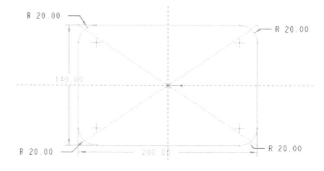
图 3.3.3　倒圆角

> 💡 **小提示**：如果在草绘图中不小心转动了图形，为了返回初始的草绘视图，可以单击功能区【设置】区域中的【草绘视图】按钮，或单击视图控制工具条上的【草绘视图】按钮。

③ 偏移边：单击功能区【草绘】区域中的【偏移】按钮，弹出【类型】对话框，选择其中的【环】单选按钮，如图 3.3.4 所示。由于草绘模型为封闭图形，只需要选中任意一条边，则弹出偏移参数输入框，输入偏移值为 8，如图 3.3.5 所示。此时可以看到图形区有朝外的黄色箭头，如果输入负值则实际方向与箭头方向相反。单击输入框中的【确定】按钮，再单击【类型】菜单中的【关闭】按钮，偏移结果如图 3.3.6 所示。

④ 单击功能区【确定】按钮，退出草绘模式。

（4）拉伸深度设置。

在【拉伸】操控板上设置【深度】为 80，按<Enter>键或单击鼠标中键确定，其余设置保持默认，单击【确定】按钮完成主体的创建，结果如图 3.3.7 所示。

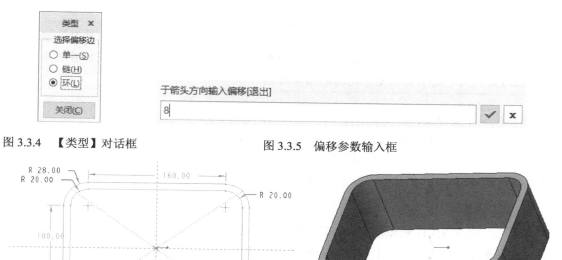

图3.3.4　【类型】对话框　　　　图3.3.5　偏移参数输入框

图3.3.6　偏移边　　　　　　　图3.3.7　创建主体

3．创建底部

（1）选择主体上、下任意一端的端面，单击功能区【形状】区域中的【拉伸】按钮，进入草绘模式。

（2）投影轮廓。

单击功能区【草绘】区域中的【投影】按钮，弹出【类型】对话框。选择其中的【链】单选按钮，再按<Ctrl>键依次选中底面外轮廓上的两条连续线段，弹出【菜单管理器】菜单，如图3.3.8所示。单击【下一个】命令，此时底面外轮廓呈加粗绿线，参考图3.3.9。单击【菜单管理器】菜单中的【接受】命令，弹出【将链转换为环】的提示，单击【确定】按钮（此处采用【链】选项是为了和前面【环】选项对比），再单击【类型】对话框中的【关闭】按钮完成轮廓投影。单击功能区【确定】按钮，退出草绘模式。

图3.3.8　【菜单管理器】菜单

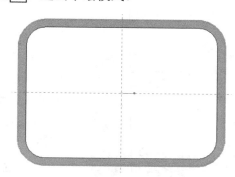

图3.3.9　生成投影轮廓

小提示：【类型】对话框中的【链】和【环】选项有相同也有区别。如果由连续线段构成的首尾相连的轮廓，这两个选项的选取结果相同；如果由连续线段构成的首尾不相连的轮廓则只能用【链】实现整个轮廓的编辑功能。

（3）拉伸深度设置。

在【拉伸】操控板上设置【深度】为 10，按<Enter>键或单击鼠标中键确定，其余设置保持默认，单击【确定】按钮 ✔，完成底部的创建，结果如图 3.3.10 所示。

4．创建圆柱

（1）选择如图 3.3.11 所示的底壳开口端端面，单击功能区【形状】区域中的【拉伸】按钮 ，进入草绘模式。

（2）草绘圆。

单击功能区【草绘】区域中的【圆】按钮 ，在开口端左上角附近绘制如图 3.3.12 所示的同心圆，同心圆圆心与竖直中心线的距离为 60，直径分别为 12 和 20，其中小圆与内边线相切。单击功能区【确定】按钮 ，退出草绘模式。

图 3.3.10　创建底部

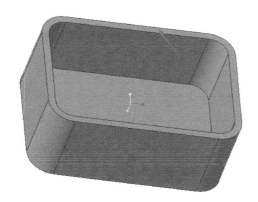

图 3.3.11　草绘平面

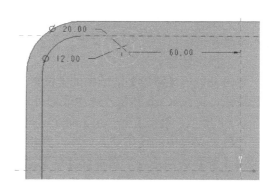

图 3.3.12　草绘同心圆

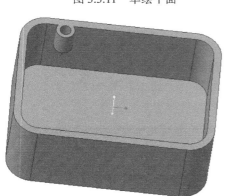

图 3.3.13　创建圆柱

（3）拉伸深度设置。

在【拉伸】操控板上设置【深度】为 30，方向朝底壳内部。如果方向朝外，可以单击拉伸圆柱图形上的箭头调整方向，或通过【拉伸】操控板上的【方向】按钮 调整方向，其余设置保持默认。单击【确定】按钮 ✔，完成圆柱的创建，结果如图 3.3.13 所示。

5．阵列圆柱

在图形区选中拉伸圆柱特征或在界面左侧模型树中选中"拉伸 3"（此处对应拉伸圆柱特征），单击功能区【编辑】区域中的【阵列】按钮 ，界面顶部弹出【阵列】操控板。在【选择阵列类型】下拉列表框中选取【方向】选项，再单击底壳开口端的长边（以此为方向的参考边），设置【成员数】为 3、【间距】为 60，【阵列】操控板的设置结果如图 3.3.14 所示。注意检查预览中三个原点位置是否在底壳内部，如果方向朝外，调整阵列方向。单击【确定】按钮 ✔，完成圆柱的阵列，结果如图 3.3.15 所示。

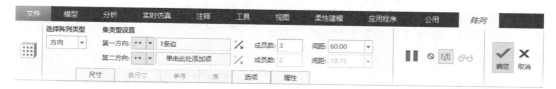

图 3.3.14 【阵列】操控板

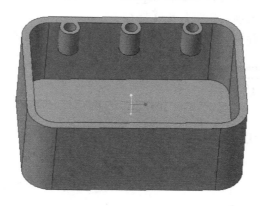

图 3.3.15 阵列圆柱

> **小提示**：在模型树中可以快捷方便地实现对多个图形进行选择和操作，如隐藏/显示、编辑定义、阵列、镜像等。

6. 镜像圆柱

在模型树中选中 ▦ 阵列 1 / 拉伸 3，单击功能区【编辑】区域中的【镜像】按钮 ⅅⅅ，界面顶部弹出【镜像】操控板，选取如图 3.3.16 所示平面为镜像平面。单击【确定】按钮 ✔，完成圆柱的镜像，结果如图 3.3.17 所示。

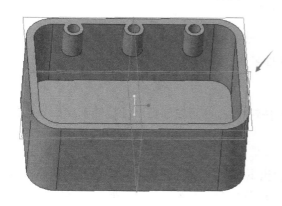

图 3.3.16 选取镜像平面

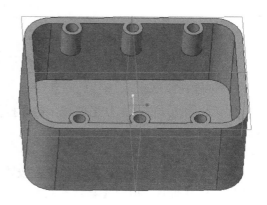

图 3.3.17 镜像圆柱

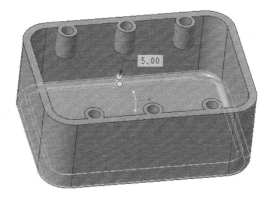
7. 倒圆角

单击【工程】区域中的【倒圆角】按钮![icon]，弹出【倒圆角】操控板，在【设置】下方输入半径为 5。按住<Ctrl>键依次单击选中底壳底部内、外棱角，得到内、外棱角的倒圆角预览，如图 3.3.18 所示。单击【确定】按钮![icon]，完成倒圆角。

8. 保存文件

单击快速访问工具栏中的【保存】按钮![icon]，或单击【文件】|【保存】选项，系统弹出【保存

图 3.3.18 倒圆角预览

文件】对话框，将文件保存到设置的工作目录文件夹内，单击【确定】按钮完成文件保存。

3.4 托架的建模

本例通过托架的建模进一步学习拉伸工具的使用，同时了解加强筋、工程孔的创建。托架模型如图 3.4.1 所示。

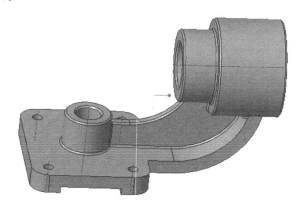

图 3.4.1 托架模型

1. 新建文件

参照 3.2 节中的新建文件步骤，新建一个文件名为 "tuojia" 的零件文件。

2. 创建托架底座

（1）单击功能区【形状】区域中的【拉伸】按钮![icon]，界面顶部显示【拉伸】操控板，保持默认设置不变。

（2）进入草绘模式。

单击【拉伸】操控板上的【放置】按钮，弹出下滑面板，单击其中的【定义】按钮，弹出【草绘】对话框。指定【草绘平面】为基准平面 TOP 面、【参考】为基准平面 RIGHT 面，【方向】向右，其他选项使用系统默认值。单击对话框的【草绘】按钮，进入草绘模式。

（3）草绘轮廓。

单击功能区【草绘】区域中的【矩形】按钮 🔲，绘制如图 3.4.2 所示矩形。单击功能区【确定】按钮 ✔，退出草绘模式。

（4）拉伸深度设置。

在【拉伸】操控板上设置【深度】为 12，其余设置保持默认，单击【确定】按钮 ✔，完成托架底座的创建，结果如图 3.4.3 所示。

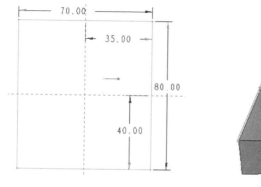

图 3.4.2　草绘矩形

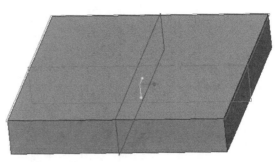

图 3.4.3　创建托架底座

3. 创建托架底槽

（1）选择底座底面，单击功能区【形状】区域中的【拉伸】按钮 📦，进入草绘模式。

（2）设置参考。

单击功能区【设置】区域中的【参考】按钮 📇，分别选取矩形两个短边为参考边，如图 3.4.4 所示。

（3）草绘轮廓。

单击功能区【草绘】区域中的【矩形】按钮 🔲，绘制如图 3.4.5 所示的矩形。单击功能区【确定】按钮 ✔，退出草绘模式。

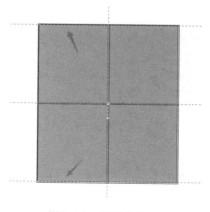

图 3.4.4　设置参考

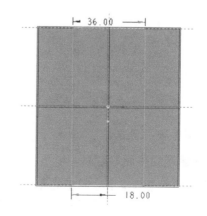

图 3.4.5　草绘矩形

（4）拉伸深度设置。

在【拉伸】操控板上设置【深度】为 4，方向反向，自动移除材料，其余设置保持默认，预览效果如图 3.4.6 所示。单击【确定】按钮✔，完成托架底槽的创建。

4．创建中心圆柱

（1）选择底座表面，单击功能区【形状】区域中的【拉伸】按钮，进入草绘模式。

（2）草绘轮廓。

单击功能区【草绘】区域中的【圆】按钮，以原点为圆心绘制如图 3.4.7 所示的圆，直径为 28。单击功能区【确定】按钮，退出草绘模式。

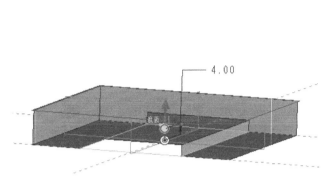

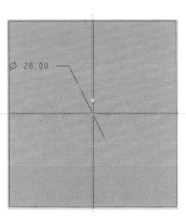

图 3.4.6　创建托架底槽　　　　　　　　　　图 3.4.7　草绘圆

（3）拉伸深度设置。

单击【拉伸】操控板上的【选项】按钮，弹出下滑面板，【侧 1】设置为盲孔，盲孔深度为 21；【侧 2】设置为盲孔，盲孔深度为 17，如图 3.4.8 所示。单击【确定】按钮✔，完成中心圆柱的创建，结果如图 3.4.9 所示。

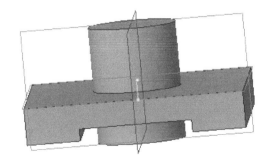

图 3.4.8　【选项】下滑面板　　　　　　　　图 3.4.9　创建中心圆柱

5．创建辅助平面 DTM1

单击功能区【基准】区域中的【平面】按钮，弹出【基准平面】对话框，选中图 3.4.10 中箭头所指的平面，设置【平移】距离为 70，预览效果如图 3.4.11 所示，单击【确定】按钮完成辅助平面 DTM1 的创建。

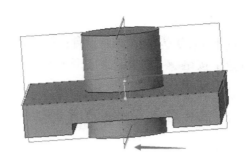

图 3.4.10　参考平面

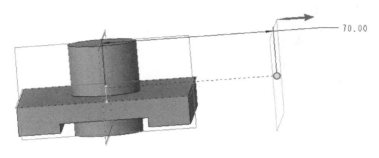

图 3.4.11　设置平移距离

6．创建大圆柱

（1）单击功能区【形状】区域中的【拉伸】按钮，界面顶部显示【拉伸】操控板，保持默认设置不变。

（2）进入草绘模式。

单击【拉伸】操控板上的【放置】按钮，弹出下滑面板，单击其中的【定义】按钮，弹出【草绘】对话框。指定【草绘平面】为辅助平面 DTM1、【参考】为基准平面 TOP 面，【方向】向下，其余选项使用系统默认值，效果如图 3.4.12 所示（注意图中箭头方向）。单击对话框中的【草绘】按钮，进入草绘模式。

（3）草绘轮廓。

单击功能区【草绘】区域中的【圆】按钮，绘制如图 3.4.13 所示圆。单击功能区【确定】按钮，退出草绘模式。

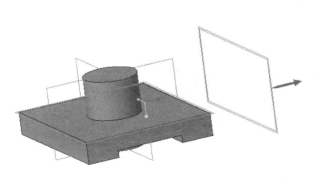

图 3.4.12　草绘设置

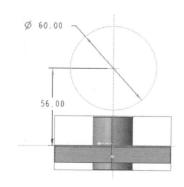

图 3.4.13　草绘圆

（4）拉伸深度设置。

在【拉伸】操控板上设置【深度】为40，其余设置保持默认，预览效果如图3.4.14所示（注意拉伸方向）。单击【确定】按钮✓，完成大圆柱的创建。

7. 创建小圆柱

（1）选择如图3.4.15所示大圆柱端面，单击功能区【形状】区域中的【拉伸】按钮，进入草绘模式。

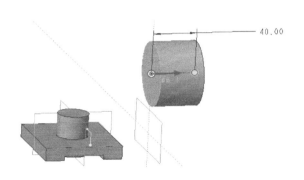

图3.4.14　创建大圆柱

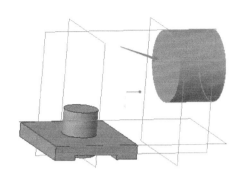

图3.4.15　草绘平面

（2）草绘轮廓。

单击功能区【设置】区域中的【参考】按钮，选择大圆柱端面轮廓为参考。单击功能区【草绘】区域中的【圆】按钮，以参考圆的圆心为圆心绘制直径为45的圆，如图3.4.16所示。单击功能区【确定】按钮，退出草绘模式。

（3）拉伸深度设置。

在【拉伸】操控板上设置【深度】为20，其余设置保持默认，预览效果如图3.4.17所示。单击【确定】按钮✓，完成小圆柱的创建。

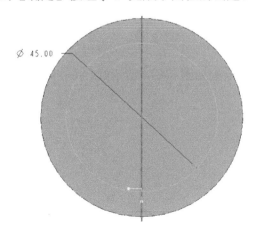

图3.4.16　草绘圆

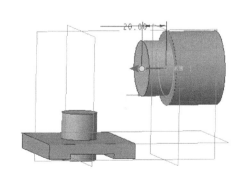

图3.4.17　创建小圆柱

8. 创建连接弧

（1）选择如图3.4.18中箭头所指的基准平面为草绘平面，单击功能区【形状】区域中的

【拉伸】按钮，进入草绘模式。

（2）设置参考。

单击功能区【设置】区域中的【参考】按钮，创建参考线，结果如图 3.4.19 中箭头所指的边。

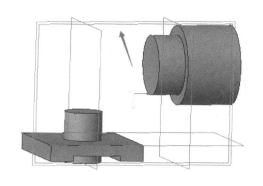

图 3.4.18 草绘平面

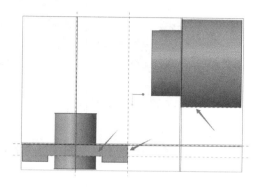

图 3.4.19 设置参考

（3）草绘轮廓。

单击功能区【草绘】区域中的【线】按钮，绘制一段直线；单击【草绘】区域中【中心线】按钮，以直线端点绘制竖直中心线，如图 3.4.20 所示。

再单击【弧】按钮旁的倒三角，选择其中的 圆心和端点，以中心线上某点为圆心绘制圆弧，设置参数如图 3.4.21 所示。单击功能区【确定】按钮，退出草绘模式。

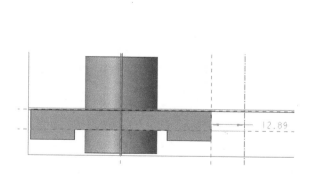

图 3.4.20 草绘直线和中心线

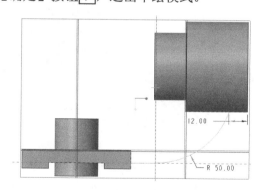

图 3.4.21 草绘圆弧

（4）拉伸深度设置。

在【拉伸】操控板上，设置【深度】为 38，拉伸方式为【对称拉伸】；单击【创建薄壳】按钮，设置厚度为 8，单击厚度方向调节按钮，其余设置保持默认，预览效果如图 3.4.22 所示。单击【确定】按钮，完成连接弧的创建。

9．创建加强筋

（1）选择如图 3.4.23 中箭头所指的基准平面为参考平面，单击功能区【工程】区域中的【筋】按钮旁的倒三角，选择其中的 轮廓筋，进入草绘模式。如果草绘方向倒置，可通过【设置】区域中的【草绘设置】按钮调节。

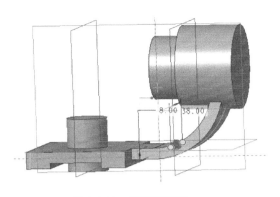 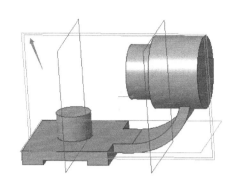

图 3.4.22　创建连接弧　　　　　　　　　　图 3.4.23　参考平面

（2）绘制参考线。

单击功能区【设置】区域中的【参考】按钮□，分别选取如图 3.4.24 中箭头所指边为参考边绘制参考线。

（3）草绘轮廓。

单击功能区【草绘】区域中的【线】按钮✓，绘制一段直线，与底部表面的距离为 16，长度暂时不设置。单击【草绘】区域中【中心线】按钮┆，以直线端点绘制竖直中心线，如图 3.4.25 所示。

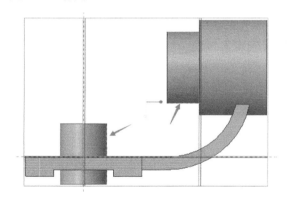 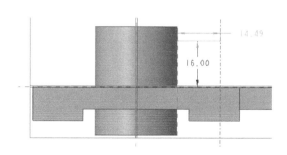

图 3.4.24　参考边　　　　　　　　　图 3.4.25　草绘直线和中心线

在单击【弧】按钮旁的倒三角，选择其中的 圆心和端点，以中心线上某点为圆心绘制圆弧，设置参数如图 3.4.26 所示。单击功能区【确定】按钮✓，退出草绘模式。

（4）【轮廓筋】操控板设置。

在【设置】下方输入轮廓筋厚度为 6，调整方向使轮廓筋的拉伸方向朝下，预览效果如图 3.4.27 所示。单击操控板中的【确定】按钮✓，完成轮廓筋的创建。

10．创建工程孔

（1）在中心圆柱上创建工程孔。

单击功能区【工程】区域中的【孔】按钮🔓，在顶部弹出【孔】操控板。在【设置】下输入直径为 15、孔深为 38，设置结果如图 3.4.28 所示。

按住<Ctrl>键选中中心圆柱的中心轴和圆柱上表面，出现工程孔模型，单击【孔】操控板上的【确定】按钮 ✓，结果如图 3.4.29 所示。

（2）在小圆柱上创建工程孔。

参照上述方法，为小圆柱创建直径为 28、深度为 60 的工程孔，参考选取小圆柱中心轴和端面，结果如图 3.4.30 所示。

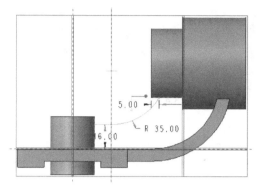　　　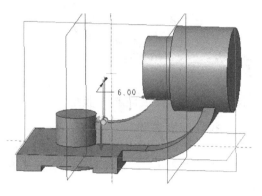

图 3.4.26　草绘圆弧　　　　　　　　　　图 3.4.27　创建轮廓筋

图 3.4.28　【孔】操控板

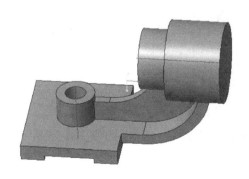　　　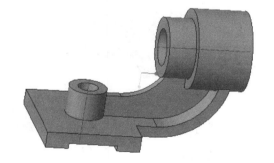

图 3.4.29　在中心圆柱上创建工程孔　　　图 3.4.30　在小圆柱上创建工程孔

（3）在大圆柱上创建工程孔。

为大圆柱创建直径为 42、深度为 30 的工程孔，参考选取大圆柱中心轴和端面，结果如图 3.4.31 所示。

11．创建连接孔

（1）选择底座表面，单击功能区【形状】区域中的【拉伸】按钮 ⬚，进入草绘模式。

（2）草绘轮廓。

以底座表面的四条边为参考线，绘制如图 3.4.32 所示圆。单击功能区【确定】按钮 ✓，退出草绘模式。

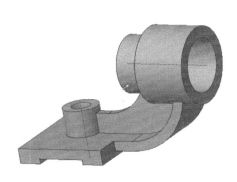

图 3.4.31　在大圆柱上创建工程孔　　　　　　　　图 3.4.32　草绘圆

（3）拉伸深度设置。

在【拉伸】操控板上，设置【深度】方式为，选中底面为拉伸参考面；在【设置】下方单击【移除材料】，其余设置保持默认。单击功能区【确定】按钮，完成孔的创建，结果如图 3.4.33 所示。

12．创建倒圆角

单击【工程】区域中的【倒圆角】按钮，弹出【倒圆角】操控板，在其中的【设置】下输入半径为 10。按住<Ctrl>键依次单击选中底座的四个角，预览效果如图 3.4.34 所示。单击操控板中的【确定】按钮，完成倒圆角。

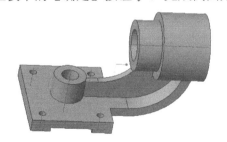　　　　　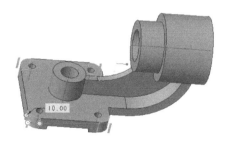

图 3.4.33　创建孔　　　　　　　　　　　　图 3.4.34　底座倒圆角

参照上述方法对托架其余部分进行倒圆角，半径设置为 1，预览图如图 3.4.35 所示。

13．创建倒角

单击【工程】区域中的【倒角】按钮，弹出【边倒角】操控板，在其中的【设置】下输入倒边参数为 1，为各个工程孔进行倒边。单击【确定】按钮，完成倒角，结果如图 3.4.36 所示。

　　　　　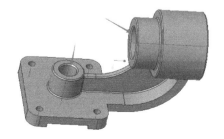

图 3.4.35　其余部分倒圆角　　　　　　　　　图 3.4.36　倒边

14．保存文件

单击快速访问工具栏中的【保存】按钮 ，或单击【文件】|【保存】选项，系统弹出【保存文件】对话框，将文件保存到设置的工作目录文件夹内，单击【确定】按钮完成文件保存。

3.5　直齿圆柱齿轮的建模

直齿圆柱齿轮的设计方法有一套标准的参考，相关参数的计算都是按照既定的方法逐步完成的。对类似这样的标准件或具有标准设计流程的零件建模，采用参数化建模的方式能有效地提高建模效率。通过参数化建模的方式设计新的齿轮时，输入齿轮的参数，则自动生成新的齿轮。通过本例，进一步熟悉拉伸操作；掌握齿轮参数化的步骤和方法；学习渐开线的创建过程；学习旋转阵列特征的操作。

1．直齿圆柱齿轮建模相关公式和参数

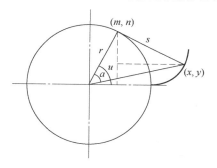

图 3.5.1　渐开线的形成

范围内的渐开线曲线表达如下：

$u=t*90$；

$r=jyd/2$（jyd 为齿顶圆直径）；

$s=(pi*r*t)/2$；

$x=r*\cos(u)+s*\sin(u)$；

$y=r*\sin(u)-s*\cos(u)$；

$z=0$。

2）齿轮建模主要建模参数

齿数：$Z=58$；

模数：$m=2.5$；

压力角：$a=20$；

齿顶高系数：$h_a=1$；

顶隙系数：$c=0.25$；

变位系数：$X=0$；

齿宽：$ck=28$。

1）渐开线齿轮齿廓曲线

齿轮的齿形是渐开线（Involute Curve）。渐开线的形成如图 3.5.1 所示，其参数方程如下：

$$\begin{cases} m = r\cos u \\ n = r\sin u \end{cases},\quad \begin{cases} x = m + ru\sin u \\ y = n - ru\cos u \end{cases}$$

图中，r 为基圆半径；s 为发生线沿基圆滚过的长度；u 为夹角。

对于 Creo 中的关系式，要引入一个变量 t，t 的变化范围是 0~1。pi 表示圆周率，是 Creo 中的默认值。0°~90°

3）齿轮建模主要建模关系

齿顶圆直径：$cdyd=Z*m+2*m*(h_a+X)$

齿根圆直径：$cgyd=Z*m-2*m*(h_a+c-X)$

分度圆直径：$fdyd=Z*m$

基圆直径：$jyd=Z*m*\cos(a)$

齿厚：$ch=m*pi/2+2*X*m*\tan(a)$

2．新建文件

参照 3.2 节中的新建文件步骤，新建一个文件名为"zhichilun"的零件文件。

3．创建用户参数

单击功能区【工具】选项卡【模型意图】区域中的【参数】按钮[ ]，弹出【参数】对话框。单击对话框中的【添加】按钮➕，会在对话框中弹出增加项，列表中的【类型】默认为"实数"，按此方法依次将直齿轮的主要参数名称代号和值输入其中，填写内容如图 3.5.2 所示。单击【确定】按钮退出【参数】对话框。

图 3.5.2 【参数】对话框

4．创建关系

单击功能区【模型意图】区域中的 d= 关系 按钮，弹出【关系】对话框，将直齿轮各参数间的关系式输入其中，如图 3.5.3 所示。单击【确定】按钮退出【关系】对话框。

5．创建齿根圆柱

（1）单击功能区【模型】选项卡【形状】区域中的【拉伸】按钮，界面顶部显示【拉伸】操控板。

（2）进入草绘模式。

在【拉伸】操控板上单击【放置】按钮，弹出下滑面板，单击【定义】按钮，弹出【草绘】对话框。指定【草绘平面】为基准平面 FRONT 面、【参考】为基准平面 RIGHT 面，【方向】向右，单击【草绘】按钮，进入草绘模式。

（3）草绘轮廓。

在图形区中部绘制一个圆截面，直径初步设定为 220（可以是任意值）。单击功能区【关闭】区域中的【确定】按钮，返回【拉伸】操控板。

（4）拉伸深度设置。

设置拉伸深度为 60（可以是任意值），其他选项默认。单击【确定】按钮 ✔，完成拉伸特征的创建，生成齿根圆柱如图 3.5.4 所示。

图 3.5.3　直齿圆柱齿轮关系设置

图 3.5.4　齿根圆柱

6. 更改变量名

（1）选中模型树中的特征"拉伸 1"，在弹出的浮动工具栏中单击【编辑尺寸】按钮，在图形区会显示出该特征的相关尺寸，如图 3.5.5 所示。

（2）单击功能区【工具】选项卡【模型意图】区域中的工具按钮 切换尺寸，图形区的尺寸会以对应符号显示，如图 3.5.6 所示。

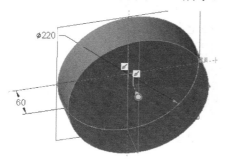

图 3.5.5　"拉伸 1"相关尺寸

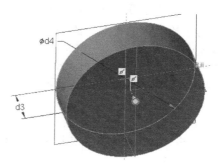

图 3.5.6　尺寸对应符号

（3）双击符号"d3"，界面顶部显示【尺寸】操控板，将【值】区域中的符号"d3"改为"k0"，如图3.5.7所示。用同样方法将符号"d4"改为"k1"，双击图形区空白区域退出。

图3.5.7　【尺寸】操控板

💡 **小提示**：新增加的特征尺寸所对应的符号是以字母d+数字序号的形式持续递增的，为避免修改时引起序号发生变化，此处以字母k开头来代替。

7．创建齿顶圆、分度圆、基圆

（1）进入草绘模式。

单击功能区【模型】选项卡【基准】区域中的【草绘】按钮 📝 ，弹出【草绘】对话框。指定【草绘平面】为基准平面FRONT面、【参考】为基准平面RIGHT面，【方向】向右，单击【草绘】按钮，进入草绘模式。

（2）草绘轮廓。

绘制如图3.5.8所示齿顶圆、分度圆、基圆，尺寸由大到小，数值任意。单击功能区【关闭】区域中的【确定】按钮 ✓ ，完成草绘。

（3）齿顶圆、分度圆、基圆尺寸符号修改。

选中模型树中的特征 ⌒ 草绘1，在弹出的工具栏中单击【编辑尺寸】按钮 📏 ，在图形区会显示出该特征的相关尺寸。如果显示符号则直接双击符号；如果显示数字尺寸则选中【工具】选项卡，单击功能区【模型意图】

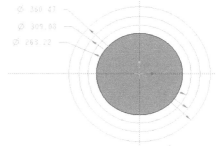

图3.5.8　齿顶圆、分度圆、基圆

中的工具按钮 🔁 切换尺寸。双击符号后分别将齿顶圆、分度圆、基圆尺寸符号对应修改为"k2""k3""k4"，双击图形区空白区域退出。

8．添加关系

单击功能区【模型意图】区域中的 **d= 关系** 按钮，弹出【关系】对话框。建立尺寸符号k0～k4与齿轮特征的关系，添加关系如下。单击【确定】按钮退出【关系】对话框。

```
k0=ck
k1=cgyd
k2=cdyd
k3=fdyd
k4=jyd
```

单击功能区【模型】选项卡【操作】区域中的【重新生成】按钮 🔄 ，得到新的图形，如图3.5.9所示。

9. 创建渐开线曲线

（1）单击功能区【基准】按钮，在下滑面板中选中【曲线】|【来自方程的曲线】命令，如图 3.5.10 所示。

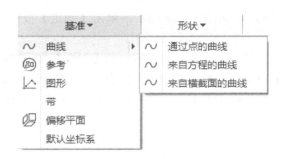

图 3.5.9　重新生成的图形　　　　　　　图 3.5.10　【来自方程的曲线】命令

（2）选取参考坐标系。

弹出【曲线：从方程】操控板，保持默认设置，如图 3.5.11 所示。单击【参考】按钮，从模型树中选取系统默认坐标系 DEFAULT_CSYS。

图 3.5.11　【曲线：从方程】操控板

（3）生成渐开线曲线。

在【曲线：从方程】操控板上单击【方程】按钮，弹出【方程】对话框，输入渐开线曲线表达式，如图 3.5.12 所示。单击【确定】按钮退出【方程】对话框，单击操控板上的【确定】按钮，完成渐开线曲线的绘制，如图 3.5.13 所示。

图 3.5.12　【方程】对话框　　　　　　　图 3.5.13　绘制渐开线曲线

10．创建第一个齿

（1）创建渐开线与分度圆的交点。

单击功能区【基准】区域中的【点】按钮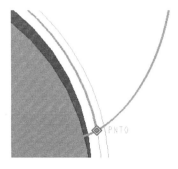，弹出【基准点】对话框，按住<Ctrl>键选择分度圆上半部分和渐开线，创建交点 PNT0，如图 3.5.14 所示，单击【确定】按钮退出。

（2）创建辅助平面 DTM1。

单击功能区【基准】区域中的【平面】按钮，弹出【基准平面】对话框，按住<Ctrl>键分别选取齿根圆柱轴线和点 PNT0，创建辅助平面 DTM1，设置如图 3.5.15 所示，单击【确定】按钮退出。

图 3.5.14　创建交点 PNT0

（3）创建辅助平面 DTM2。

单击功能区【基准】区域中的【平面】按钮，弹出【基准平面】对话框，按住<Ctrl>键分别选取齿根圆柱轴线和辅助平面 DTM1，创建辅助平面 DTM2，设置如图 3.5.16 所示，【旋转】角度为任意的小角度数值，注意偏移方向为渐开线的开口方向（即向外扩展方向），单击【确定】按钮退出。

图 3.5.15　创建辅助平面 DTM1 的设置

图 3.5.16　创建辅助平面 DTM2 的设置

（4）修改尺寸符号并设置关系。

修改辅助平面 DTM2 旋转角度尺寸符号为"k5"。单击功能区【工具】选项卡【模型意图】区域中的 **d= 关系** 按钮，在弹出的【关系】对话框中增加如下关系式：

```
k5=90/z+2*x*tan(a)/z
```

此关系式是根据辅助平面 DTM2 作为渐开线镜像参考面得到的，单击【确定】按钮退出。单击功能区【模型】选项卡【操作】区域中的【重新生成】按钮，重新生成模型。

（5）镜像渐开线。

选取渐开线，单击功能区【编辑】区域中的【镜像】按钮，弹出【镜像】操控板，选取辅助平面 DTM2 为镜像参考面，单击【确认】按钮✔，完成渐开线的镜像。

（6）拉伸形成第一个齿。

单击功能区【形状】区域中的【拉伸】按钮 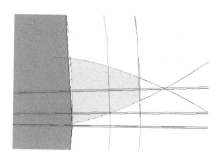，弹出【拉伸】操控板，单击【放置】按钮，选取基准平面 FRONT 面作为【草绘平面】，进入草绘模式。单击功能区【草绘】区域中的【投影】按钮，弹出【类型】对话框，默认【单一】选项，然后依次选取齿根圆、齿顶圆和两渐开线。单击功能区【编辑】区域中的【删除段】按钮 进行草图修剪，修剪后的第一个齿轮齿廓如图 3.5.17 所示。单击功能区【关闭】区域中的【确定】按钮，返回【拉伸】操控板，设置拉伸方式为 ，选取齿根圆柱上与渐开线对应的面为指定拉伸平面，单击操控板上的【确定】按钮，完成第一个齿的创建，如图 3.5.18 所示。

图 3.5.17　第一个齿轮齿廓

图 3.5.18　生成第一个齿

11．阵列齿

（1）在模型树中选中特征"拉伸 2"，再单击功能区【编辑】区域中的【阵列】按钮 ，显示【阵列】操控板，选取阵列方式为【轴】，在图形区单击齿根圆柱的轴线，其余设置默认，单击【确定】按钮，完成阵列。

（2）修改尺寸符号并设置关系。

修改阵列齿特征的阵列个数符号和角度尺寸符号分别为"k6"和"k7"，在【关系】对话框中增加如下关系式：

```
k6=z
k7=360/z
```

（3）单击【模型】选项卡【操作】区域中的【重新生成】按钮 ，重新生成模型，阵列齿如图 3.5.19 所示。

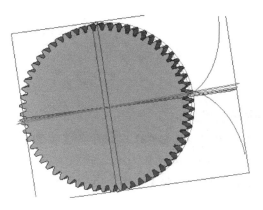

图 3.5.19　阵列齿

12. 创建轴孔和键槽

（1）单击功能区【形状】区域中的【拉伸】按钮，弹出【拉伸】操控板，单击【放置】按钮，选取基准平面 FRONT 面作为【草绘平面】。

（2）草绘与拉伸设置。绘制如图 3.5.20 所示草绘图形，保证形状轮廓一致，尺寸不做调整。单击功能区【关闭】区域中的【确认】按钮，返回【拉伸】操控板，设置拉伸方式为，选取齿根圆柱上与草绘图形对应的面为指定拉伸平面，选中【移除材料】按钮，单击【确定】按钮，完成轴孔和键槽的创建。

> 小提示：为了方便观察草图细节，可以单击视图控制工具条上的【显示样式】按钮，在其中选取【消隐】按钮，绘制完成后再返回之前的样式。

（3）修改尺寸符号并设置关系。

修改轴孔的半径尺寸符号为"k8"，键槽与轴孔的相邻边为"k9"，键槽顶边为"k10"。在【关系】对话框中增加如下关系式：

```
k8=0.3*fdyd
k9=0.1*k8
k10=0.5*k8
```

（4）单击【模型】选项卡【操作】区域中的【重新生成】按钮，重新生成模型，重生后的轴孔和键槽如图 3.5.21 所示。

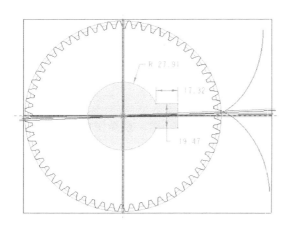

图 3.5.20　草绘图形

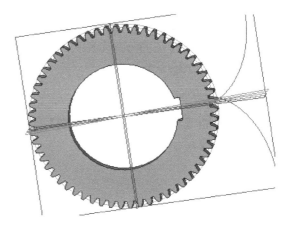

图 3.5.21　重生后的轴孔和键槽

13. 修改齿轮主要参数重新生成

单击功能区【工具】选项卡【模型意图】区域中的【参数】按钮，弹出【参数】对话框。修改其中对应名称的数值，修改齿数 Z 为 42、模数 m 为 3、齿宽 ck 为 36，修改后单击【确认】按钮退出。单击【模型】选项卡【操作】区域中的【重新生成】按钮，重新生成齿轮如图 3.5.22 所示。

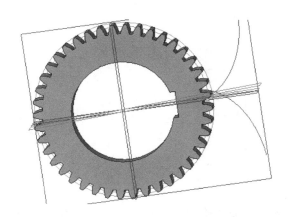

图 3.5.22　重新生成齿轮

14．保存模型

保存当前建立的模型零件。

3.6　练习题

1．基座的建模

完成如图 3.6.1 所示的基座的建模。

相关步骤和参数：

（1）绘制如图 3.6.2 所示的底部草图，拉伸得到底部。

图 3.6.1　基座

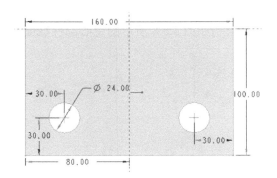

图 3.6.2　底部草图

（2）绘制如图 3.6.3 所示的空心圆柱截面草图，拉伸得到空心圆柱。

（3）绘制如图 3.6.4 所示的连接部分草图，拉伸得到连接部分。

（4）绘制如图 3.6.5 所示加强筋草图，拉伸得到加强筋。

（5）进行倒角和倒圆角操作。

2．连杆的建模

完成如图 3.6.6 所示的连杆的建模。

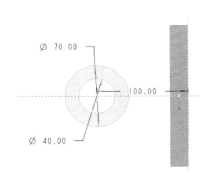

图 3.6.3　空心圆柱截面草图

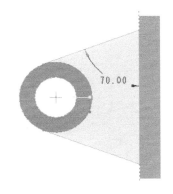

图 3.6.4　连接部分草图

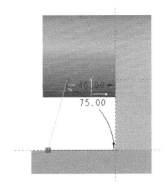

图 3.6.5　加强筋草图

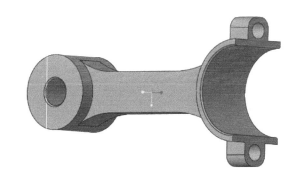

图 3.6.6　连杆

相关步骤和参数如下：

（1）绘制如图 3.6.7 所示的开口端截面草图，拉伸得到开口端。

（2）绘制如图 3.6.8 所示的空心圆柱截面草图，拉伸得到空心圆柱。

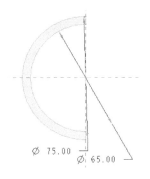

图 3.6.7　开口端截面草图

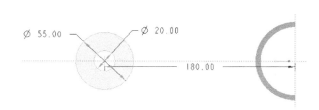

图 3.6.8　空心圆柱截面草图

（3）绘制如图 3.6.9 所示的连接部分草图，拉伸得到连接部分。

（4）绘制如图 3.6.10 所示的连接块草图，拉伸得到连接块。

（5）通过镜像得到另一端的连接块，再进行倒角和倒圆角操作。

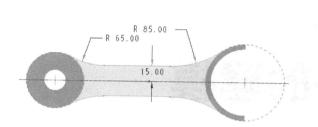

图 3.6.9　连接部分草图

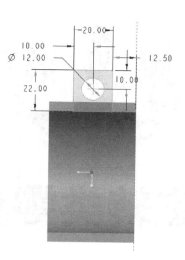

图 3.6.10　连接块草图

第 4 章

旋转类零件的建模

4.1　旋转命令简介

Creo 中的旋转建模功能是一种生成三维物体的方法。使用这种命令需要定义一个旋转轴和截面草图。截面草图绕旋转轴旋转生成最终的特征。可以使用"旋转"工具来创建实体或曲面特征，并通过添加或移除材料以形成实体的或空心的特征。

创建旋转特征必须要具备旋转轴和截面草图两个要素。旋转轴可以是草绘的中心线，也可以是已有实体的边或者已经存在的基准轴。如图 4.1.1 所示的旋转特征就是以三棱柱的一条边作为旋转轴创建的。

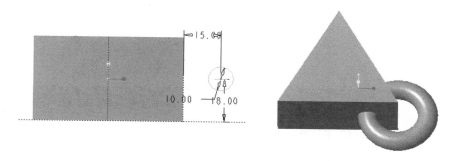

图 4.1.1　以三棱柱的一条边作为旋转轴创建旋转特征

1.【旋转】操控板

单击功能区【模型】选项卡【形状】区域中的【旋转】按钮，界面顶部显示【旋转】操控板，如图 4.1.2 所示。

图 4.1.2　【旋转】操控板

2.【旋转】操控板的主要工具按钮简介

1）设置特征类型

- 旋转实体：单击操控板中的【实心】按钮，使其呈按下状态。
- 移除材料：将【实心】按钮和【移除材料】按钮同时按下。
- 创建薄壳：将【实心】按钮和【创建薄壳】按钮同时按下。
- 旋转曲面：将【曲面】按钮按下。

2）方向控制

用户可以通过单击操控板中的【方向】按钮或者直接单击图形区的方向箭头来控制旋转方向。

- 在添加材料旋转生成实体或曲面时，由【方向】按钮 ⚹ 控制特征相对于草绘平面的方向。
- 创建薄壳特征时，第一个【方向】按钮 ⚹ 控制旋转的角度方向，第二个【方向】按钮 ⊠（该按钮在 ▢ 按钮按下时出现）控制材料沿厚度的生长方向。

3）旋转角度控制

旋转时可以从草绘平面开始单方向旋转截面草图，也可以双方向旋转截面草图。单击【旋转】操控板中的【选项】按钮，弹出【选项】下滑面板，如图 4.1.3 所示，在此面板中可以完成两个方向的旋转角度设置。图 4.1.4 所示图形即控制旋转角度创建的双侧不等的旋转特征。

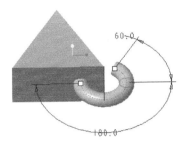

图 4.1.3 【选项】下滑面板　　　　　图 4.1.4 创建双侧不等的旋转特征

【角度】各选项的含义如下：

- 【⊥ 变量】选项：按指定的角度从草绘平面开始单侧旋转截面草图创建特征，如图 4.1.5（a）所示。要注意旋转方向和旋转角度的设置。
- 【⊟ 对称】选项：按指定角度的一半在草绘平面两侧同时创建旋转特征，如图 4.1.5（b）所示。
- 【⊥ 到选定项】选项：从草绘平面开始沿指定方向添加或去除材料，当遇到用户所选择的实体上的点、曲线、平面或一般面所在的位置时结束生成，如图 4.1.5（c）所示。

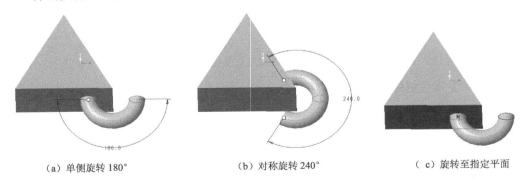

（a）单侧旋转 180°　　　　　（b）对称旋转 240°　　　　　（c）旋转至指定平面

图 4.1.5 【角度】各选项的含义

3．旋转操作内部草绘解析

1）进入草绘模式

单击【旋转】操控板中的【放置】按钮，弹出下滑面板，此时可以选择一个现有的草图或重新定义一个用于旋转操作的草图。若需重新定义一个草图，单击下滑面板中的【定义】按钮，弹出【草绘】对话框，指定草绘平面和相关参考，单击【草绘】对话框中的【草绘】按钮，进入草绘模式，此时用户便可以根据自己的意愿定义旋转截面的草图了；若用户只需要对已有草图进行旋转操作，那么直接选择满足要求的相关草图即可。

2）绘制草图的注意事项

- 如果草图中存在多条中心线，那么 Creo 将自动以所绘的第一条中心线作为旋转轴，但用户也可以根据自己的需求通过单击【放置】下滑面板中的轴选择控件，选择该草图中的其他中心线作为旋转轴。
- 创建旋转实体时，旋转的截面草图必须为封闭的几何；创建旋转曲面和薄壳时，截面草图可以是开放的，但旋转的截面草图始终只能在中心线的一侧。
- 绘制的草图不可以自相交。
- ⌖ 1条边　为选择旋转轴列表框。注意：用户在根据自己的需求选择其他中心线、基准轴或者实体边作为旋转轴前，要先激活该列表框。

4．编辑旋转特征

从模型树或图形区中选择需要修改的旋转特征，在弹出的浮动工具栏中选取【编辑定义】命令，完成旋转特征的编辑。若需更改模型的几何尺寸，选择【编辑尺寸】命令，双击激活尺寸文本框，完成尺寸修改。然后单击快速访问工具栏中的重新生成按钮或在空白处单击两下鼠标左键（不是双击），完成模型修改。

4.2　三通法兰的建模

三通法兰常用于管件连接处的固定与密封。本例将简单地介绍三通法兰的大致创建方法，帮助读者理解掌握旋转和阵列等命令的应用。

1．新建零件

新建一个文件名为"ST_falan"的零件文件。

2．创建主体

（1）单击功能区【形状】区域中的【旋转】按钮，界面顶部显示【旋转】操控板，保持默认设置不变。

（2）进入草绘模式。

单击【旋转】操控板中的【放置】按钮，弹出下滑面板，单击其中的【定义】按钮，弹出【草绘】对话框。指定【草绘平面】为基准平面 TOP 面、【参考】为基准平面 RIGHT 面，【方向】向右，其余选项使用系统默认值。单击对话框中的【草绘】按钮，进入草绘模式。

图 4.2.1　三通法兰

（3）草绘旋转轴和截面轮廓。

① 草绘旋转轴：单击功能区【基准】区域中的【中心线】按钮，以竖直中心线为参

考绘制与竖直中心线重合的旋转轴。

② 草绘截面轮廓：绘制如图 4.2.2 所示的截面轮廓。单击功能区【确定】按钮✓，退出草绘模式。

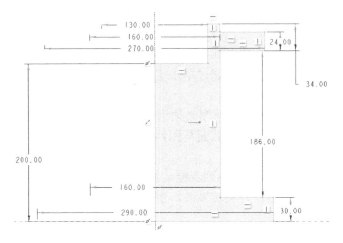

图 4.2.2 草绘截面轮廓

（4）单击【旋转】操控板中的【确定】按钮✓，完成主体的创建，结果如图 4.2.3 所示。

3．创建侧面柱体

（1）进入草绘模式。

单击选中界面左侧的模型树中的基准平面 TOP 面，单击功能区【形状】区域中的【旋转】按钮，进入草绘模式。单击功能区【设置】区域中的【草绘设置】按钮，将草绘界面设置为如图 4.2.4 所示。

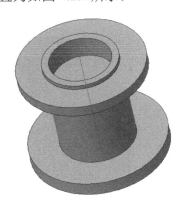

图 4.2.3 创建的主体

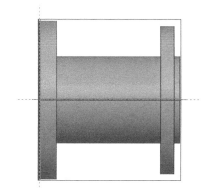

图 4.2.4 草绘设置

（2）草绘旋转轴和截面轮廓。

① 草绘旋转线：单击功能区【基准】区域中的【中心线】按钮，绘制与竖直中心线的距离为 125 的旋转轴。

② 草绘截面轮廓：绘制如图 4.2.5 所示截面轮廓。单击功能区【确定】按钮✓，退出草绘模式。

（3）单击【旋转】操控板中的【确定】按钮✔，完成侧面柱体的创建，结果如图 4.2.6 所示。

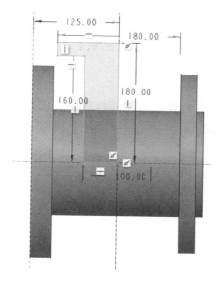

图 4.2.5　草绘截面轮廓

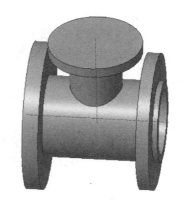

图 4.2.6　创建侧面柱体

4．创建主体的工程孔

单击功能区【工程】区域中的【孔】按钮🔲，在顶部弹出【孔】操控板。在【设置】下方输入直径为 110，按住<Ctrl>键选中主体的旋转轴和大端端面。孔深方式为"🔲到选定项"，选择另一端端面为参考面。单击操控板中的【确定】按钮✔，结果如图 4.2.7 所示。

5．创建侧面柱体的工程孔

单击功能区【工程】区域中的【孔】按钮🔲，在顶部弹出【孔】操控板。在【设置】下方输入直径为 70，按住<Ctrl>键选中侧面柱体的旋转轴和大端端面。孔深方式为"🔲到选定项"，选择三通法兰内部圆柱孔面为参考面。单击操控板中的【确定】按钮✔，结果如图 4.2.8 所示。

图 4.2.7　主体上创建工程孔

图 4.2.8　侧面柱体上创建工程孔

6．创建连接孔

1）创建侧面柱体上的连接孔

（1）进入草绘模式。

单击选中界面左侧模型树中的基准平面 TOP 面，单击功能区【形状】区域中的【旋转】按钮，进入草绘模式。

（2）草绘旋转轴和截面轮廓。

单击功能区【基准】区域中的【中心线】按钮，绘制与侧面柱体最外侧边线距离为 20 的旋转中心轴，并绘制截面轮廓，如图 4.2.9 所示。单击功能区【确定】按钮，退出草绘模式。

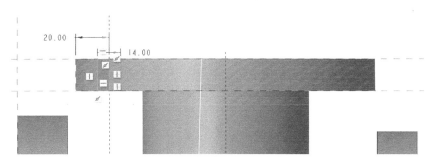

图 4.2.9　草绘的旋转轴和截面轮廓

（3）旋转参数设置。

在【旋转】操控板中按下【移除材料】按钮，单击【确定】按钮，完成连接孔的创建，结果如图 4.2.10 所示。

（4）阵列连接孔。

选中该连接孔特征再单击功能区【编辑】区域中的【阵列】按钮，界面顶部弹出【阵列】操控板。在【选择阵列类型】下拉列表框中选取【轴】选项，以侧面柱体旋转轴为参考，其余设置保持默认。单击【确定】按钮，完成连接孔的阵列，结果如图 4.2.11 所示。

图 4.2.10　创建侧面柱体上的连接孔

图 4.2.11　阵列连接孔

2）创建主体大端处的连接孔

参照前述步骤创建主体大端处的连接孔，其中草绘旋转轴和截面轮廓如图 4.2.12 所示。

3）创建主体小端处的连接孔

参照前述步骤创建主体小端处的连接孔，其中草绘旋转轴和截面轮廓如图 4.2.13 所示。完成连接孔创建的模型如图 4.2.14 所示。

图 4.2.12　草绘的旋转轴和截面轮廓

7. 倒圆角和倒角

为模型各管间的连接处，以及管与法兰的连接处进行倒圆角，圆角半径为 5。为三通法兰各内部孔进行倒角，倒角参数为 1。结果如图 4.2.15 所示。

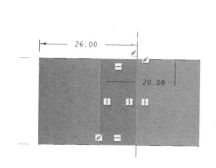
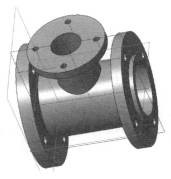

图 4.2.13　旋转轴和截面轮廓　　　　图 4.2.14　连接孔创建完成　　　　图 4.2.15　倒圆角和倒角

8. 保存文件

单击快速访问工具栏中的【保存】按钮，或单击【文件】|【保存】选项，系统弹出【保存文件】对话框，将文件保存到设置的工作目录文件夹内，单击【确定】按钮完成文件保存。

4.3　阶梯轴的建模

阶梯轴主要用于安装和定位零件，在机械产品中使用广泛，特别是在减速箱中起主要支撑和固定齿轮的作用。本例通过阶梯轴的创建进一步帮助读者强化对旋转、拉伸、倒角和倒圆角等命令的运用能力。

图 4.3.1　阶梯轴

1．建立一个新文件

建立文件名为"jietizhou"的零件文件。

2．创建阶梯轴主体

（1）单击功能区【形状】区域中的【旋转】按钮，界面顶部显示【旋转】操控板，保持默认设置不变。

（2）进入草绘模式。

单击【旋转】操控板中的【放置】按钮，弹出下滑面板，单击其中的【定义】按钮，弹出【草绘】对话框。指定【草绘平面】为基准平面 TOP 面、【参考】为基准平面 RIGHT 面，【方向】向右，其他选项使用系统默认值。单击对话框中的【草绘】按钮，进入草绘模式。

（3）草绘旋转轴和截面轮廓。

① 草绘旋转轴：单击功能区【基准】区域中的【中心线】按钮，以水平中心线为参考绘制与水平中心线重合的旋转轴。

② 草绘截面轮廓：绘制如图 4.3.2 所示的截面轮廓。单击功能区【确定】按钮，退出草绘模式。

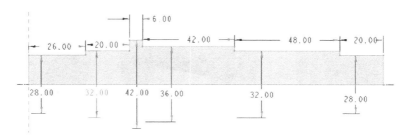

图 4.3.2　草绘截面轮廓

小提示：框选所有截面轮廓，单击功能区【编辑】区域中的【修改】按钮，弹出【修改尺寸】对话框，可逐一对尺寸进行修改。注意最好取消勾选【重新生成】复选框，当全部尺寸修改好后再统一重新生成。

（4）单击【旋转】操控板中的【确定】按钮，完成主体的创建，结果如图 4.3.3 所示。

图 4.3.3　旋转生成的阶梯轴主体

3．创建辅助平面

单击功能区【基准】区域中的【平面】按钮，弹出【基准平面】对话框，按住<Ctrl>键依次选中基准平面 FRONT 面和图 4.3.4 中箭头所指圆柱表面。设置辅助平面与基准平面

FRONT 面"平行"，与圆柱表面"相切"，具体设置如图 4.3.5 所示，单击【确定】按钮完成辅助平面的创建。

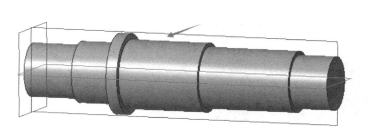

图 4.3.4　参考面

图 4.3.5　【基准平面】对话框设置

4．创建键槽

（1）草绘轮廓。

选中辅助平面 DTM1，再单击功能区【形状】区域中的【拉伸】按钮，进入草绘模式，绘制如图 4.3.6 所示的键槽截面轮廓。单击功能区【确定】按钮，退出草绘模式。

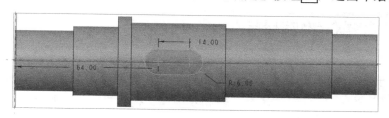

图 4.3.6　键槽截面轮廓

（2）设置拉伸参数。

在【拉伸】操控板中调整拉伸方向，设置拉伸深度为 6，选中【移除材料】，单击【确定】按钮，完成键槽的创建，结果如图 4.3.7 所示。

图 4.3.7　创建键槽

5．创建倒角

如图 4.3.8 所示选择倒角边，为轴两端倒角，倒角值为 1。

图 4.3.8　选择倒角边

6．倒圆角

如图 4.3.9 所示选择倒圆角边，为剩余阶梯创建倒圆角，圆角半径为 1。

图 4.3.9　选择倒圆角边

7．保存模型

单击快速访问工具栏中的【保存】按钮🖫，或单击【文件】|【保存】选项，系统弹出【保存文件】对话框，将文件保存到设置的工作目录文件夹内，单击【确定】按钮完成文件保存。

4.4　V 带轮的建模

图 4.4.1　V 带轮

V 带轮属于盘毂类零件，主要用于远距离传送动力的场合，例如农用车、拖拉机、纺织机械动力的传动。本例主要学习创建旋转特征、旋转切除特征、倒圆角特征以及阵列特征等操作。

1．建立一个新文件

建立文件名为"V_dailun"的零件文件。

2．创建带轮主体

（1）单击功能区【形状】区域中的【旋转】按钮⊗，界面顶部显示【旋转】操控板，保持默认设置不变。

（2）进入草绘模式。

单击【旋转】操控板中的【放置】按钮，弹出下滑面板，单击其中的【定义】按钮，弹出【草绘】对话框。指定【草绘平面】为基准平面 TOP 面、【参考】为基准平面 RIGHT 面，【方向】向右，其他选项使用系统默认值。单击对话框中的【草绘】按钮，进入草绘模式。

（3）草绘旋转轴和截面轮廓。

① 草绘旋转轴：单击功能区【基准】区域中的【中心线】按钮⫶，以竖直中心线为参考绘制与竖直中心线重合的旋转轴。

② 草绘截面轮廓：绘制如图 4.4.2 所示的截面轮廓。单击功能区【确定】按钮✓，退出草绘模式。

（4）单击【旋转】操控板中的【确定】按钮✓，完成主体的创建，结果如图 4.4.3 所示。

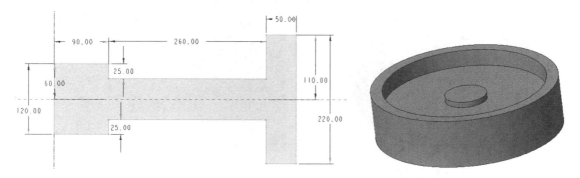

图 4.4.2　草绘截面轮廓　　　　　　　　图 4.4.3　创建主体

3．创建轮辐孔

选中基准平面 TOP 面，再单击功能区【形状】区域中的【旋转】按钮🔄。选择视图控制工具条中的▢｜ ~~隐藏线~~，草绘旋转轴和截面轮廓，如图 4.4.4 所示。单击功能区【确定】按钮✓，退出草绘模式。

恢复之前的显示效果，在【旋转】操控板中的【设置】下方按下【移除材料】按钮◩，单击功能区【确定】按钮✓，完成轮辐孔的创建，结果如图 4.4.5 所示。

图 4.4.4　草绘旋转轴和截面轮廓　　　　图 4.4.5　创建轮辐孔

4．阵列轮辐孔

选中轮辐孔特征，再单击功能区【编辑】区域中的【阵列】按钮▦，界面顶部显示【阵列】操控板。在其中的【选择阵列类型】下拉列表框中选取【轴】选项，以主体的旋转轴为参考，设置个数为 6，角度为 60°，其余设置保持默认。单击【确定】按钮✓，完成轮辐孔的阵列，结果如图 4.4.6 所示。

5．创建中心孔和键槽

（1）草绘轮廓。

选中带轮中部圆柱凸台的一端端面，单击功能区【形状】区域中的【拉伸】按钮🔲，直接进入草绘模式。绘制如图 4.4.7 所示的轮廓，单击功能区【确定】按钮✓，退出草绘模式。

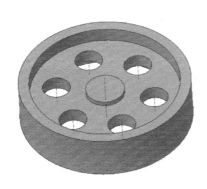

图 4.4.6　阵列轮辐孔

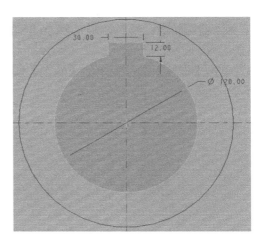

图 4.4.7　草绘轮廓

（2）设置拉伸参数，创建中心孔和键槽。

在【拉伸】操控板中调整拉伸方向，设置拉伸深度为120，按下【移除材料】按钮，功能区【确定】按钮，完成中心孔和键槽的创建，结果如图4.4.8所示。

6．创建 V 带槽

选中基准平面 TOP 面，再单击功能区【形状】区域中的【旋转】按钮。以竖直中心线为参考草绘与之重合的旋转轴，并草绘 V 带槽轮廓，如图 4.4.9 所示。单击功能区【确定】按钮，退出草绘模式。

图 4.4.8　创建中心孔和键槽

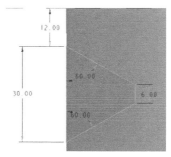

图 4.4.9　草绘 V 带槽轮廓

在【旋转】操控板中按下【移除材料】按钮，单击【确定】按钮，完成 V 带槽的创建，结果如图 4.4.10 所示。

7．阵列 V 带槽

选中 V 带槽特征，再单击功能区【编辑】区域中的【阵列】按钮，界面顶部弹出【阵列】操控板。在【选择阵列类型】下拉列表框中选取【方向】选项，以主体的旋转轴为参考，设置个数为4、距离为55，其余设置保持默认。单击功能区【确定】按钮，完成 V 带槽的阵列，结果如图 4.4.11 所示。

8．倒圆角

如图 4.4.12 所示选择倒圆角边，为 V 带轮内部台阶倒圆角，圆角半径为10。

图 4.4.10　创建 V 带槽

图 4.4.11　阵列 V 带槽

图 4.4.12　选择倒圆角边

9．保存模型

单击快速访问工具栏中的【保存】按钮█，或单击【文件】|【保存】选项，系统弹出【保存文件】对话框，将文件保存到设置的工作目录文件夹内，单击【确定】按钮完成文件保存。

4.5　涡轮转子的建模

涡轮转子（见图 4.5.1）主要用于涡轮发动机，其结构设计样式也用于其他涡轮动力装置中。通过对此建模帮助读者掌握旋转生成实体、旋转去除实体、样条曲线构建简单曲面等相关操作。

图 4.5.1　涡轮转子

1．建立一个新文件

建立文件名为"WL_zhuanzi"的零件文件。

2．创建主体

（1）单击功能区【形状】区域中的【旋转】按钮█，界面顶部显示【旋转】操控板，保持默认设置不变。

（2）进入草绘模式。

单击【旋转】操控板中的【放置】按钮，弹出下滑面板，单击其中的【定义】按钮，弹出【草绘】对话框。指定【草绘平面】为基准平面 TOP 面，【参考】为基准平面 RIGHT 面，【方向】向右，其他选项使用系统默认值。单击对话框中的【草绘】按钮，进入草绘模式。

（3）草绘旋转轴和截面轮廓。

① 草绘旋转轴：单击功能区【基准】区域中的【中心线】按钮，以竖直中心线为参考绘制与竖直中心线重合的旋转轴。

② 草绘截面轮廓：绘制如图 4.5.2 所示的截面轮廓。单击功能区【确定】按钮，退出草绘模式。

（4）单击【旋转】操控板中的【确定】按钮，完成主体的创建，结果如图 4.5.3 所示。

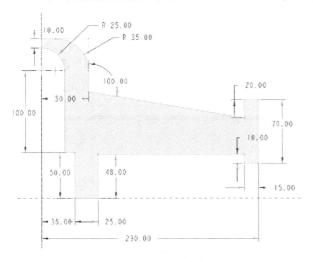

图 4.5.2　草绘截面轮廓

图 4.5.3　旋转生成主体

3．创建辅助平面

单击功能区【基准】区域中的【平面】按钮，弹出【基准平面】对话框，按住<Ctrl>键选中图 4.5.4 中箭头所指的参考平面 TOP 面和轮廓面以创建辅助平面。设置【基准平面】对话框内容如图 4.5.5 所示，单击【确定】按钮完成辅助平面的创建。

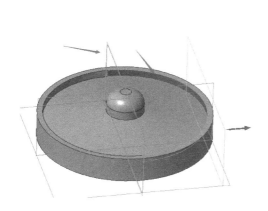

图 4.5.4　参考面

图 4.5.5　【基准平面】对话框设置

4．创建叶片

选中辅助平面 DTM1，再单击功能区【形状】区域中的【拉伸】按钮，进入草绘模式。

单击功能区【草绘】区域中的【样条】按钮〜，绘制两条样条曲线，适当调整各中间节点的位置。单击功能区【草绘】区域中的【弧】按钮旁的倒三角，选择其中的 3点/相切端，在绘制圆弧连接两条样条曲线的端点，结果和相关参数设置如图 4.5.6 所示。单击功能区【确定】按钮☑，退出草绘模式。

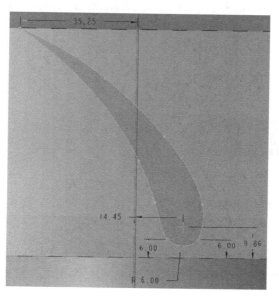

图 4.5.6　草绘叶片轮廓

在【拉伸】操控板中设置向外的拉伸深度为 170，单击【确定】按钮✔，完成叶片的创建，结果如图 4.5.7 所示。

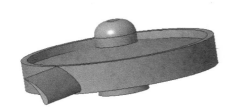

图 4.5.7　创建叶片

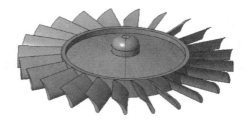

图 4.5.8　叶片阵列

5. 阵列叶片

选中叶片特征，再单击功能区【编辑】区域中的【阵列】按钮⊞，界面顶部弹出【阵列】操控板。在【选择阵列类型】下拉列表框中选取【轴】选项，以主体的旋转轴为参考，设置个数为 24，角度为 15°，其余设置保持默认。单击【确定】按钮✔，完成叶片阵列，结果如图 4.5.8 所示。

6. 修剪叶片

选中基准平面 TOP 面，再单击功能区【形状】区域中的【旋转】按钮⚙，进入草绘模式。草绘如图 4.5.9 所示旋转轴和截面轮廓，旋转轴与竖直中心线重合，单击功能区【确定】

按钮☑，退出草绘模式。在【旋转】操控板中按下【移除材料】按钮◢，单击【确定】按钮
✔，完成叶片的修剪。

7．倒圆角

如图 4.5.10 所示选择倒圆角边，为涡轮转子棱边进行倒圆角，圆角半径为 10。

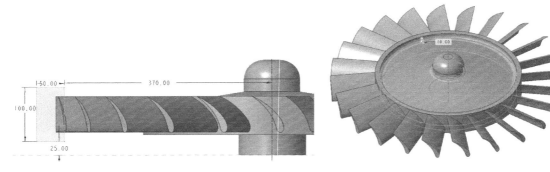

图 4.5.9　草绘旋转轴和截面轮廓　　　　　　　　图 4.5.10　倒圆角边

8．保存模型

单击快速访问工具栏中的【保存】按钮🖫，或单击【文件】|【保存】选项，系统弹出
【保存文件】对话框，将文件保存到设置的工作目录文件夹内，单击【确定】按钮完成文件
保存。

4.6　练习题

完成法兰盘的建模，模型如图 4.6.1 所示。
相关步骤和参数：
（1）草绘如图 4.6.2 所示的主体截面草图，旋转得到主体。

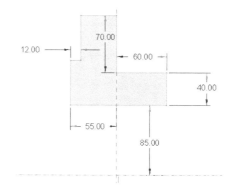

图 4.6.1　法兰盘　　　　　　　　　　　　图 4.6.2　主体截面草图

（2）草绘如图 4.6.3 所示轮廓筋轮廓草图，通过【轮廓筋】命令创建得到轮廓筋，然后
阵列轮廓筋。

（3）草绘如图 4.6.4 所示的沉孔截面草图，旋转得到沉孔，然后阵列沉孔。

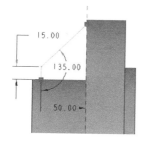

图 4.6.3　轮廓筋轮廓草图

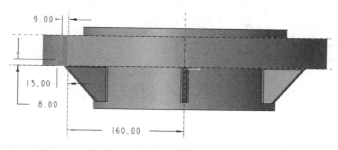

图 4.6.4　沉孔截面草图

（4）进行倒角和倒圆角操作。

第5章

扫描类零件的建模

5.1　扫描命令简介

扫描功能是使用一个截面沿一条或多条轨迹扫描出所需的实体、曲面或薄壳的建模方法。创建扫描特征需要创建两类草图特征：扫描轨迹和扫描截面。扫描轨迹可以有多条，可指定现有的曲线、边，也可进入草绘模式绘制轨迹。扫描截面包括恒定截面和可变截面两种。

图 5.1.1 所示为利用一个截面及多条轨迹（见图 5.1.2）创建的一个变截面扫描特征。扫描时扫描截面垂直于原点轨迹即图中直线，截面上各顶点受三条轨迹驱动，最后截面缩成一个点，扫描完成。

图 5.1.1　变截面扫描特征

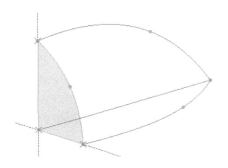
图 5.1.2　扫描所用草图特征

1.【扫描】操控板

单击功能区【模型】选项卡【形状】区域中的【扫描】按钮，界面顶部弹出【扫描】操控板，如图 5.1.3 所示。

图 5.1.3　【扫描】操控板

2.【参考】下滑面板

单击【扫描】操控板上的【参考】按钮，弹出【参考】下滑面板，如图 5.1.4 所示。在该面板指定扫描轨迹的类型及扫描截面的控制方向。

1）扫描轨迹

（1）轨迹的类型。

- 原点轨迹：在扫描的过程中，截面的原点永远落在此轨迹上，创建扫描特征时必须选择一条原点轨迹。
- 链轨迹：扫描过程中截面顶点参考的轨迹，用于变截面扫描。可以有多条，其中一条可以是截面 X 方向上的控制轨迹。

图 5.1.4 【参考】下滑面板

（2）字母选项含义。

- 【X】选项：该轨迹作为 X 方向上的控制轨迹。
- 【N】选项：该轨迹作为法向轨迹，扫描截面与该轨迹垂直。
- 【T】选项：切向参考。

2）扫描截平面控制

扫描截平面控制就是在扫描过程中对扫描截面的 X 方向和 Z 方向进行选择和控制。Z 方向控制有三种：垂直于轨迹、垂直于投影和恒定法向，如图 5.1.5 所示。

（1）【垂直于轨迹】选项：在扫描过程中，扫描截面始终垂直于指定的轨迹，系统默认是垂直于原点轨迹。选择方法是：在【截平面控制】下拉列表框中，选择【垂直于轨迹】选项，回到【轨迹】选项框中，在对应的轨迹右侧勾选【N】列复选框。

选择了【垂直于轨迹】后，会出现【水平/竖直控制】选项。这个选项用于控制截面的 X 方向，有两个选择，如图 5.1.6 所示。

图 5.1.5 【截平面控制】种类

图 5.1.6 【水平/竖直控制】选项

- 【X 轨迹】选项：选择一条轨迹作为 X 向轨迹。【X 轨迹】的几何意义是：扫描过程中，以原点轨迹上的点与 X 向轨迹上的对应点的连线作为 X 轴。X 轴确定了，草绘平面的 Y 轴自然也就确定了，整个草绘平面也就被完全控制了。
- 【自动】选项：系统自动选择 X 轴方向。

（2）【垂直于投影】选项：扫描过程中扫描截平面始终与轨迹在某个平面的投影垂直。当选取该选项时，系统要求选取一个平面、轴、坐标系轴或直图元来定义轨迹的投影方向。

（3）【恒定法向】选项：扫描过程中截平面的 Z 方向总是指向某一个方向。选取该选项时，系统要求选取一个平面、轴、坐标轴或直图元来定义法向，且截平面的绘图原点落在原点轨迹上。

3．扫描轨迹及扫描截面的要求

1）扫描轨迹的要求

（1）扫描轨迹草图图元可封闭也可开放，但不能有交错情形。

（2）扫描轨迹可以是草绘的直线、圆弧、曲线或者三者的组合，也可以是已存在的基准曲线、模型边界。

（3）截面草图与轨迹截面之间的比例要恰当。比例不恰当通常会导致特征创建失败。若扫描轨迹有圆弧线或是以样条曲线定义的，其最小的半径值与草图的比例不可太小，否则截面在扫描时会自我交错，无法计算特征。

2）扫描截面的要求

（1）扫描截面草图各图元可并行、嵌套，但不可自我交错。

（2）扫描实体时扫描截面必须封闭，扫描曲面和薄壳时扫描截面可开放也可封闭。

（3）系统会自动将截面草图的绘图平面定义为扫描轨迹的法向，并通过扫描轨迹的起点。

4. 变截面扫描特征

变截面扫描特征的外形首先取决于扫描截面的形状，其次是扫描截面中各图元与轨迹之间的约束。扫描截面的变化可以通过其他轨迹控制，也可以利用关系式或基准图形控制。

1）使用关系式搭配轨迹参数 trajpar

轨迹参数 trajpar 是变截面扫描特征的一个特有参数。轨迹参数实际上是扫描过程中扫描截面与原点轨迹的交点到扫描起点的距离占整个原点轨迹的比例值，其数值为 0~1。用轨迹参数 trajpar 可以控制大小渐变、螺旋变化以及循环变化，从而可以得到各种各样的截面形状。

2）使用基准图形的方式来控制截面的变化

单击功能区【模型】选项卡中的【基准】按钮，在弹出的下滑面板中选择 |△ 图形 选项。在弹出的草绘环境中，单击功能区【基准】区域中的【坐标系】按钮 □ ，在图形区合适位置单击建立坐标系，再绘制所需的二维图形。扫描过程中，X 的坐标是变化的，X 轴起点代表扫描起始点，而 X 轴终点代表扫描结束点。Y 值按二维曲线变化，让扫描截面某个尺寸（相当于 Y 值）按规律变化，可使用下列关系式来控制：

```
sd#=evalgraph("graph_name",x_value)
```

在该关系式中，sd#代表欲变化尺寸的符号，graph_name 为基准图形的名称，x_value 代表扫描的行程，而 evalgraph 是用于计算基准图形的横坐标对应纵坐标值的函数。关系式的含义是由基准图形求得对应于 x_value 的 Y 值，然后指定给参数 sd#。

5. 扫描属性

单击【扫描】操控板上的【选项】按钮，弹出【选项】下滑面板，如图 5.1.7 所示。

（1）扫描实体或薄壳时，【选项】下滑面板中的【合并端】复选框为可选项，未勾选则认为是自由端，合并端和自由端的特性如下。

- 合并端：系统自动计算扫出几何延伸并和已有的实体进行合并，从而消除扫出几何和已有几何之间的间隙，勾选【合并端】复选框的效果如图 5.1.8 所示。

图 5.1.7 【选项】下滑面板

- 自由端：扫描命令在端部不做任何特殊处理，几何和已有几何之间产生间隙，未勾选【合并端】复选框的效果如图 5.1.9 所示。

（2）扫描曲面时，【选项】下滑面板中的【封闭端】复选框为可选项，未勾选则认为是开放端，封闭端和开放端的特性如下。

- 封闭端：扫描的曲面端部封闭，如图 5.1.10 所示。

- 开放端：扫描的曲面端部开放，如图 5.1.11 所示。

图 5.1.8　勾选【合并端】　　　　　图 5.1.9　未勾选【合并端】

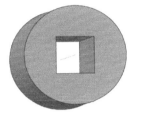　　　　

图 5.1.10　勾选【封闭端】　　　　　图 5.1.11　未勾选【封闭端】

5.2 锥形簧的建模

图 5.2.1　锥形簧模型

弹簧的种类多样，应用于各种机器和部件中，其中锥形簧的模型如图 5.2.1 所示。此处以锥形簧为例，让读者熟悉通过方程创建轨迹，再以轨迹扫描生成模型的过程。后续章节中的螺旋扫描更适合弹簧的生成，可以通过后续的学习用不同的方法实现锥形簧的生成。

1. 新建文件

新建一个文件名为 "Z_tanhuang" 的零件文件。

2. 通过方程创建轨迹

（1）单击功能区【模型】选项卡上的【基准】按钮，在弹出的下滑面板中选取【曲线】|【来自方程的曲线】选项，此时界面顶部弹出【曲线：从方程】操控板。在【设置】下方选择坐标系为【柱坐标】，选取图形区中的原坐标系为参考坐标系，再单击操控板上的【方程】按钮，弹出【方程】对话框，在其中输入如图 5.2.2 中的公式。

（2）单击对话框中的【确定】按钮，生成轨迹，如图 5.2.3 所示。单击【曲线：从方程】操控板上的【确定】按钮 ✓，完成轨迹的创建。

3. 创建锥形簧

（1）单击功能区【形状】区域中的【扫描】按钮 📦，界面顶部弹出【扫描】操控板。保持默认设置不变，选中轨迹，单击【草绘】按钮 ，进入草绘模式。

（2）草绘截面。

单击功能区【草绘】区域中的【圆】按钮 ，在如图 5.2.4 中箭头所指处草绘圆，如图 5.2.5 所示。单击【确定】按钮 ，退出草绘模式。

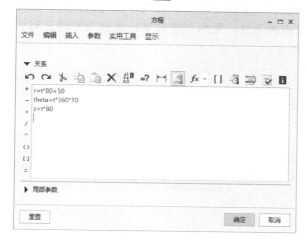

图 5.2.2 【方程】对话框

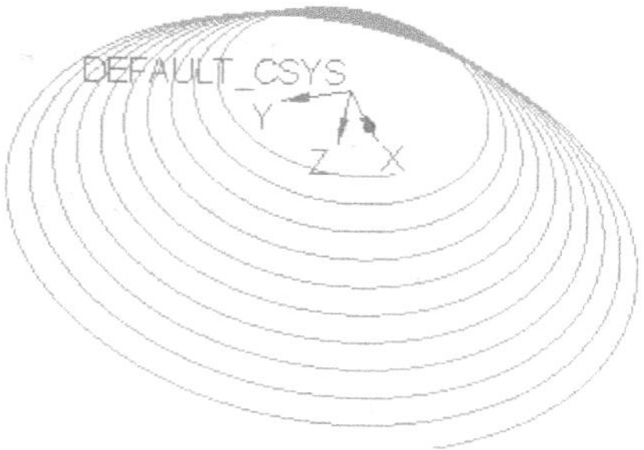

图 5.2.3 生成的轨迹

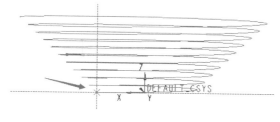

图 5.2.4 草绘的位置

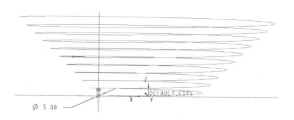

图 5.2.5 草绘圆

（3）单击【扫描】操控板上的【确定】按钮 ，完成锥形簧的创建，结果如图 5.2.6 所示。

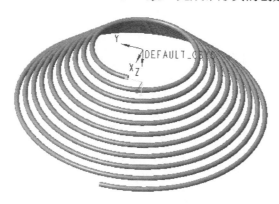

图 5.2.6 扫描生成锥形簧

4. 保存模型

保存当前建立的锥形簧模型。

5.3 异形弯管的建模

异形弯管是采用成套弯曲模具进行弯曲的，主要用于输油、输气，在飞机、高铁上也有大量使用。通过本例掌握利用坐标绘制参考点的方法；掌握利用参考点绘制参考线及利用参考线扫描异形弯管的方法，模型如图 5.3.1 所示。

1. 新建文件

新建一个文件名为"YX_wanguan"的零件文件。

2. 创建参考点

（1）单击功能区【基准】区域中【点】按钮旁的倒三角，选择其中的 偏移坐标系，弹出【基准点】对话框。

（2）输出点坐标。

图 5.3.1　异形弯管模型

选取模型树中的系统坐标系 DEFAULT_CSYS 作为基准点的【参考】，【类型】为默认的【笛卡尔】，依次输入六个参考点的坐标："0, 0, 0"；"130, 0, 0"；"150, 150, 0"；"150, 150, -70"；"170, 0, -70"；"300, 0, -70"。对话框设置如图 5.3.2 所示。单击对话框中的【确定】按钮退出。

（3）显示点。

选中【视图】选项卡，单击功能区【显示】区域中的【点显示】按钮和【点标记显示】按钮，得到如图 5.3.3 所示的参考点。

图 5.3.2　【基准点】对话框设置

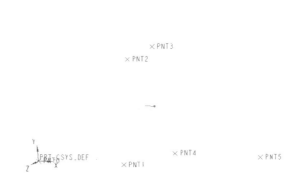

图 5.3.3　显示参考点

3. 创建扫描轨迹

（1）单击功能区【基准】按钮，在弹出的下滑面板中选取【曲线】|【通过点的曲线】选

项，此时界面顶部弹出【曲线：从方程】操控板。

（2）连接点生成轨迹并倒圆角。

选中参考点 PNT0 和 PNT1，单击操控板中的【直线连接】按钮，表示使用直线将该点连接到上一点，单击新出现的【倒圆角】按钮，设置圆角半径为 20，再依次选中参考点 PNT2 至 PNT5。操控板的设置如图 5.3.4 所示。

图 5.3.4　操控板的设置

（3）单击操控板上的【确定】按钮，完成扫描轨迹的创建，如图 5.3.5 所示。

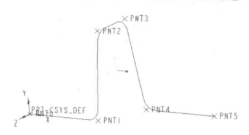

图 5.3.5　扫描轨迹

小提示：在通过连接点生成轨迹时，可以单击操控板中【放置】按钮，在弹出的下滑面板中对各个细节进行详细的设置。

4. 创建异形弯管

（1）单击功能区【形状】区域中的【扫描】按钮，界面顶部弹出【扫描】操控板。保持默认设置不变，选中轨迹，单击【草绘】按钮，进入草绘模式。

（2）草绘截面。

单击功能区【草绘】区域中的【圆】按钮，在图形区以虚线十字交点为圆心绘制直径为 12 和 16 的同心圆，如图 5.3.6 所示。单击【确定】按钮，退出草绘模式。

（3）单击操控板上的【确定】按钮，完成异形弯管的创建，结果如图 5.3.7 所示。

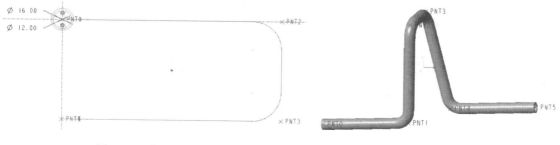

图 5.3.6　草绘截面　　　　　　　　　　图 5.3.7　创建的异形弯管

5．保存模型

保存当前建立的异形弯管模型。

5.4 变截面零件的建模

变截面零件是一种截面随延展方向不断变化的异形结构件，本例模型如图 5.4.1 所示。通过本例的学习，掌握使用变截面扫描方式创建实体模型的方法；熟悉使用关系式搭配轨迹参数 trajpar 来控制截面形状；熟悉使用基准图形的方式来控制截面的变化。

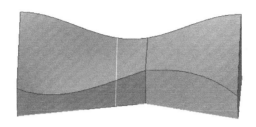

图 5.4.1　变截面零件模型

1．新建文件

新建一个文件名为"bianjiemian"的零件文件。

2．草绘轨迹

单击功能区【基准】区域中的【草绘】按钮，弹出【草绘】对话框。选择基准平面 RIGHT 面作为【草绘平面】、基准平面 TOP 面为【参考】，【方向】向左，绘制一条折线和一条直线作为轨迹草图，如图 5.4.2 所示。单击功能区【确定】按钮，完成轨迹草图的绘制。

3．变截面扫描

（1）单击功能区【形状】区域中的【扫描】按钮，界面顶部弹出【扫描】操控板。保持默认设置不变，选中轨迹，单击【草绘】按钮，进入草绘模式。

（2）选取扫描轨迹。

按住<Ctrl>键依次选取直线和折线，默认选取的第一条轨迹为原点轨迹，其他为链轨迹，【扫描】操控板中 允许截面变化 选项被自动选中。选取的轨迹如图 5.4.3 所示。

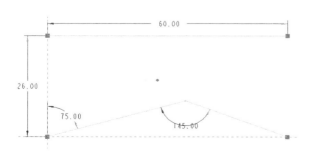

图 5.4.2　轨迹草图

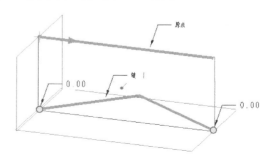

图 5.4.3　选取的轨迹

（3）草绘截面。

单击【扫描】操控板中的【草绘】按钮，进入草绘模式，绘制如图 5.4.4 所示的截面。单击功能区中的【确定】按钮，完成截面草图的绘制。

（4）单击【扫描】操控板中的【确定】按钮，完成变截面扫描特征的创建，如图 5.4.5 所示。

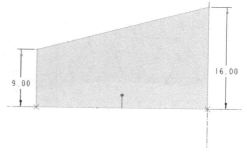

图 5.4.4　草绘截面

4．用关系式控制折线侧高度的变化

（1）选中模型树中的特征 扫描1，弹出浮动工具栏，单击其中的【编辑定义】按钮，出现【扫描】操控板。单击操控板中的【草绘】按钮，进入草绘模式。

（2）设置尺寸关系。

选中【工具】选项卡，单击功能区【模型意图】区域中的 d= 关系 按钮，弹出【关系】对话框，此时草绘的梯形的尺寸均以尺寸符号的形式表示，如图 5.4.6 所示。

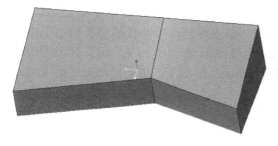

图 5.4.5　变截面扫描特征

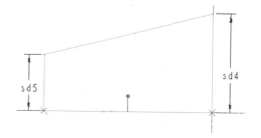

图 5.4.6　显示尺寸符号

图中梯形左侧和右侧竖直边的尺寸符号分别为"sd5"和"sd4"，尺寸符号以实际情况为准。在【关系】对话框中输入以下关系式：

```
sd4=16+4*cos(360*trajpar)
```

（3）单击对话框中的【确定】按钮退出，选中【草绘】选项卡，单击【关闭】区域中的【确定】按钮，单击【扫描】操控板中的【确定】按钮，得到扫描结果如图 5.4.7 所示。

5．用基准图形控制直线侧高度的变化

（1）绘制样条曲线。

单击功能区【基准】按钮，在弹出的下滑面板中单击 图形选项，弹出【为 feature 输入一个名字】对话框，输入图形名称为"quxian"，单击对话框中 按钮。在弹出的草绘环境中单击功能区【草绘】区域中的【坐标系】按钮，在图形区合适位置单击建立坐标系，再绘制如图 5.4.8 所示的样条曲线，结构大致相同即可，尺寸为完全标出。单击功能区中的【确定】按钮，完成样条曲线的绘制。

（2）在模型树中用鼠标左键选中特征 QUXIAN，按住左键将其拖动到特征 扫描1 之前。

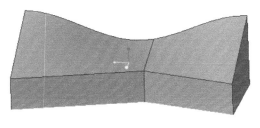

图 5.4.7 扫描结果

图 5.4.8 样条曲线大致尺寸

（3）设置尺寸关系。

选中模型树中的特征🖇扫描1，弹出浮动工具栏，单击其中的【编辑定义】按钮🖊，

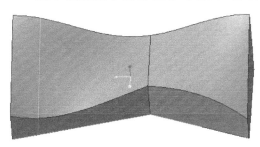

图 5.4.9 扫描结果

出现【扫描】操控板。单击操控板中的【草绘】按钮🖊，进入草绘模式。选中【工具】选项卡，单击功能区【模型意图】区域中的 **d=** 关系 按钮，弹出【关系】对话框，在【关系】对话框中添加输入以下关系式：

```
sd5=evalgraph("quxian",60*trajpar)
```

（4）单击对话框中的【确定】按钮退出，选中【草绘】选项卡，单击【关闭】区域中的【确定】按钮☑，单击【扫描】操控板中的【确定】

按钮✔，得到的扫描结果如图 5.4.9 所示。

6．保存模型

保存当前建立的变截面扫描模型。

5.5 圆柱凸轮的建模

圆柱凸轮模型如图 5.5.1 所示。通过本例掌握使用旋转的方法创建凸轮主体；熟悉使用基准图形的方式来控制截面的变化。

1．新建文件

新建一个文件名为"YZ_tulun"的零件文件。

2．创建凸轮主体

单击功能区【形状】区域中的【旋转】按钮🔄，界面顶部弹出【旋转】操控板。选择基准平面 FRONT 面作为【草绘平面】，绘制如图 5.5.2 所示的截面草图。单击功能区中的【确定】按钮☑，退出草绘模式。【旋转】操控板中的设置保持默认，单击【确定】按钮✔，完成凸轮主体的创建，如图 5.5.3 所示。

图 5.5.1 圆柱凸轮模型

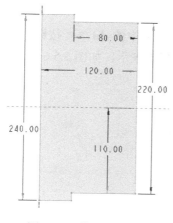

图 5.5.2　截面草图

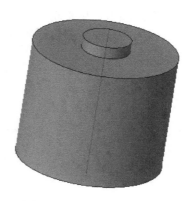

图 5.5.3　凸轮主体的创建

3. 创建基准图形

（1）绘制参考线。

单击功能区【模型】选项卡中的【基准】按钮，在弹出的下滑面板中选择 ⌐ 图形选项，弹出【为 feature 输入一个名字】对话框，输入图形名称为"quxian"，在弹出的草绘环境中单击功能区【草绘】区域中的【坐标系】按钮🖳，在图形区合适位置单击建立坐标系。单击功能区【草绘】区域中的【中心线】按钮⫾，绘制 5 条相关参考线，如图 5.5.4 所示。

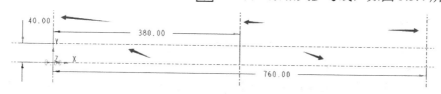

图 5.5.4　绘制的参考线

（2）绘制样条曲线。

在上述草图的基础上绘制如图 5.5.5 所示样条曲线，并设置两端点与水平参考线相切。具体步骤是：单击功能区【约束】区域中的【相切】按钮◢，依次选中样条曲线的一端和水平参考线，再选中样条曲线的另一端和水平参考线。

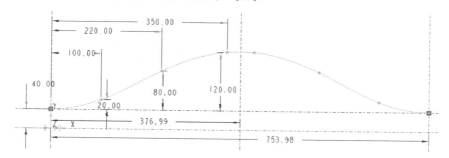

图 5.5.5　绘制的样条曲线

小提示：为了保证后续扫描的顺利生成，基准图形在对接处要尽可能平缓。

（3）获取尺寸符号。

选中【工具】选项卡，单击功能区【模型意图】区域中的 **d=** 关系 按钮，弹出【关系】对话框，此时草绘的样条曲线的尺寸均以尺寸符号的形式表示，如图 5.5.6 所示。

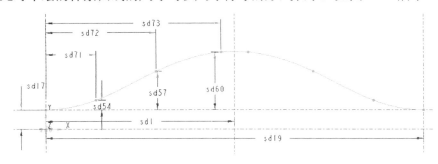

图 5.5.6　尺寸符号

（4）设置关系。

在【关系】对话框中分别设置上图中的尺寸符号与圆柱凸轮半径之间的关系，此时对应参数发生变化。单击对话框中的【确定】按钮，再单击功能区【关闭】区域中的【确定】按钮 ，完成基准图形的绘制。相关关系式如下：

```
sd1=pi*120
sd19=2*sd1
```

4．创建凸轮槽

（1）单击功能区【形状】区域中的【扫描】按钮 ，进入【扫描】操控板。

（2）选取参考。

选中凸轮上部轮廓线作为【原点轨迹】，单击【参考】下滑面板中的【细节】按钮，弹出【链】对话框，选择其中的【基于规则】单选按钮，其余选项保持默认，如图 5.5.7 所示。单击对话框中的【确定】按钮退出，此时【原点轨迹】为整个圆环，如图 5.5.8 所示。

图 5.5.7　【链】对话框

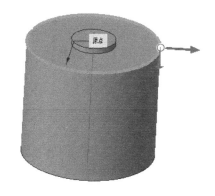

图 5.5.8　原点轨迹

（3）扫描设置。

按下【扫描】操控板中的【移除材料】按钮和【允许截面变化】按钮，其余默认。

（4）草绘截面。

单击【草绘】按钮，进入草绘模式。绘制如图 5.5.9 所示的截面，注意参照与原点的距离。

图 5.5.9　草绘的截面

（5）设置尺寸关系。

选中【工具】选项卡，单击功能区【模型意图】区域中的 **d= 关系** 按钮，弹出【关系】对话框，此时草绘尺寸由尺寸符号代替，如图 5.5.10 所示。在【关系】对话框中输入关系式：sd4=evalgraph("quxian",240*pi*trajpar)-20。单击对话框中的【确定】按钮退出，选中【草绘】选项卡，单击【关闭】区域中的【确定】按钮，单击【扫描】操控板中的【确定】按钮，得到扫描凸轮槽，如图 5.5.11 所示。

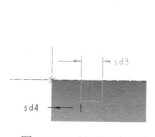

图 5.5.10　显示尺寸符号

图 5.5.11　扫描凸轮槽

5．创建底部槽

（1）单击功能区【形状】区域中的【扫描】按钮，进入【扫描】操控板。

（2）选取参考。

单击【参考】下滑面板中的【细节】按钮，弹出【链】对话框。按住<Crtl>键，依次选择如图 5.5.12 所示圆柱凸轮底部轮廓，单击【链】对话框中的【确定】按钮。

（3）草绘截面。

按下【扫描】操控板中的【移除材料】按钮，单击【草绘】按钮，进入草绘模式，绘制如图 5.5.13 所示的草绘轮廓。

（4）单击功能区中的【确定】按钮，单击【扫描】操控板中的【确定】按钮，得到扫描底部槽，如图 5.5.14 所示。

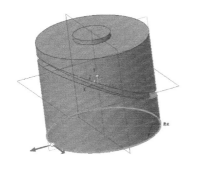

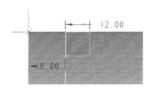

图 5.5.12　选取参考　　　　图 5.5.13　草绘截面　　　　图 5.5.14　扫描底部槽

6．创建中心孔和键槽

选中圆柱凸轮中部圆柱凸台的一端端面，单击【形状】区域中的【拉伸】按钮，直接进入草绘模式。绘制如图 5.5.15 所示的轮廓，单击功能区中的【确定】按钮，退出草绘模式。在【拉伸】操控板中的【设置】下方按下【移除材料】按钮，设置拉伸方式为【到下一项】按钮，单击【拉伸】操控板中的【确定】按钮，完成中心孔和键槽的创建，结果如图 5.5.16 所示。

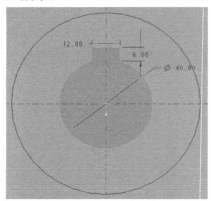

图 5.5.15　草绘的轮廓　　　　　　图 5.5.16　生成中心孔和键槽

7．创建倒圆角

单击功能区【工程】区域中的【倒圆角】按钮，对凸轮圆柱两端面棱边进行半径为 5 的倒圆角。此外，对两凸轮槽外棱角进行半径为 1 的倒圆角。

8．保存模型

保存当前建立的凸轮模型。

5.6 练习题

1．等截面变轨迹工字钢的建模

完成等截面变轨迹工字钢的建模，模型如图 5.6.1 所示。

图 5.6.1 等截面变轨迹工字钢模型

相关步骤和参数：

（1）草绘如图 5.6.2 所示的轨迹。

（2）进入【扫描】操控板，草绘如图 5.6.3 所示的截面轮廓并生成扫描特征。

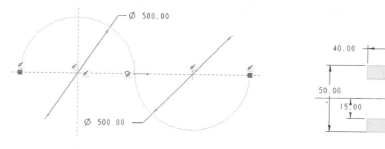

图 5.6.2 草绘轨迹

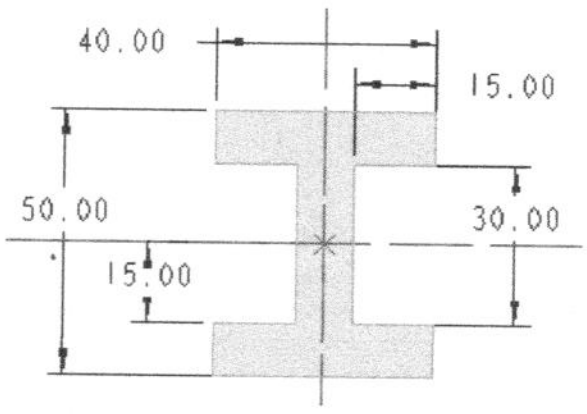

图 5.6.3 草绘截面轮廓

（3）进行倒角和倒圆角操作。

2．花洒的建模

完成花洒的建模，模型如图 5.6.4 所示。

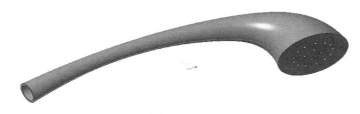

图 5.6.4 花洒模型

相关步骤和参数：

（1）草绘如图 5.6.5 所示的轨迹 1。

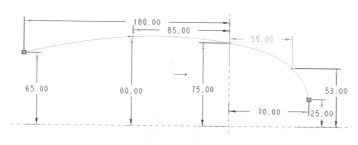

图 5.6.5 草绘轨迹 1

（2）草绘如图 5.6.6 所示的轨迹 2。

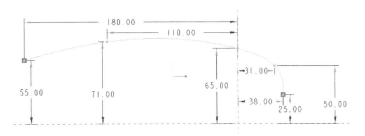

图 5.6.6　草绘轨迹 2

（3）进入【扫描】操控板，选择 ⟋ 允许截面变化，按住<Ctrl>键依次选中轨迹 1 和轨迹 2，效果如图 5.6.7 所示，并进行如图 5.6.8 所示设置。

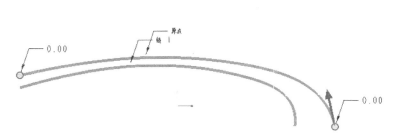

图 5.6.7　选中轨迹

图 5.6.8　设置【参考】内容

（4）草绘如图 5.6.9 所示的截面轮廓并生成扫描特征。

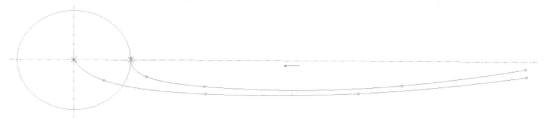

图 5.6.9　草绘截面轮廓

（5）完成如图 5.6.10 所示抽壳。

（6）草绘如图 5.6.11 所示的孔轮廓，然后移除材料拉伸生成孔。

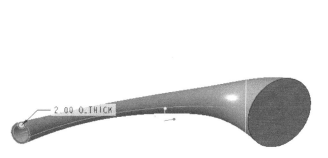

图 5.6.10　抽壳

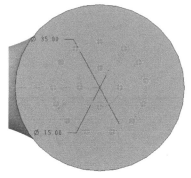

图 5.6.11　草绘孔轮廓

第**6**章

螺旋扫描类零件的建模

6.1 螺旋扫描命令简介

螺旋扫描是一种沿螺旋轨迹曲线扫描二维截面来创建三维几何特征的创建方法。其中螺旋轨迹曲线由螺旋轮廓与螺旋轴定义而成。定义二维截面（扫描截面）以后，该截面沿螺旋轨迹曲线扫描形成螺旋扫描特征，如图 6.1.1 所示。

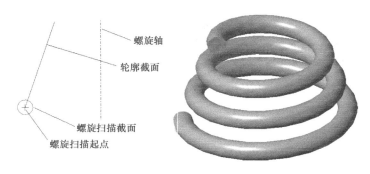

图 6.1.1 螺旋扫描特征

1.【螺旋扫描】操控板

单击功能区【模型】选项卡【形状】区域中【扫描】按钮旁的倒三角，单击出现的【螺旋扫描】按钮 🎛 螺旋扫描，弹出【螺旋扫描】操控板，如图 6.1.2 所示。

图 6.1.2 【螺旋扫描】操控板

图 6.1.3 【参考】下滑面板

2. 螺旋扫描特征控制

1）螺旋扫描类型

- 实体：单击【螺旋扫描】操控板中的【实心】按钮 ⬜，使其呈按下状态。
- 曲面：单击【曲面】按钮 ⬜，使其呈按下状态。

2）螺旋扫描设置

- 移除材料：将【实心】按钮 ⬜ 和【移除材料】 ◿ 按钮同时按下。
- 薄壳特征：将【实心】按钮 ⬜ 和【创建薄壳】 ⬜ 按钮同时按下。

3）扫描轮廓

（1）单击操控板中的【参考】按钮，弹出如图 6.1.3 所示的【参考】下滑面板。在此面板中可以对扫描轮廓进行相关设置。

（2）绘制螺旋轮廓和螺旋轴：单击【定义】按钮，选择草绘平面，进入草绘模式。用实线绘制螺旋轮廓，用中心线绘制螺旋轴，或者选择已有的基准轴或模型的某条边作为螺旋轴。

（3）螺旋轮廓起点的调整：系统有一个默认的螺旋扫描起点。用户如果希望改变此起点，只需要在完成螺旋轮廓的绘制后单击示意起点的箭头，或者在绘制过程中选择需要作为起点的点，长按右键，在右键菜单中选择起点选项。

4）扫描截面

（1）单击【螺旋扫描】操控板中的【草绘】按钮 ，进入草绘模式，绘制扫描截面。

（2）设置截面方向。单击操控板中的【参考】按钮，在弹出的【参考】下滑面板中设置截面方向：

- 【穿过螺旋轴】：扫描截面位于穿过螺旋轴的平面内。
- 【垂直于轨迹】：扫描截面的法方向将与轨迹线时刻保持垂直。

5）螺旋扫描中的方向控制

- 创建薄壳特征时，由【方向】按钮 控制材料沿厚度生长方向。
- 移除材料时，由【方向】按钮 控制材料移除方向。

6）螺旋方向

定义轨迹的螺旋方向。

按下【螺旋扫描】操控板中的【左手定则】按钮 ，创建的特征为左旋；按下功能区中的【右手定则】按钮 ，创建的特征为右旋。

7）螺距控制

可在【间距值】下方的文本框中输入螺纹间距，也可单击【间距】按钮，弹出如图 6.1.4 所示【间距】下滑面板。通过添加【间距】来控制螺距。

#	间距	位置类型	位置
1	30.00		起点
添加间距			

图 6.1.4　【间距】下滑面板

6.2　丝杠的建模

丝杠是将回转运动转化为直线运动，或将直线运动转化为回转运动的零件。本例以丝杠为建模对象，帮助读者掌握创建螺旋扫描特征的操作，并进一步熟悉旋转特征的使用。

图 6.2.1　丝杠模型

1．建立一个新文件

建立文件名为"sigang"的新文件。

2．创建丝杠主体

（1）单击功能区【形状】区域中的【旋转】按钮，界面顶部显示【旋转】操控板，保持默认设置不变。

（2）进入草绘模式。

单击【旋转】操控板中的【放置】按钮，弹出下滑面板，单击其中的【定义】按钮，弹出【草绘】对话框。指定【草绘平面】为基准平面 TOP 面、【参考】为基准平面 RIGHT 面，【方向】向右，其余选项使用系统默认值。单击对话框中的【草绘】按钮，进入草绘模式。

（3）草绘旋转轴和轮廓。

① 草绘旋转轴：单击功能区【基准】区域中的【中心线】按钮，以水平中心线为参考绘制与水平中心线重合的旋转轴。

② 草绘轮廓：绘制如图 6.2.2 所示的轮廓。单击功能区【确定】按钮，退出草绘模式。

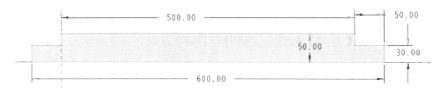

图 6.2.2　草绘的轮廓

（4）单击【旋转】操控板上的【确定】按钮，完成主体的创建，结果如图 6.2.3 所示。

图 6.2.3　创建的主体

3．创建螺纹

（1）单击功能区【形状】区域中【扫描】按钮旁的倒三角，在下方选取 ⧅⧅ 螺旋扫描，界面顶部弹出【螺旋扫描】操控板。

（2）草绘螺旋轴和螺旋轮廓。

单击操控板中的【参考】按钮，弹出【参考】下滑面板，单击【定义】按钮，并选择基准平面 TOP 面作为【草绘平面】，进入草绘模式。以主体的轴线为参考绘制螺旋轴（使用【基准】区域中的中心线命令绘制），以主体的上轮廓边为参考绘制螺旋轮廓（绘制一条直线），如图 6.2.4 所示。单击【确定】按钮，完成扫描轮廓的创建。

图 6.2.4　草绘的螺旋轴和螺旋轮廓

（3）设置螺旋扫描参数。

在【间距值】下方的文本框中输入螺纹间距为 15，在【设置】下方按下【移除材料】按钮 ⟋，其余设置保持默认。

（4）草绘扫描截面。

单击【螺旋扫描】操控板上的【草绘】按钮 ✐，进入草绘模式。在虚线十字交叉处草绘如图 6.2.5 所示的梯形轮廓，单击功能区【关闭】区域中的【确定】按钮 ✓，退出草绘模式。

（5）单击【螺旋扫描】操控板上的【确定】按钮 ✓，完成螺纹扫描，结果如图 6.2.6 所示。

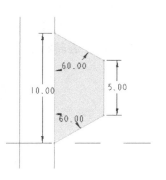

图 6.2.5　草绘的轮廓

图 6.2.6　螺纹扫描结果

4．倒角

如图 6.2.7 所示为丝杠两顶端端面轮廓倒角，倒角值为 1。

图 6.2.7　倒角

5．倒圆角

如图 6.2.8 所示为丝杠两端圆柱台阶处倒圆角，圆角半径为 5。

图 6.2.8　倒圆角

119

6. 保存模型

保存当前建立的丝杠模型。

6.3 双头六角螺栓的建模

双头螺栓也被称为双头螺丝或双头螺柱，其两头都有螺纹，一般用于矿山机械、桥梁、吊塔等。本例以其中的双头六角螺栓为建模对象，帮助读者进一步熟悉螺旋扫描操作，以及镜像特征、旋转特征、拉伸特征等的创建。

图 6.3.1　双头六角螺栓模型

1. 新建文件

新建文件名为"STLJ_luoshuan"的零件文件。

2. 创建螺栓主体

（1）进入草绘模式。

选中基准平面 TOP 面，单击功能区【形状】区域中的【旋转】按钮 ⬚，进入草绘模式。

（2）草绘旋转轴和轮廓。

① 草绘旋转轴：单击功能区【基准】区域中的【中心线】按钮 ⬚，以水平中心线为参考绘制与水平中心线重合的旋转轴。

② 草绘轮廓：绘制如图 6.3.2 所示的轮廓。单击功能区中的【确定】按钮 ✓，退出草绘模式。

图 6.3.2　草绘的轮廓

（3）单击【旋转】操控板上的【确定】按钮 ✓，完成主体的创建，结果如图 6.3.3 所示。

图 6.3.3　创建的主体

3. 创建六棱柱

（1）进入草绘模式。

选中如图 6.3.4 中箭头所指的基准平面，单击功能区【形状】区域中的【拉伸】按钮 ⬚，进入草绘模式。

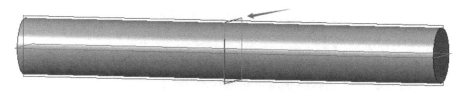

图 6.3.4　基准平面

（2）从【草绘器选项板】对话框中获取六边形。

单击功能区【草绘】区域中的【选项板】按钮
，弹出【草绘器选项板】对话框。在【多边形】
选项框中选择 六边形，按住鼠标左键将该图形拖
动至图形区空白区域，此时页面顶部弹出【导入截
面】操控板，单击其中的【确定】按钮✓完成放
置。双击六边形的边长，设置边长尺寸为 14。单
击功能区【约束】区域中的【重合】按钮，依
次单击选六边形中点和竖直、水平中心线，完成
重合约束，单击鼠标中键退出重合约束命令，结
果如图 6.3.5 所示。单击功能区中的【确定】按钮，
退出草绘模式。

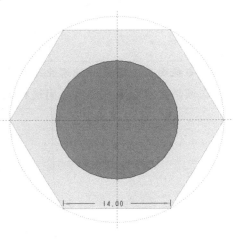

图 6.3.5　导入六边形

（3）设置拉伸参数。

设置拉伸深度为 18，拉伸方式为对称拉伸。单击【拉伸】操控板上的【确定】按钮✓，
完成六棱柱的创建，结果如图 6.3.6 所示。

图 6.3.6　创建的六棱柱

4．创建一端螺纹

（1）单击功能区【形状】区域中【扫描】按钮旁的倒三角，在下方选取 螺旋扫描，
界面顶部弹出【螺旋扫描】操控板。

（2）草绘螺旋轴和螺旋轮廓。

单击功能区中的【参考】按钮，弹出【参考】下滑面板，单击【定义】按钮，并选择基
准平面 TOP 面作为【草绘平面】，进入草绘模式。以主体的轴线为参考绘制螺旋轴（使用【基
准】区域中的中心线命令绘制），以主体的上轮廓边为参考绘制螺旋轮廓，如图 6.3.7 所示。
单击【确定】按钮，完成扫描轮廓的创建。

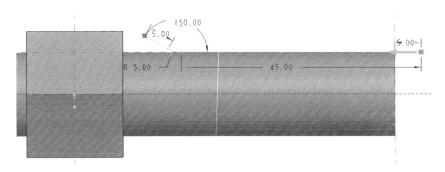

图 6.3.7　草绘的螺旋轴和螺旋轮廓

💡 **小提示**：为了使此处螺纹尾部有逐渐退出主体的样式，需要在末端绘制倾斜的直线，且在倾斜直线和水平直线之间进行倒圆角。

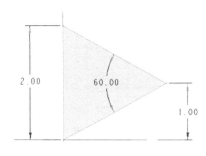

图 6.3.8　草绘的轮廓

（3）设置螺旋扫描参数。

在【间距值】下方的文本框中输入螺纹间距为 2.4，在【设置】下方按下【移除材料】按钮 ⧄，其余设置保持默认。

（4）草绘扫描截面。

单击【草绘】按钮 ✏️，进入草绘模式。在虚线十字交叉处草绘如图 6.3.8 所示的三角形轮廓，单击功能区【关闭】区域中的【确定】按钮 ✓，退出草绘模式。

（5）单击【螺旋扫描】操控板中的【确定】按钮 ✔，完成螺纹扫描，结果如图 6.3.9 所示。

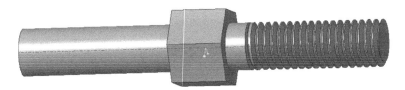

图 6.3.9　螺纹扫描结果

5．创建另一端螺纹

按上述方法创建另一端螺纹，结果如图 6.3.10 所示。

图 6.3.10　创建另一端螺纹

6．旋转移除材料

选中基准平面 FRONT 面，单击功能区【形状】区域中的【旋转】按钮 🔄，进入草绘模式。单击功能区【基准】区域中的【中心线】按钮▥，以水平中心线为参考绘制与其重合的旋转轴。绘制如图 6.3.11 所示的轮廓，单击功能区【确定】按钮☑，退出草绘模式。

图 6.3.11　草绘的轮廓

按下【旋转】操控板【设置】下方的【移除材料】按钮▨，其余设置保持默认。单击【确定】按钮☑，完成六棱柱的旋转修剪，结果如图 6.3.12 所示。

图 6.3.12　旋转修剪六棱柱

💡 小提示：对六棱柱的轮廓进行旋转修剪时，需要选取穿过六棱柱两条棱边的平面作为草绘平面，这样才能保证旋转删除的范围包含整个六棱柱。

7．镜像特征

选中上一步骤中的旋转特征，单击功能区【编辑】区域中的【镜像】按钮▥，界面顶部弹出【镜像】操控板。选择创建六棱柱时的基准平面为对称平面，单击【确定】按钮☑，完成镜像，结果如图 6.3.13 所示。

图 6.3.13　镜像特征

8．倒圆角

如图 6.3.14 所示为螺栓两端圆柱台阶处倒圆角，圆角半径为 1。

图 6.3.14　倒圆角

9．保存模型

保存当前建立的双头六角螺栓模型。

6.4 变节距叶片螺旋杆的建模

叶片螺旋杆为输送机中的主要零件，用于混合并输送松散固体材料，此外也适用于固液分离装置。本例以变节距叶片螺旋杆为建模对象，帮助读者掌握螺旋扫描中的变节距操作。变节距叶片螺旋杆模型如图 6.4.1 所示。

图 6.4.1　变节距叶片螺旋杆模型

1．建立一个新文件

建立文件名为"luoxuangan"的新文件。

2．创建主体

（1）进入草绘模式。

选中基准平面 TOP 面，单击功能区【形状】区域中的【拉伸】按钮，进入草绘模式。草绘如图 6.4.2 所示的轮廓。单击功能区中的【确定】按钮，退出草绘模式。

（2）设置拉伸参数，创建主体。

设置拉伸深度为 1000，拉伸方式为对称拉伸。单击【拉伸】操控板中的【确定】按钮，完成主体的创建，结果如图 6.4.3 所示。

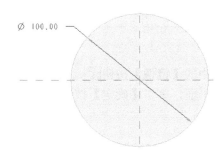

图 6.4.2　草绘的轮廓

图 6.4.3　创建的主体

3．拉伸两端四棱柱

参照上述方法，在主体两端分别拉伸边长为 60、拉伸深度为 100 的四棱柱，结果如图 6.4.4 所示。

图 6.4.4　拉伸两端四棱柱

4．创建螺旋叶片

（1）单击功能区【形状】区域中【扫描】按钮旁的倒三角，在下方选取 螺旋扫描，界面顶部弹出【螺旋扫描】操控板。

（2）草绘螺旋轴和螺旋轮廓。

单击【螺旋扫描】操控板中的【参考】按钮，弹出【参考】下滑面板，单击【定义】按钮，并选择基准平面 FRONT 面作为【草绘平面】，进入草绘模式。以主体的轴线为参考绘制螺旋轴（使用【基准】区域中的中心线命令绘制），以主体的上轮廓边为参考绘制螺旋轮廓（绘制一条直线），如图 6.4.5 所示。单击【确定】按钮，完成扫描轮廓的创建。

图 6.4.5　草绘的螺旋轴和螺旋轮廓

（3）草绘扫描截面。

单击【螺旋扫描】操控板中的【草绘】按钮，进入草绘模式。在虚线十字交叉处草绘如图 6.4.6 所示的轮廓（由两条三点样条曲线和一条三点圆弧绘制组成）。单击功能区【关闭】区域中的【确定】按钮，退出草绘模式。

小提示：由于尺寸之间存在相互影响，如果对单一尺寸不能修改，可以框选全部，单击【编辑】区域中的【修改】按钮进行修改。注意取消勾选【重新生成】复选框。

（4）设置螺旋扫描参数。

单击【螺旋扫描】操控板中的【间距】按钮，在弹出的下滑面板中输入如图 6.4.7 所示的参数，其余参数保持默认。

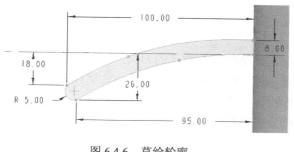

图 6.4.6　草绘轮廓

间距	选项	属性		
#	间距	位置类型	位置	
1	80.00		起点	
2	160.00		终点	
3	120.00	按值	400.00	
添加间距				

图 6.4.7　【间距】下滑面板设置

（5）单击【确定】按钮，完成螺纹扫描，结果如图 6.4.8 所示。

图 6.4.8　螺纹扫描生成变节距叶片

5．倒圆角

如图 6.4.9 所示为叶片螺杆两端四棱柱与圆柱相交处及四棱柱的四条棱边倒圆角，圆角半径均为 3。

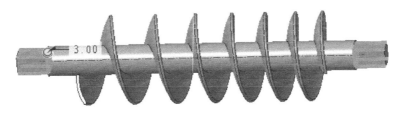

图 6.4.9　倒圆角 1

如图 6.4.10 所示为叶片根部和两端面棱角进行倒圆角，圆角半径均为 2。

图 6.4.10　倒圆角 2

6．保存模型

保存当前建立的变节距叶片螺旋杆模型。

6.5　麻花钻的建模

麻花钻是通过其相对于固定轴线的旋转运动来钻削工件圆孔的刀具，因其容屑槽成螺旋状形似麻花而得名。螺旋槽有两槽、三槽或更多槽，但以两槽最为常见。本例以麻花钻为建模对象，帮助读者掌握体积块螺旋扫描特征的操作，麻花钻模型如图 6.5.1 所示。此外，前面章节实例中的圆柱凸轮用此方法建模更加符合实际情况。

1．建立一个新文件

建立文件名为"mahuazuan"的新文件。

图 6.5.1　麻花钻模型

2．创建钻头主体

（1）单击功能区【形状】区域中的【旋转】按钮 ，界面顶部显示【旋转】操控板，保持默认设置不变。

（2）进入草绘模式。

单击【旋转】操控板中的【放置】按钮，弹出下滑面板，单击其中的【定义】按钮，弹出【草绘】对话框。指定【草绘平面】为基准平面 TOP 面、【参考】为基准平面 RIGHT 面，【方向】向右，其余选项使用系统默认值。单击对话框中的【草绘】按钮，进入草绘模式。

（3）草绘螺旋轴和螺旋轮廓。

① 草绘螺旋轴：单击功能区【基准】区域中的【中心线】按钮 ，以水平中心线为参考绘制与其重合的旋转轴。

② 草绘螺旋轮廓：绘制如图 6.5.2 所示的轮廓。单击功能区【确定】按钮 ，退出草绘模式。

图 6.5.2　草绘的轮廓

（4）单击操控板中的【确定】按钮 ，完成钻头主体的创建，结果如图 6.5.3 所示。

图 6.5.3　创建的钻头主体

3．创建螺旋槽

（1）单击功能区【形状】区域中【扫描】按钮旁的倒三角，在下方选取 体积块螺旋扫描，界面顶部弹出【体积块螺旋扫描】操控板，如图 6.5.4 所示。

图 6.5.4　【体积块螺旋扫描】操控板

（2）草绘螺旋轴和螺旋轮廓。

单击功能区中【参考】按钮，弹出【参考】下滑面板，单击【定义】按钮，并选择基准

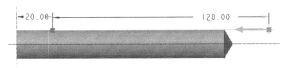

图 6.5.5　草绘的螺旋轴和螺旋轮廓

平面 TOP 面作为【草绘平面】，进入草绘模式。以钻头主体的轴线为参考绘制螺旋轴（使用【基准】区域中的中心线命令绘制），以钻头主体的上轮廓边为参考绘制螺旋轮廓，如图 6.5.5 所示。单击【确定】按钮✓，完成扫描轮廓的创建。

（3）草绘扫描截面。

单击操控板中的【截面】按钮，在弹出的【截面】下滑面板中选择【草绘截面】单选按钮（见图 6.5.6），再单击【创建/编辑截面】按钮进入草绘模式。绘制如图 6.5.7 所示的扫描截面，此处绘制的截面用于生成体积块（即刀具）。单击功能区【关闭】区域中的【确定】按钮✓，退出草绘模式。

图 6.5.6　【截面】下滑面板

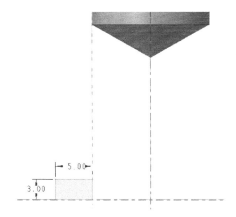

图 6.5.7　草绘的扫描截面

（4）设置体积块螺旋扫描参数。

依次单击操控板中的【螺旋和方向】、【3D 对象】按钮，此时可以观察到图形区出现刀具（见图 6.5.8 中底部两箭头交汇处）。可以直观看出，该刀具是在之前截面的基础上绕竖直轴旋转生成的，这与实际情况不一样。实际情况（仅针对该模型加工方式）应该是刀具的旋转生成轴与工件（麻花钻）垂直，因此在操控板中单击【调整】按钮，在弹出的【调整】下滑面板中选择【Z 轴】单选按钮，设置倾斜角为 90°，如图 6.5.9 所示。按此设置再次进入截面草绘，绿色旋转中心线发生了变化，如图 6.5.10 所示。单击功能区【关闭】区域中的【确定】按钮✓，退出草绘模式。

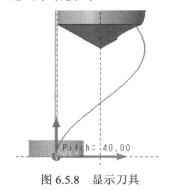

图 6.5.8　显示刀具

图 6.5.9　【调整】下滑面板

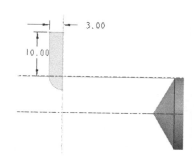

图 6.5.10　草绘截面

（5）在【间距值】下方的文本框中输入螺旋间距为 36，预览效果如图 6.5.11 所示，单击操控板中的【确定】按钮✔，完成体积块螺旋扫描。

图 6.5.11　螺旋槽预览

4．阵列螺旋槽

选中螺旋槽特征，再单击功能区【编辑】区域中的【阵列】按钮▦，界面顶部弹出【阵列】操控板。在【选择阵列类型】下拉列表框中选取【轴】选项，以主体的轴线为参考，设置阵列个数为 2、角度为 180°，其余设置保持默认。单击【确定】按钮✔，完成螺纹槽的阵列，结果如图 6.5.12 所示。

图 6.5.12　阵列螺旋槽

5．倒角

如图 6.5.13 所示为麻花钻平面端棱边进行倒角，倒角值为 1。

图 6.5.13　倒角

6．保存模型

保存当前建立的麻花钻模型。

6.6 练习题

完成如图 6.6.1 所示螺母的建模。

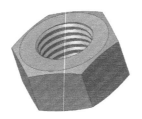

图 6.6.1　螺母模型

相关步骤和参数：

（1）草绘如图 6.6.2 所示的六边形，拉伸得到主体。

（2）草绘如图 6.6.3 所示的剪切轮廓，旋转剪切轮廓得到新的主体。

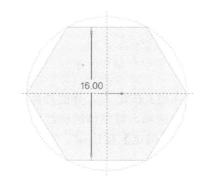

图 6.6.2　草绘的六边形

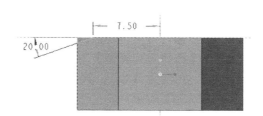

图 6.6.3　草绘的剪切轮廓

（3）草绘如图 6.6.4 所示的圆，移除材料拉伸得到孔。

（4）草绘如图 6.6.5 所示的螺旋截面，螺旋扫描得到内螺纹。

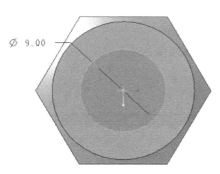

图 6.6.4　草绘的圆

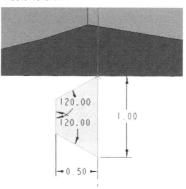

图 6.6.5　草绘的螺旋截面

第7章

混合类特征的建模

7.1 混合特征命令简介

混合特征就是将一组截面在其边线处用过渡曲面连接形成的一个连续的特征。创建混合特征至少需要两个截面，如图 7.1.1 所示。

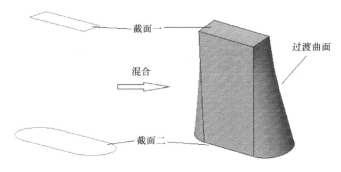

图 7.1.1 混合特征

1. 【混合】操控板

单击功能区【模型】选项卡中的【形状】按钮，单击出现的【混合】按钮 ，打开【混合】操控板，如图 7.1.2 所示。

图 7.1.2 【混合】操控板

1) 【截面】下滑面板

特征的截面可以草绘也可以选取已有截面。单击【混合】操控板中的【截面】按钮，打开【截面】下滑面板，如图 7.1.3 所示。若需草绘截面，则选中【草绘截面】单选按钮，若选取已有截面，则选中【选定截面】单选按钮。

图 7.1.3 【截面】下滑面板

2）【选项】下滑面板

【选项】下滑面板用于控制过渡曲面的属性。单击【混合】操控板【选项】按钮，打开【选项】下滑面板，如图 7.1.4 所示。

2. 混合特征截面要求

混合特征各截面必须满足以下要求：

（1）可使用多个截面定义混合特征，至少要有两个截面。

（2）混合为实体时每个截面草图必须封闭。

（3）每个截面只允许有一个环。

（4）每个截面草图的顶点数量必须相同，否则需要用以下两种方式使得每个截面草图的顶点数量相同：

图 7.1.4　【选项】下滑面板

方法一：利用【分割】按钮 把图元打断，产生数量相同的顶点。如图 7.1.5 所示，当矩形截面混合至椭圆截面时，由于椭圆并没有顶点，需要通过【分割】按钮 把椭圆打断，使其分成四段图元（产生四个顶点），才能定义混合特征。

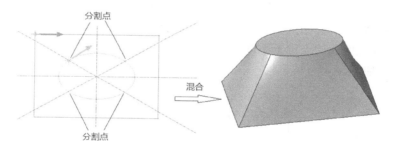

图 7.1.5　分割点按钮的应用

方法二：利用混合顶点。混合边界会从一个截面的顶点混合至另一截面的顶点，每个顶点一般只允许一条边界通过。若单击选中顶点并按鼠标右键，在弹出的快捷菜单中选取【混合顶点】选项，便会在顶点处显示小圆圈符号，将允许多条边界通过，混合顶点的应用如图 7.1.6 所示。在同一个截面中可加设多个混合顶点，在同一个顶点处也可加设多个混合顶点。值得注意的是，各个截面草图的顶点数量加混合顶点的数量必须相等。

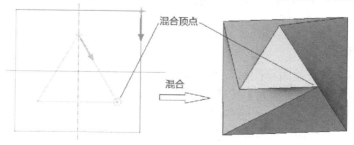

图 7.1.6　混合顶点的应用

特别强调，截面草图也可以是点。若草图中只有一个点存在，并没有额外的图元，如直线或圆，它将被视为有效的截面草图，其他截面的顶点都会与它连接，定义混合边界。绘制点如图 7.1.7 所示，模型以三个截面定义，第三个截面只有一个点图元，它将被视为顶点，成型后所有边界都会通过它。

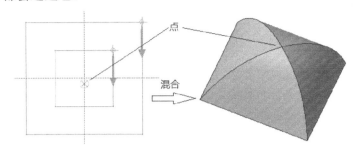

图 7.1.7   点截面草图

删除混合顶点：鼠标单击混合顶点使之显示，单击鼠标右键从弹出的快捷菜单中选取【从列表中拾取】选项，单击【混合顶点】选项，单击【确定】按钮，再按<Delete>键便能删除混合顶点。

起始点：每个截面草图，系统都会自动加设起始点，并以箭头显示。第一条混合边界将通过所有截面草图的起始点，第二条边界则连接与各截面起始点相邻的顶点，以此类推定义所有边界。各个截面的起始点只要同步改变，不管选择哪个顶点作为起始点，都能定义相同的混合特征。如果两起始点位于不同的顶点位置，会构建出不同的混合特征。改变起始点的混合如图 7.1.8 所示。

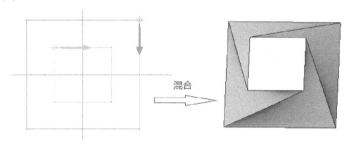

图 7.1.8   改变起始点的混合

注意，鼠标单击某顶点，在弹出的快捷菜单中选取【起点】命令，便将起始点移到该点。鼠标单击起始点并按鼠标右键，在快捷菜单中再次选取【起点】命令，便能改变箭头的方向。

3．增加/删除截面

增加截面：绘制一个截面草图后，单击功能区中的【确定】按钮 ✔，退出草绘模式。单击【截面】下滑面板中的【插入】按钮，设置新增截面的偏移参考和偏移值。单击【草绘】按钮进入草绘模式，绘制第二个截面草图。

如果重新编辑特征草图，作用的草图会以黄色显示，【编辑】命令只对作用的草图有效，新增的图元也被视为该草图的一部分。若要新增截面，可重复插入截面，当所有草图都以灰色显示时，代表进入新的截面，绘制的草图将定义新的混合截面。

删除指定的截面：在【截面】下滑面板中的列表框中选中需要删除的截面，单击【移除】

按钮便能删除截面。

7.2 旋转混合命令简介

旋转混合特征就是将一组截面用指定旋转轴控制的过渡曲面连接形成的一个连续的特征。创建旋转混合特征至少需要两个截面，如图 7.2.1 所示。

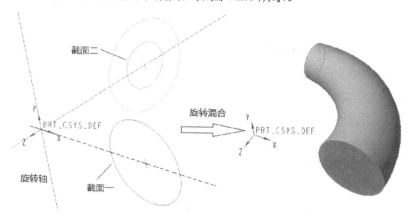

图 7.2.1　旋转混合特征

1.【旋转混合】操控板

单击功能区【模型】选项卡中的【形状】按钮，单击出现的【旋转混合】按钮 ⬙，弹出【旋转混合】操控板，如图 7.2.2 所示。

图 7.2.2　【旋转混合】操控板

单击【旋转混合】操控板中的【截面】按钮，打开【截面】下滑面板，如图 7.2.3 所示，作用与【混合】操控板中的类似。

单击【旋转混合】操控板中的【选项】按钮，打开【选项】下滑面板，如图 7.2.4 所示，作用与【混合】操控板中的类似。

2. 旋转混合特征截面要求

旋转混合特征的各个截面必须遵守混合特征截面要求，如截面顶点数量相同等。旋转混合操作中完成第一个截面草图，需要选取合适的旋转轴。值得注意的是，使用【草绘截面】选项，两个截面间的角度不得大于 120°，而使用【选定截面】选项，可选取夹角大于 120°的两个子截面作为构建特征。

| 截面 | 选项 | 相切 | 属性 |

○ 草绘截面
○ 选定截面

截面	#		插入	草绘
截面 1	未定义		移除	● 选择 1 个项	定义…
			上移	旋转轴	
			下移		内部 CL

| 选项 | 相切 | 属性 |

混合曲面
○ 直
● 平滑

起始截面和终止截面
□ 连接终止截面和起始截面
□ 封闭端

图 7.2.3　【截面】下滑面板　　　　　　　图 7.2.4　【选项】下滑面板

3.增加/删除截面

增加截面：绘制一个截面草图后，单击功能区中的【确定】按钮 ✔，退出草绘模式。单击【截面】下滑面板中的【插入】按钮，输入两个截面之间的旋转角度。单击【草绘】按钮进入草绘模式，绘制第二个截面草图。

删除指定的截面：在【截面】下滑面板中的列表框中选中需要删除的截面，单击【移除】按钮便能删除截面。

7.3　花瓶的建模

花瓶种类多样，常见的花瓶模型如图 7.3.1 所示。通过本例掌握混合特征、抽壳特征的创建方法。

1.新建文件

新建一个名称为"huaping"的零件文件。

2.创建方程曲线

（1）设置坐标系。

单击功能区【模型】选项卡中的【基准】按钮，在弹出的下滑面板中选中【曲线】|【来自方程的曲线】命令，弹出【曲线：从方程】操控板。在【设置】下方选择坐标系类型为【柱坐标】，从模型树中选取系统默认坐标系 ⊁× PRT_CSYS_DEF 为参考坐标系。

（2）输入方程，生成曲线 1。

单击【方程】按钮，弹出【方程】对话框，输入如下曲线表达式：
```
theta = t*360
r=20+(sin(theta*2.5))^2
```

单击【确定】按钮退出【方程】对话框，单击功能区【确定】按钮 ✔，完成曲线 1 绘制，如图 7.3.2 所示。

图 7.3.1　花瓶模型

图 7.3.2　曲线 1   图 7.3.3　创建的方程曲线

（3）生成曲线 2。按上述步骤生成曲线 2，公式如下：

```
theta = t*360
r=20+(3*sin(theta*2.5))^2
z=10
```

（4）生成曲线 3，公式如下：

```
theta = t*360
r=30+(3*sin(theta*2.5))^2
z=50
```

（5）生成曲线 4，公式如下：

```
theta = t*360
r=10+(3*sin(theta*2.5))^2
z=130
```

（6）生成曲线 5，公式如下，生成的所有曲线如图 7.3.3 所示。

```
theta = t*360
r=10+(3*sin(theta*2.5))^2
z=190
```

3．创建实体花瓶

（1）单击功能区中的【形状】按钮，单击出现的【混合】按钮 ，界面顶部弹出【混合】操控板。

（2）选取方程曲线为混合截面，创建实体花瓶。

单击【混合】操控板中【混合对象】下的 选定截面按钮，再单击【截面】按钮，弹出【截面】下滑面板，如图 7.3.4 所示。

图 7.3.4　【截面】下滑面板

选取刚刚创建的曲线 1，然后在【截面】下滑面板中单击【插入】按钮，再选取曲线 2，按此方式选完曲线 3、曲线 4 和曲线 5，最终效果如图 7.3.5 所示。单击【确定】按钮 ，完成实体花瓶的创建。

4．抽壳

单击功能区【工程】区域中的【壳】按钮 ▣ ，界面顶部弹出【壳】操控板，设置厚度为1，选中实体花瓶的瓶口面，对花瓶内部进行均匀壁厚抽壳。单击操控板中的【参考】按钮，在下滑面板中单击【非默认厚度】下的选框，再选中实体花瓶底面，设置厚度为11，在图形区任意空白区域单击确定，设置内容如图 7.3.6 所示。单击【确定】按钮 ✓ ，完成实体花瓶抽壳，如图 7.3.7 所示。

图 7.3.5　实体花瓶预览　　　　图 7.3.6　实体花瓶底面抽壳厚度设置　　　图 7.3.7　实体花瓶抽壳

5．隐藏方程曲线

在模型树中选中曲线 1 至曲线 5，在弹出的快捷工具栏中选择【隐藏】按钮。

6．保存模型

保存当前建立的花瓶模型。

7.4 ▶ 通风管道的建模

通风管道的模型如图 7.4.1 所示。它是一个典型的混合特征，通过本例掌握用混合命令创建薄壳特征，以及当各截面所含顶点数量不同时的处理方法；掌握用旋转混合命令创建特征。

1．新建文件

新建一个名称为"tfgd"的零件文件。

2．建立辅助平面

单击功能区【基准】区域中的【平面】按钮 ▱ ，弹出【基准平面】对话框，选择基准平面 TOP 面为【参考】,【平移】距离为-450,如图 7.4.2 所示。单击对话框中【确定】按钮退出,完成辅助平面 DTM1 创建。

图 7.4.1　通风管道模型

图 7.4.2　【基准平面】对话框

3. 使用混合命令创建方形口

(1)单击功能区中的【形状】按钮,单击出现的【混合】按钮 🗗,界面顶部弹出【混合】操控板。

(2)单击【混合】操控板中的【截面】按钮,在弹出的下滑面板中单击【定义】按钮,弹出【草绘】对话框,选取辅助平面 DTM1 为【草绘平面】、基准平面 RIGHT 面为【参考】,【方向】为上,单击【草绘】按钮,进入草绘模式。绘制边长为 480 的正方形,如图 7.4.3 所示。单击功能区【关闭】区域中的【确定】按钮 ✔,退出草绘模式。

(3)单击【混合】操控板中的【截面】按钮,在弹出的下滑面板中出现【截面 2】,输入【偏移自】距截面 1 的距离为 50,单击下滑面板中的【草绘】按钮,绘制边长为 380 的正方形,注意对比各截面箭头方向是否一致,如图 7.4.4 所示。单击功能区【关闭】区域中的【确定】按钮 ✔,退出草绘模式。

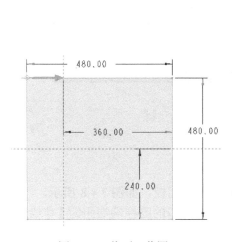

图 7.4.3　截面 1 草图

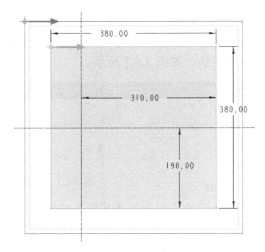

图 7.4.4　截面 2 草图

(4)单击【混合】操控板中的【创建薄壳】按钮 ⬚,输入厚度为 6,单击鼠标中键确定。

（5）单击【截面】按钮，再单击下滑面板中的【插入】按钮，出现【截面 3】，输入【偏移自】距截面 2 的距离为 200。单击下滑面板中的【草绘】按钮，绘制直径为 160 的圆，距离竖直参考线距离为 120。单击功能区【草绘】区域中的【中心线】按钮，绘制两条倾角为 45°的中心线。单击功能区【编辑】区域中的【分割】按钮，依次在两条中心线与圆的交点处进行单击，完成分割。选中左上角交点，单击鼠标右键，选择其中的【起点】选项（多次选择【起点】选项可调整箭头方向）。绘制好的截面 3 如图 7.4.5 所示，注意对比各截面箭头方向是否一致。单击功能区【关闭】区域中的【确定】按钮，退出草绘模式。

（6）单击【截面】按钮，再单击下滑面板中的【插入】按钮，出现【截面 4】，输入【偏移自】距截面 3 的距离为 200。单击下滑面板中的【草绘】按钮，参照上一步骤的操作绘制与如图 7.4.5 所示相同的截面草图。注意对比各截面箭头方向是否一致，单击功能区【关闭】区域中的【确定】按钮，退出草绘模式。

（7）单击【混合】操控板中的【选项】按钮，在下滑面板中选择【直】选项。单击【混合】操控板中的【确定】按钮，完成方形口的创建，如图 7.4.6 所示。

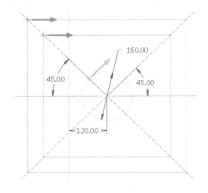

图 7.4.5　截面 3 草图

图 7.4.6　创建的方形口

4．使用旋转混合命令创建弯头

（1）单击功能区中的【形状】按钮，单击出现的【旋转混合】按钮，界面顶部弹出【旋转混合】操控板。单击操控板中的【创建薄壳】按钮，输入厚度为 5，单击鼠标中键确定，其余设置默认，如图 7.4.7 所示。

图 7.4.7　【旋转混合】操控板的设置

（2）单击操控板中的【截面】按钮，弹出【截面】下滑面板，如图 7.4.8 所示。

（3）单击【定义】按钮，弹出【草绘】对话框，选取方形口的圆柱端端面为【草绘平面】、基准平面 RIGHT 面为【参考】，【方向】为上，单击【草绘】按钮，进入草绘模式。

（4）单击功能区【设置】区域中的【参考】按钮，选取圆柱端外圆环为参考基准。单击功能区【草绘】区域中的【圆】按钮，选中参考圆圆心绘制与其大小相同的圆。单击功能区【关闭】区域中的【确定】按钮 ✔️，退出草绘模式。

图 7.4.8　【截面】下滑面板

（5）选择图 7.4.9 中所示坐标系中的 X 坐标轴为【旋转轴】。单击【截面】下滑面板中的【插入】按钮，出现【截面 2】，输入【偏移自】与截面 1 的旋转角度为 90，图形区显示结果如图 7.4.10 所示。注意：旋转轴根据实际情况选定。

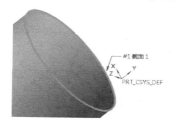

图 7.4.9　坐标系

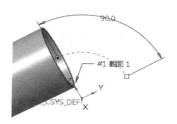

图 7.4.10　旋转角度及方向示意

（6）单击下滑面板中的【草绘】按钮，进入草绘模式，参考虚线圆的位置绘制如图 7.4.11 所示的圆。单击功能区【关闭】区域中的【确定】按钮 ✔️，退出草绘模式。

（7）单击【旋转混合】操控板中的【确定】按钮 ✔️，完成弯管的创建，如图 7.4.12 所示。

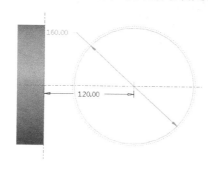

图 7.4.11　草绘的圆

图 7.4.12　创建的弯管

5. 使用混合命令创建圆形口

（1）单击功能区中的【形状】按钮，单击出现的【混合】按钮 🔧，界面顶部弹出【混合】操控板。单击操控板中的【创建薄壳】按钮 ，输入厚度为 5，单击鼠标中键确定。

（2）单击操控板中的【截面】按钮，弹出【截面】下滑面板，单击【定义】按钮，弹出【草绘】对话框，选取弯管端口平面为【草绘平面】、基准平面 RIGHT 面为【参考】，【方向】为左，单击【草绘】按钮，进入草绘模式。

（3）单击功能区【设置】区域中的【参考】按钮 ，选取弯管端口外圆环为参考。单击功能区【草绘】区域【圆】工具下拉菜单中的 ⊘ 3点，单击参考圆环的上、下顶点，并在参考圆环上其他任意位置单击，通过三点草绘圆。单击功能区【关闭】区域中的【确定】按钮 ✔，退出草绘模式。

（4）单击【截面】按钮，在下滑面板中出现【截面 2】，输入【偏移自】距截面 1 的距离为 200。单击下滑面板中的【草绘】按钮，进入草绘模式，按上一步骤的方式草绘圆。单击功能区【关闭】区域中的【确定】按钮 ✔，退出草绘模式。

（5）单击【混合】操控板中的【确定】按钮 ✔，完成圆形口创建，创建的通风管道模型如图 7.4.13 所示。

6．保存模型

保存当前建立的通风管道模型。

图 7.4.13　通风管道

7.5 军号的建模

军号模型如图 7.5.1 所示。通过本例掌握用混合命令、旋转混合命令创建特征，以及抽壳操作。

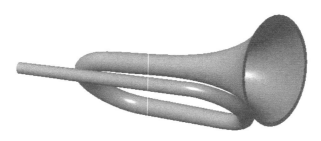

图 7.5.1　军号模型

1．新建文件

新建一个名称为"junhao"的零件文件。

2．使用混合命令创建军号进口

（1）单击功能区中的【形状】按钮，在下滑面板中单击【混合】按钮 🗗，界面顶部弹出【混合】操控板。

（2）单击【截图】下滑面板中的【定义】按钮，弹出【草绘】对话框，选取基准平面 TOP 面为【草绘平面】、基准平面 RIGHT 面为【参考】，【方向】为右，单击【草绘】按钮，进入草绘模式。

（3）在与竖直参考线右侧相距 45 处绘制直径为 16 的圆，如图 7.5.2 所示。单击功能区【关闭】区域中的【确定】按钮 ✔，退出草绘模式。

（4）单击【截面】按钮，在下滑面板中出现【截面 2】，输入【偏移自】距截面 1 的距离为 200。单击下滑面板中的【草绘】按钮，进入草绘模式，在与竖直参考线右侧相距 45 和水平参考线上侧相距 4 处绘制直径为 12 的圆，如图 7.5.3 所示。单击功能区【关闭】区域中的【确定】按钮 ✔️，退出草绘模式。

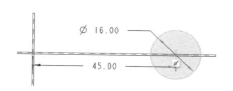

图 7.5.2　截面 1 草图

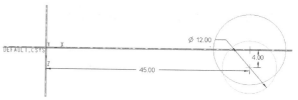

图 7.5.3　截面 2 草图

（5）单击【混合】操控板中的【确定】按钮 ✔️，完成军号进口的创建，如图 7.5.4 所示。

图 7.5.4　创建的军号进口

3．使用旋转混合命令创建圆弧段 1

（1）单击功能区中的【形状】按钮，在下滑面板中单击【旋转混合】按钮 ，界面顶部弹出【旋转混合】操控板。

（2）单击操控板中的【截面】按钮，弹出【截面】下滑面板。单击【定义】按钮，弹出【草绘】对话框，选取军号进口大端面为【草绘平面】，以基准平面 RIGHT 面为【参考】，【方向】为左，单击【草绘】按钮，进入草绘模式。

（3）单击功能区【设置】区域中的【参考】按钮 ，选取大端圆边为参考基准。单击功能区【草绘】区域中的【圆】按钮 ，选中参考圆圆心绘制同样大小的圆。单击功能区【关闭】区域中的【确定】按钮 ✔️，退出草绘模式。

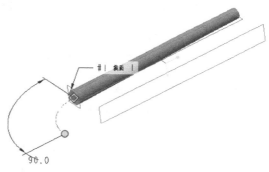

（4）选择坐标系中的 Z 坐标轴为【旋转轴】。单击【截面】下滑面板中的【插入】按钮，出现【截面 2】，输入【偏移自】与截面 1 的旋转角度为 90，图形区显示结果如图 7.5.5 所示。

图 7.5.5　旋转角度及方向示意

（5）单击下滑面板中的【草绘】按钮，进入草绘模式，在参考虚线圆的位置处绘制如图 7.5.6 所示的圆。单击功能区【关闭】区域中的【确定】按钮 ✔️，退出草绘模式。

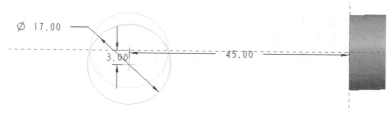

图 7.5.6　截面 2 草图

（6）单击【截面】下滑面板中的【插入】按钮，出现【截面3】，输入【偏移自】与截面2 的旋转角度为 90。单击下滑面板中的【草绘】按钮，进入草绘模式，在参考虚线圆的位置处绘制如图 7.5.7 所示的圆。单击功能区【关闭】区域中的【确定】按钮 ✔，退出草绘模式。

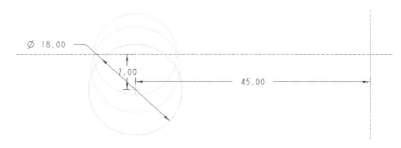

图 7.5.7 截面 3 草图

（7）单击【旋转混合】操控板中的【确定】按钮 ✔，完成圆弧段 1 的创建，如图 7.5.8 所示。

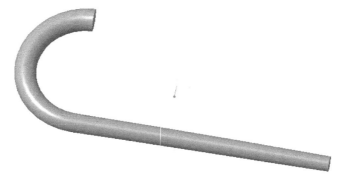

图 7.5.8 创建的圆弧段 1

4．使用混合命令创建军号中间段

（1）单击功能区中的【形状】按钮，在下滑面板中单击【混合】按钮，界面顶部弹出【混合】操控板。

（2）单击【截面】下滑面板中的【定义】按钮，弹出【草绘】对话框，选取上图中大端面为【草绘平面】、基准平面 RIGHT 面为【参考】，【方向】为左，单击【草绘】按钮，进入草绘模式。

（3）在与竖直参考线右侧相距 45 处绘制直径为 18 的圆，如图 7.5.9 所示。单击功能区【关闭】区域中的【确定】按钮 ✔，退出草绘模式。

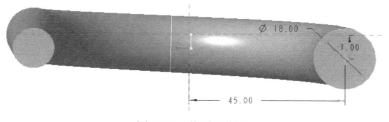

图 7.5.9 截面 1 草图

（4）单击【截面】按钮，在下滑面板中出现【截面2】，输入【偏移自】距截面1的距离为100。单击下滑面板中的【草绘】按钮，进入草绘模式，在与竖直参考线右侧相距45和水平参考线上侧相距4处绘制直径为12的圆，如图7.5.10所示。单击功能区【关闭】区域中的【确定】按钮✔，退出草绘模式。

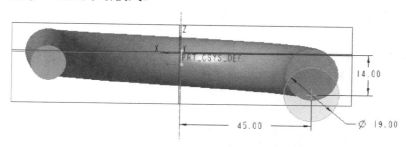

图 7.5.10　截面 2 草图

（5）单击【混合】操控板中的【确定】按钮✔，完成军号中间段的创建，如图 7.5.11 所示。

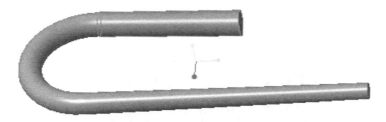

图 7.5.11　创建的军号中间段

5. 创建辅助平面

在距离基准平面 TOP 面 100 处创建辅助平面 DTM1，如图 7.5.12 所示。

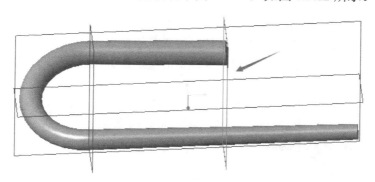

图 7.5.12　创建的辅助平面 DTM1

6. 使用混合命令创建军号圆弧段 2

（1）单击功能区中的【形状】按钮，在下滑面板中单击【旋转混合】按钮，界面顶部弹出【旋转混合】操控板。

（2）单击操控板中的【截面】按钮，弹出【截面】下滑面板。单击【定义】按钮，弹出

【草绘】对话框，选取辅助平面 DTM1 作为【草绘平面】，以基准平面 RIGHT 面为【参考】，【方向】为左，单击【草绘】按钮，进入草绘模式。

（3）单击功能区【设置】区域中的【参考】按钮，选取大端圆边为参考基准。单击功能区【草绘】区域中的【圆】按钮，选中参考圆圆心绘制同样大小的圆。单击【基准】区域中的【中心线】按钮绘制与竖直基准线重合的旋转轴。单击功能区【关闭】区域中的【确定】按钮，退出草绘模式。

（4）选择坐标系中的 Z 坐标轴为【旋转轴】。单击【截面】下滑面板中的【插入】按钮，出现【截面 2】，输入【偏移自】与截面 1 的旋转角度为 90，图形区显示结果如图 7.5.13 所示。

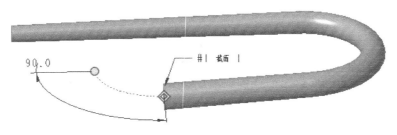

图 7.5.13　旋转角度及方向示意

（5）单击下滑面板中的【草绘】按钮，进入草绘模式，在参考虚线圆的位置处绘制如图 7.5.14 所示的圆。单击功能区【关闭】区域中的【确定】按钮，退出草绘模式。

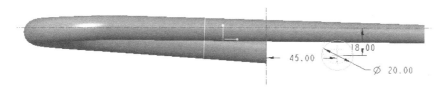

图 7.5.14　截面 2 草图

（6）单击下滑面板中的【插入】按钮，出现【截面 3】，输入【偏移自】与截面 2 的旋转角度为 90。单击下滑面板中的【草绘】按钮，进入草绘模式，在参考虚线圆的位置处绘制如图 7.5.15 所示的圆。单击功能区【关闭】区域中的【确定】按钮，退出草绘模式。

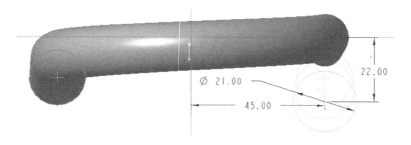

图 7.5.15　截面 3 草图

（7）单击【旋转混合】操控板中的【确定】按钮，完成圆弧段 2 的创建，如图 7.5.16 所示。

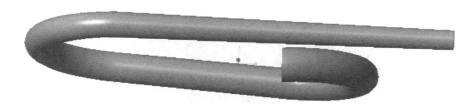

图 7.5.16　创建的圆弧段 2

7. 使用混合命令创建军号出口

（1）单击功能区中的【形状】按钮，在下滑面板中单击【混合】按钮 <!-- icon -->，界面顶部弹出【混合】操控板。

（2）单击【截面】下滑面板中的【定义】按钮，弹出【草绘】对话框，选取上图中大端端面为【草绘平面】、基准平面 RIGHT 面为【参考】，【方向】为右，单击【草绘】按钮，进入草绘模式。

（3）单击功能区【设置】区域中的【参考】按钮 <!-- icon -->，以端面圆边为参考基准，单击功能区【草绘】区域中的【圆】工具下拉菜单中的 <!-- icon --> 3 点，单击参考圆的左、右顶点，并在参考圆上其他任意位置单击，通过三点草绘圆。单击功能区【关闭】区域中的【确定】按钮 <!-- icon -->，退出草绘模式。

（4）单击【截面】按钮，在下滑面板中出现【截面 2】，输入【偏移自】距截面 1 的距离为 30。单击下滑面板中的【草绘】按钮，进入草绘模式，在参考虚线圆的位置处绘制如图 7.5.17 所示的圆。单击功能区【关闭】区域中的【确定】按钮 <!-- icon -->，退出草绘模式。

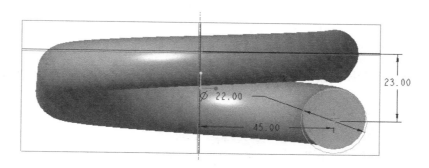

图 7.5.17　截面 2 草图

（5）单击【截面】下滑面板中的【插入】按钮，出现【截面 3】，输入【偏移自】距截面 2 的距离为 150。单击下滑面板中的【草绘】按钮，进入草绘模式，在参考虚线圆的位置处绘制如图 7.5.18 所示的圆。单击功能区【关闭】区域中的【确定】按钮 <!-- icon -->，退出草绘模式。

（6）单击【截面】下滑面板中的【插入】按钮，出现【截面 4】，输入【偏移自】距截面 3 的距离为 20。单击下滑面板中的【草绘】按钮，进入草绘模式，在参考虚线圆的位置处绘制如图 7.5.19 所示的圆。单击功能区【关闭】区域中的【确定】按钮 <!-- icon -->，退出草绘模式。

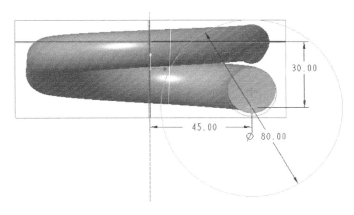

图 7.5.18　截面 3 草图

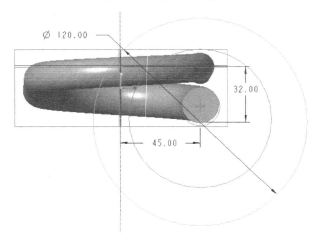

图 7.5.19　截面 4 草图

（7）单击【混合】操控板中的【确定】按钮✔，完成军号出口的创建，实体军号创建完成如图 7.5.20 所示。

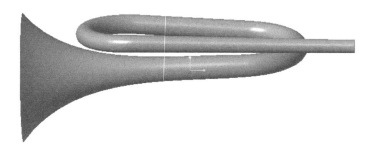

图 7.5.20　实体军号

8．抽壳

单击功能区【工程】区域中的【壳】按钮■，界面顶部弹出【壳】操控板，在其中设置厚度为 3，按住< Ctrl >键选中军号进口和出口端面，将实体军号进行均匀壁厚抽壳。单击【确定】按钮✔，完成实体军号的抽壳，如图 7.5.21 所示。

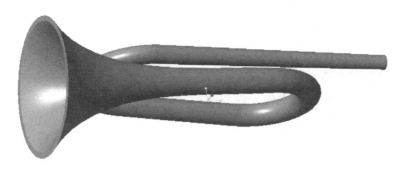

图 7.5.21　实体军号的抽壳

9．保存模型

保存当前建立的军号模型。

7.6　圆柱铣刀的建模

圆柱铣刀模型如图 7.6.1 所示。通过本例掌握利用选取截面创建混合特征的方法。

1．创建草绘轮廓

（1）单击【新建】按钮 ，在弹出的【新建】对话框中选择 草绘，输入【名称】为"xidao"，单击【确定】按钮，进入草绘界面。

图 7.6.1　圆柱铣刀模型

（2）草绘圆柱铣刀主体截面的八分之一，如图 7.6.2 所示。

（3）镜像草绘：在八分之一图形的基础上创建关于如图 7.6.3 所示的四分之一镜像。再进行关于水平中心线和竖直中心线的镜像，最终如图 7.6.4 所示。

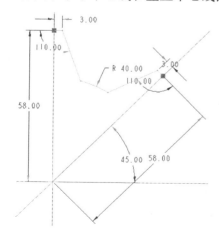

图 7.6.2　主体截面八分之一部分尺寸

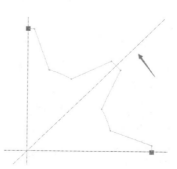

图 7.6.3　四分之一镜像

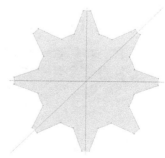

图 7.6.4　镜像后的轮廓

（4）单击【保存】按钮 ，选择一个易找文件夹作保存位置，单击【确定】按钮，完成草绘文件的创建。

2．创建圆柱铣刀主体

（1）新建"yz_xidao"零件文件。

（2）创建圆柱铣刀主体。

① 单击功能区中的【形状】按钮，在下滑面板中单击【混合】按钮 ，界面顶部弹出【混合】操控板。

② 单击【截面】下滑面板中的【定义】按钮，弹出【草绘】对话框，选取基准平面 TOP 面为【草绘平面】、基准平面 RIGHT 面为【参考】，【方向】为右，单击【草绘】按钮，进入草绘模式。

③ 单击功能区【获取数据】区域中的【文件系统】按钮 ，在弹出的【打开】对话框中选择前面保存的名为"xidao.sec"的铣刀草绘文件。单击【打开】对话框中右下角的【打开】按钮，在图形区任意位置单击，出现草绘图形，并在界面上方弹出【导入截面】操控板。

④ 选中草绘图形中心符号⊗，按住鼠标左键将其拖动至竖直和水平参考线交点处。在【导入截面】操控板中的【旋转角度】符号 后输入 0，在【比例因子】符号 后输入 1，其余设置保持默认，设置结果如图 7.6.5 所示。单击【确认】按钮 ，完成草绘图形的导入。单击功能区【关闭】区域中的【确定】按钮 ，退出草绘模式。

图 7.6.5 【导入截面】操控板

⑤ 单击【混合】操控板中的【截面】按钮，在下滑面板中出现【截面 2】，输入【偏移自】距截面 1 的距离为 45。单击下滑面板中的【草绘】按钮，进入草绘模式，绘制截面 2。

⑥ 参照上述步骤④、⑤的方法完成截面 2 至截面 6 的创建，截面 2 以后的截面需单击【截面】下滑面板中的【插入】按钮生成，各截面的【旋转角度】分别为：30、60、90、120、150，【比例因子】均为 1，【偏移距离】均为 45，可以通过关系各截面的箭头方向来判断截面设置效果。

⑦ 单击【混合】操控板中的【确定】按钮 ，完成圆柱铣刀主体的创建，如图 7.6.6 所示。

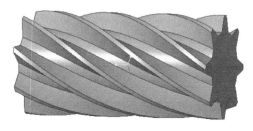

图 7.6.6 圆柱铣刀主体

3．创建轴孔和键槽

（1）单击功能区【形状】区域中的【拉伸】按钮 ，弹出【拉伸】操控板，单击其中的【放置】按钮，选取圆柱铣刀端面作为草绘平面。

（2）绘制如图 7.6.7 所示的图形。

（3）单击【确定】按钮 ，返回【拉伸】操控板，设置拉伸方式为 ，选取圆柱铣刀另一端面为指定拉伸平面，按下【移除材料】按钮，单击【确定】按钮，完成轴孔和键槽的创建，如图 7.6.8 所示。

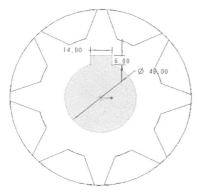

图 7.6.7　草绘的轴孔和键槽轮廓

图 7.6.8　创建的轴孔和键槽

4. 创建倒圆角

单击功能区【工程】区域中的【倒圆角】按钮，界面顶部显示【倒圆角】操控板，输入圆角半径为 2，按住< Ctrl>键分别选取切削刃与圆柱之间的交线，单击【确认】按钮，完成倒圆角。

5. 保存模型

保存当前建立的圆柱铣刀模型。

7.7　练习题

完成如图 7.7.1 所示灯罩的建模。

图 7.7.1　灯罩模型

相关步骤和参数：

（1）通过 ∿ 来自方程的曲线创建曲线，选取坐标系为柱坐标系，曲线方程如下。

```
theta = t*360
r = 280+50*cos(5*theta)
z = cos(5*theta)
```

（2）进入【混合】操控板，在方程曲线的基础上进行投影得到截面 1 草图，如图 7.7.2 所示。偏距 300 创建截面 2，在其上绘制圆，并在如图 7.7.3 中箭头所指处进行分割，创建混合特征。

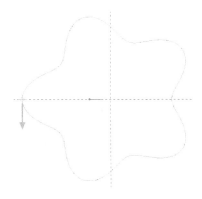

图 7.7.2　投影得到截面 1 草图

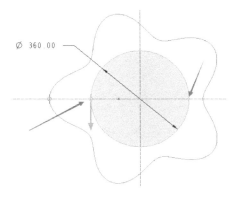

图 7.7.3　截面 2 草图

（3）进行如图 7.7.4 所示的抽壳。

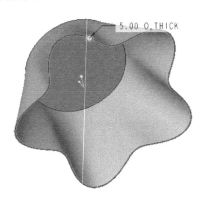

图 7.7.4　抽壳

第8章

扫描混合类零件的建模

8.1 扫描混合命令简介

扫描混合特征是沿着一条轨迹线将多个截面用过渡曲面连接而形成的特征。扫描混合可

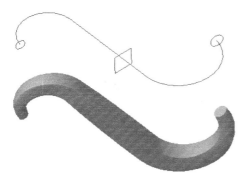

以具有两种轨迹：原点轨迹（必需）和第二轨迹（可选）。每个扫描混合特征必须具有至少两个截面，用户也可以根据需要在这两个截面间添加截面。扫描混合的轨迹曲线由用户定义，可以是草绘曲线、基准曲线或边。

扫描混合可创建实体、薄壳以及曲面等特征，也可以用于移除材料以形成孔。它同时具备了扫描和混合的效果。图 8.1.1 所示的扫描混合特征便是由三个截面和一条轨迹线扫描混合而成的。

图 8.1.1　扫描混合特征

1.【扫描混合】操控板

单击功能区【模型】选项卡【形状】区域中的【扫描混合】按钮 🖊，弹出【扫描混合】操控板，如图 8.1.2 所示。

图 8.1.2　【扫描混合】操控板

2. 主要工具按钮简介

1）创建的特征类型

- 创建实体：单击功能区中的【实心】按钮□，使其呈按下状态。
- 创建曲面：将【曲面】按钮◻按下。
- 移除材料：将【实心】按钮□和【移除材料】按钮◿同时按下。
- 创建薄壳：将【实心】按钮□和【创建薄壳】按钮◻同时按下。

2）【参考】下滑面板

【参考】下滑面板如图 8.1.3 所示，用来指定扫描轨迹和进行截平面控制。
其中，【截平面控制】下拉列表框用于设置定向截平面的方式。

- 【垂直于轨迹】选项：扫描混合过程中，扫描混合截面在轨迹的整个长度上始终保持与轨迹线垂直。
- 【垂直于投影】选项：扫描混合过程中，扫描混合截面在轨迹的整个长度上始终保持与选定参考垂直。
- 【恒定法向】选项：扫描混合截面的法线总是指向指定方向。

3）【截面】下滑面板

【截面】下滑面板如图 8.1.4 所示，用于指定或创建混合截面以及控制混合顶点。

图 8.1.3　【参考】下滑面板　　　　　　　图 8.1.4　【截面】下滑面板

扫描混合需要至少两个截面，截面可以是已有模型的截面，也可以是草绘截面。

【截面位置】选项框：扫描混合的截面位置默认为开放轨迹的起点和终点。为了更精确地控制扫描混合特征，也可以在其他位置插入截面，但用户必须在插入点处事先打断轨迹。

【旋转】文本框：可以指定截面沿法向的旋转角度。

4）【选项】下滑面板

可使用面积或截面的周长来控制扫描混合截面。但是必须在原点轨迹上指定控制点的位置。

8.2　吊钩的建模

本节中将通过以如图 8.2.1 所示吊钩模型的建模为例，帮助读者熟悉扫描混合特征的创建方法。

图 8.2.1　吊钩

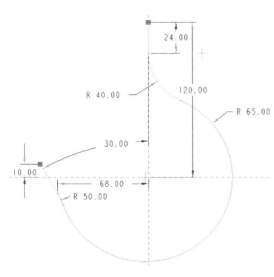

图 8.2.2　草图的扫描混合轨迹线

1．建立新文件

建立文件名为"diaogou"的新文件。

2．创建扫描轨迹

以基准平面 RIGHT 面为草绘平面，创建如图 8.2.2 所示的草图作为接下来的扫描混合轨迹线。

3．创建吊钩主体

（1）单击功能区【形状】区域中的【扫描混合】按钮，界面顶部弹出【扫描混合】操控板。

（2）选取扫描轨迹线。

选择前面步骤创建的轨迹线作为扫描轨迹线，如图 8.2.3 所示，可通过单击图中箭头选择起始方向。

（3）草绘扫描截面 1。

单击操控板中的【截面】按钮，弹出【截面】下滑面板。单击【草绘】按钮，进入草绘模式。绘制椭圆，同时绘制两条与竖直中心线角度为 45°的参考线。单击功能区【编辑】区域中的【分割】按钮，在椭圆与参考线交点处进行分割，结果如图 8.2.4 所示。单击功能区【确定】按钮，退出草绘模式。

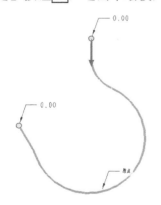

图 8.2.3　选取扫描轨迹线

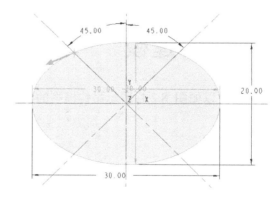

图 8.2.4　草绘截面 1

💡 **小提示**：可以通过选中图中箭头所在点，单击鼠标右键，在弹出的快捷菜单中单击【起点】以此改变箭头的方向。同时也可在其他点处用此方法设置该点为起点并设置方向，后续图中方向和位置应保持一致。

（4）草绘扫描截面 2。

单击【截面】下滑面板中的【插入】按钮，出现【草绘截面 2】。在轨迹线上选取放置点，如图 8.2.5 中箭头所指处。单击【草绘】按钮，进入草绘模式。参照前一步骤绘制扫描截面 2，结果如图 8.2.6 所示。单击功能区【确定】按钮☑，退出草绘模式。

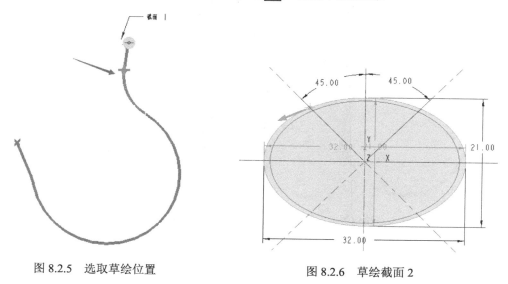

图 8.2.5　选取草绘位置　　　　　图 8.2.6　草绘截面 2

（5）草绘扫描截面 3。

参照上述步骤在图 8.2.7 中箭头所指位置草绘截面，结果如图 8.2.8 所示。单击功能区【确定】按钮☑，退出草绘模式。

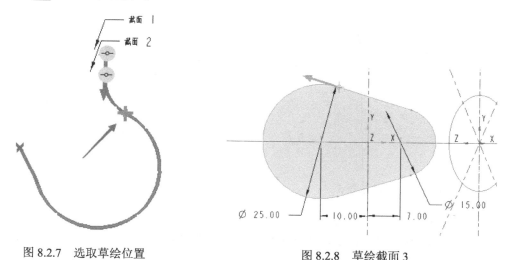

图 8.2.7　选取草绘位置　　　　　图 8.2.8　草绘截面 3

（6）草绘扫描截面 4。

参照上述步骤在图 8.2.9 中箭头所指位置草绘截面，结果如图 8.2.10 所示。单击功能区【确定】按钮☑，退出草绘模式。

（7）草绘扫描截面 5，完成吊钩主体的创建。

在末尾点处草绘扫描截面 5，结果如图 8.2.11 所示。单击功能区【确定】按钮☑，退出草绘模式。扫描混合吊钩主体预览效果如图 8.2.12 所示，单击操控板上的【确定】按钮✔，退出扫描混合功能，完成吊钩主体的创建。

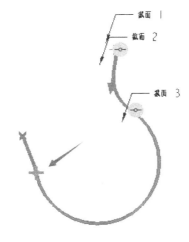

图 8.2.9　选取草绘位置

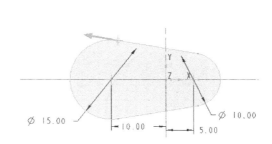

图 8.2.10　草绘截面 4

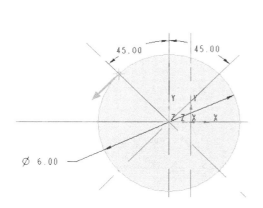

图 8.2.11　草绘截面 5

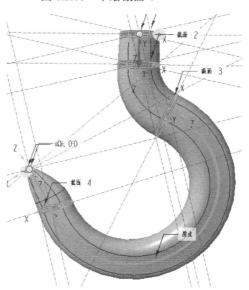

图 8.2.12　扫描混合吊钩主体预览效果

4．创建吊钩吊耳

选中基准平面 TOP 面，单击功能区【形状】区域中的【旋转】按钮，进入草绘模式。在吊钩主体顶端草绘中心线和椭圆，如图 8.2.13 所示。单击功能区【确定】按钮，退出草绘模式。旋转参数设置保持默认，单击【旋转】操控板中的【确定】按钮，退出旋转功能，创建的吊钩吊耳如图 8.2.14 所示。

5．倒圆角

为吊钩钩尖处倒圆角，倒角半径为 2.5。

6．保存模型

保存当前建立的吊钩模型。

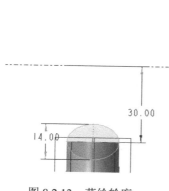

图 8.2.13　草绘轮廓　　　　　　　图 8.2.14　创建的吊钩吊耳

陶瓷壶的建模

本节将利用如图 8.3.1 所示陶瓷壶的例子,帮助读者熟悉和掌握扫描混合特征的创建。

1. 建立新文件

新建文件名为"taocihu"的零件文件。

2. 创建陶瓷壶主体

(1) 草绘轨迹线。

以基准平面 TOP 面为草绘平面,创建如图 8.3.2 所示草图作为接下来的扫描混合轨迹线。

(2) 选取扫描轨迹线并草绘扫描截面 1。

单击功能区【形状】区域中的【扫描混合】按钮 ,界面顶部弹出【扫描混合】操控板。选择创

图 8.3.1　陶瓷壶

建的轨迹线作为扫描轨迹线,如图 8.3.3 所示,可通过单击图中箭头选择起始方向。单击操控板中的【截面】按钮,弹出【截面】下滑面板。单击其中的【草绘】按钮,进入草绘模式。在坐标点处草绘直径为 120 的圆,如图 8.3.4 所示。单击功能区【确定】按钮 ,退出草绘模式。

(3) 草绘扫描截面 2。

单击【截面】下滑面板中的【插入】按钮,出现【草绘截面 2】。在轨迹线上选取放置点,如图 8.3.5 中箭头所指处。单击【草绘】按钮,进入草绘模式。在坐标点处草绘直径为 230 的圆,如图 8.3.6 所示。单击功能区【确定】按钮 ,退出草绘模式。

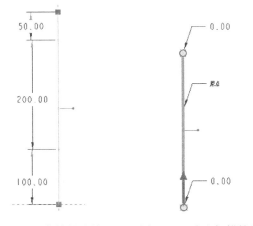

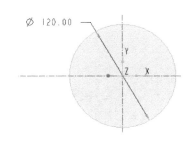

图 8.3.2　草绘轨迹线　　图 8.3.3　选取扫描轨迹线　　图 8.3.4　草绘截面 1

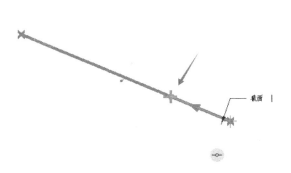

图 8.3.5　选取草绘位置

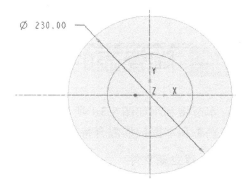

图 8.3.6　草绘截面 2

（4）草绘扫描截面 3。

单击【截面】下滑面板中的【插入】按钮，出现【草绘截面 3】。在轨迹线上选取放置点，如图 8.3.7 中箭头所指处。单击【草绘】按钮，进入草绘模式。在坐标点处草绘直径为 65 的圆，如图 8.3.8 所示。单击功能区【确定】按钮✓，退出草绘模式。

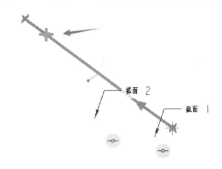

图 8.3.7　选取草绘位置

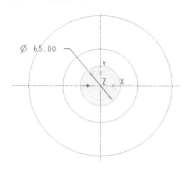

图 8.3.8　草绘截面 3

（5）草绘扫描截面 4，完成陶瓷壶主体的创建。

单击【截面】下滑面板中的【插入】按钮，出现【草绘截面 4】。此时默认选择轨迹线上的最后一点，单击【草绘】按钮，进入草绘模式。在坐标点处草绘直径为 80 的圆，如图 8.3.9

所示。单击功能区【确定】按钮☑，退出草绘模式。单击操控板上的【确定】按钮✔，退出扫描混合功能完成陶瓷壶主体的创建，如图 8.3.10 所示。

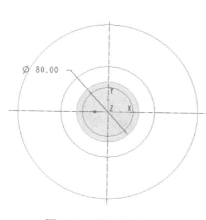

图 8.3.9　草绘截面 4

图 8.3.10　陶瓷壶主体

3. 创建陶瓷壶壶嘴

（1）草绘轨迹线。

以基准平面 TOP 面为草绘平面，创建如图 8.3.11 所示的草图作为接下来的扫描混合轨迹线。

（2）选取扫描轨迹线并草绘扫描截面 1。

单击功能区【形状】区域中的【扫描混合】按钮，界面顶部弹出【扫描混合】操控板。选择创建的轨迹线作为扫描轨迹线，如图 8.3.12 所示，可通过单击图中箭头选择起始方向。单击【截面】按钮，弹出下滑面板。单击其中的【草绘】按钮，进入草绘模式。在坐标点处草绘直径为 20 的圆，如图 8.3.13 所示。单击功能区【确定】按钮☑，退出草绘模式。

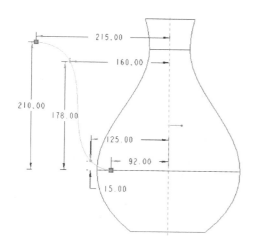

图 8.3.11　草绘轨迹线

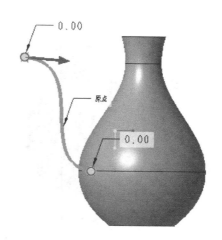

图 8.3.12　选取扫描轨迹线

（3）草绘扫描截面 2。

单击【截面】下滑面板中的【插入】按钮，出现【草绘截面 2】。单击【草绘】按钮，进入草绘模式。在坐标点处草绘直径为 32 的圆，如图 8.3.14 所示。单击功能区【确定】按钮 ☑，退出草绘模式。单击操控板上的【确定】按钮 ✔，退出扫描混合功能，创建的陶瓷壶壶嘴如图 8.3.15 所示。

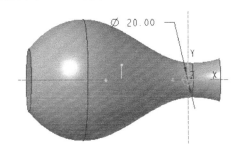

图 8.3.13　草绘截面 1

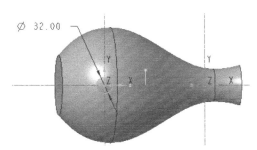

图 8.3.14　草绘截面 2

4．抽壳

单击功能区【工程】区域中的【壳】按钮 ▣，界面顶部弹出【壳】操控板，在其中设置厚度为 3.5，按住<Ctrl>键选中陶瓷壶顶部面和壶口端面，将陶瓷壶进行均匀壁厚抽壳。单击【确定】按钮 ✔，完成陶瓷壶的抽壳，如图 8.3.16 所示。

5．创建陶瓷壶提手

（1）草绘轨迹线。

以基准平面 TOP 面为草绘平面，创建如图 8.3.17 所示的草图作为接下来的扫描混合轨迹线（使用样条曲线大致绘制图形）。

图 8.3.15　陶瓷壶壶嘴

图 8.3.16　陶瓷壶抽壳

图 8.3.17　草绘轨迹线

（2）草绘提手截面，扫描创建陶瓷壶提手。

单击功能区【形状】区域中的【扫描】按钮 ▨，界面顶部弹出【扫描】操控板。保持默认设置不变，选中轨迹线，单击【草绘】按钮，进入草绘模式，绘制如图 8.3.18 所示的提手截面。在操控板中单击【选项】按钮，勾选其中的【合并端】选项。单击【确定】按钮，退出扫描功能，扫描结果如图 8.3.19 所示。

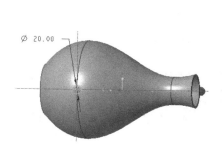

图 8.3.18　草绘提手截面

图 8.3.19　扫描创建陶瓷壶提手

6. 倒圆角

如图 8.3.20 所示对壶嘴底部进行倒圆角，圆角半径为 26；如图 8.3.21 所示对提手两端进行倒圆角，圆角半径为 3。

图 8.3.20　陶瓷壶壶嘴底部倒圆角

图 8.3.21　陶瓷壶提手倒圆角

7. 保存模型

保存当前建立的陶瓷壶模型。

8.4　伞齿轮的建模

通过对如图 8.4.1 所示的伞齿轮的建模过程的分析，希望读者可以进一步掌握扫描混合命令的使用，同时也向读者演示伞齿轮的参数化建模步骤和方法。

1. 建立新文件

建立文件名为"sanchilun"的新文件。

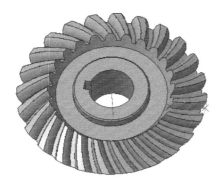

图 8.4.1　伞齿轮

2．创建主体

（1）进入草绘模式。

选中基准平面 TOP 面，单击功能区【形状】区域中的【旋转】按钮，进入草绘模式。

（2）草绘旋转轴和轮廓。

① 草绘旋转轴：单击功能区【基准】区域中的【中心线】按钮，以竖直中心线为参考绘制与竖直中心线重合的旋转轴。

② 草绘轮廓：绘制如图 8.4.2 所示轮廓。单击功能区【确定】按钮，退出草绘模式。

③ 单击【旋转】操控板中的【确定】按钮，完成主体的创建，结果如图 8.4.3 所示。图中箭头从左至右依次标记的是主体的顶部倾斜面、内侧倾斜面和下侧倾斜面。

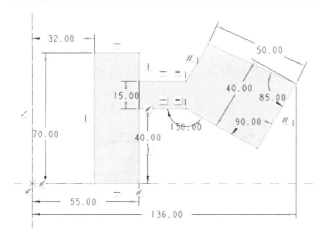

图 8.4.2　草绘的轮廓

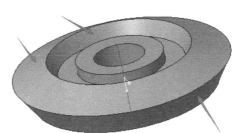

图 8.4.3　创建的主体

3．投影轨迹线

（1）选中基准平面 FRONT 面，单击功能区【基准】区域中的【草绘】按钮，进入草绘模式。绘制如图 8.4.4 所示的样条曲线，单击功能区【确定】按钮，退出草绘模式。

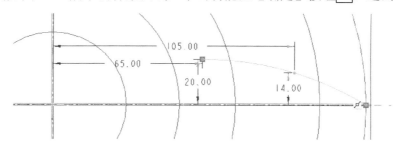

图 8.4.4　草绘的样条曲线

（2）在模型树中选中【草绘 1】特征，单击功能区【编辑】区域中的【投影】按钮，界面顶部弹出【投影曲线】操控板，如图 8.4.5 所示。

图 8.4.5 【投影曲线】操控板

（3）选中主体顶部倾斜面作为参考面，投影轨迹线如图 8.4.6 所示。单击操控板中的【确定】按钮 ✔，完成投影轨迹线的创建。

4．创建辅助平面

（1）创建辅助平面 DTM1。

单击功能区【基准】区域中的【平面】按钮 ▱，弹出【基准平面】对话框。按住<Ctrl>键依次选中主体下侧倾斜面和投影轨迹线的外

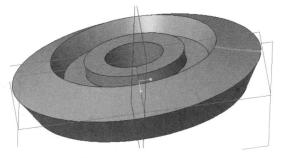

图 8.4.6 投影轨迹线

侧端点，设置如图 8.4.7 所示。辅助平面 DTM1 预览效果如图 8.4.8 所示，单击对话框中的【确定】按钮完成创建。

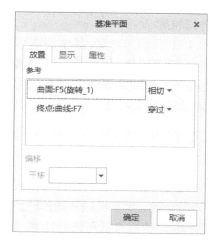

图 8.4.7 【基准平面】对话框设置

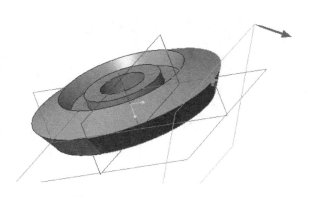

图 8.4.8 创建的辅助平面 DTM1 预览

（2）创建辅助平面 DTM2。

单击功能区【基准】区域中的【平面】按钮 ▱，弹出【基准平面】对话框。按住<Ctrl>键依次选中主体内侧倾斜面和投影轨迹线的内侧端点，设置如图 8.4.9 所示。辅助平面 DTM2 预览效果如图 8.4.10 所示，单击对话框中的【确定】按钮完成创建。

（3）创建辅助平面 DTM3。

参考上述方法，按住<Ctrl>键依次选中主体的旋转轴和投影轨迹线的内侧端点，完成辅助平面 DTM3 的创建。

5．草绘截面

（1）进入草绘模式。

图 8.4.9 【基准平面】对话框设置

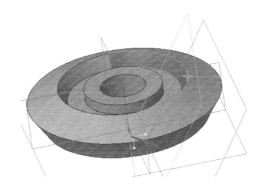

图 8.4.10 创建的辅助平面 DTM2 预览

单击功能区【基准】区域中的【草绘】按钮，出现【草绘】对话框。选择辅助平面 DTM1 为【草绘平面】、基准平面 RIGHT 面为【参考】，【方向】向右，其他选项使用系统默认值。单击对话框中的【草绘】按钮，进入草绘模式。

（2）草绘外部轮廓。

草绘如图 8.4.11 所示的轮廓，其中圆弧可以通过 3点/相切端进行创建，水平实线和顶部的距离 15 是通过在顶部创建参考点后再进行距离设置的。单击功能区【确定】按钮，退出草绘模式。

（3）草绘内部轮廓。

参照步骤（1）方式，在基准平面 DMT2 上草绘如图 8.4.12 所示的轮廓，其中圆弧可以通过 3点/相切端进行创建，水平实线和顶部的距离 12 是通过在顶部创建参考点后再进行距离设置的。单击功能区【确定】按钮，退出草绘模式。

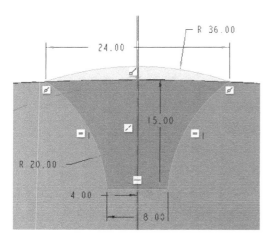

图 8.4.11 草绘外部轮廓

6．旋转修剪

（1）进入草绘模式。

选中基准平面 TOP 面，单击功能区【形状】区域中的【旋转】按钮，进入草绘模式。

（2）草绘旋转轴和轮廓。

① 草绘旋转轴：单击功能区【基准】区域中的【中心线】按钮，以竖直中心线为参考绘制与竖直中心线重合的旋转轴。

② 草绘轮廓：绘制如图 8.4.13 所示轮廓。单击功能区【确定】按钮，退出草绘模式。

③ 单击【旋转】操控板中的【确定】按钮，完成旋转修剪。

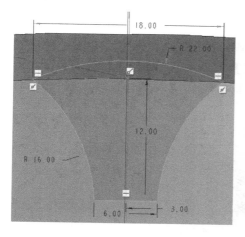

图 8.4.12　草绘内部轮廓

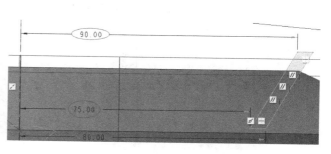

图 8.4.13　草绘轮廓

7．创建齿槽

（1）单击功能区【形状】区域中的【扫描混合】按钮，界面顶部弹出【扫描混合】操控板。

（2）选取扫描轨迹线。

按下操控板中的【移除材料】按钮，选择前面步骤创建的投影轨迹线作为扫描轨迹线，如图 8.4.14 所示。

（3）选取扫描截面。

单击操控板中的【截面】按钮，弹出下滑面板。选中截面方式为【选定截面】，在模型树中选择【草绘 2】（即前述外部轮廓）作为截面 1，如图 8.4.15 所示，注意轮廓线上的箭头方向；单击下滑面板中的【插入】按钮，在模型树中选择【草绘 3】（即内部轮廓）作为截面 2，如图 8.4.16 所示。

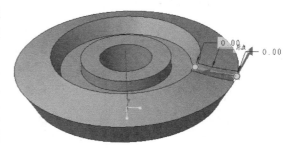

图 8.4.14　选取扫描轨迹线

（4）调整截面箭头位置和方向。

如图 8.4.16 所示，由于截面 2 上的箭头位置、方向与截面 1 中的不一样，使得扫描扭曲。通过拖动截面 2 中箭头原点到对应位置，并调整方向以正确创建，预览效果如图 8.4.17 所示。

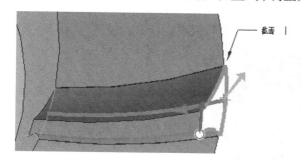

图 8.4.15　选择截面 1

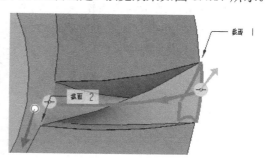

图 8.4.16　选择截面 2

8．阵列齿槽

选中齿槽特征再单击功能区【编辑】区域中的【阵列】按钮 ⊞，界面顶部弹出【阵列】操控板。在【选择阵列类型】下拉列表框中选取【轴】选项，以主体的旋转轴为参考，设置阵列个数为 24，角度为 15°，其余设置保持默认。单击【确定】按钮 ✔，完成齿槽阵列，结果如图 8.4.18 所示。

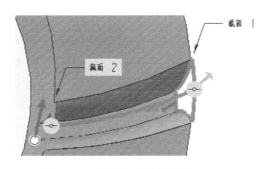

图 8.4.17　混合扫描齿槽预览　　　　　　图 8.4.18　阵列齿槽

9．创建键槽

以中间空心圆柱端面为参考面拉伸键槽，草绘如图 8.4.19 所示轮廓，拉伸结果如图 8.4.20 所示。

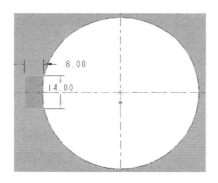

图 8.4.19　草绘的轮廓　　　　　　图 8.4.20　拉伸键槽

10．倒角

如图 8.4.21 所示为伞齿轮中心圆柱棱边进行倒角，倒角值为 2。

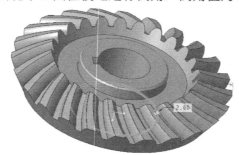

图 8.4.21　倒角

11．保存模型

保存当前建立的伞齿轮模型。

8.5　练习题

利用扫描混合命令创建如图 8.5.1 所示的手轮模型。

图 8.5.1　手轮模型

相关步骤和参数：

（1）草绘如图 8.5.2 所示的主体轮廓，旋转得到主体。

（2）草绘如图 8.5.3 所示的轨迹线。

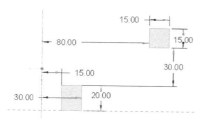

图 8.5.2　草绘的主体轮廓

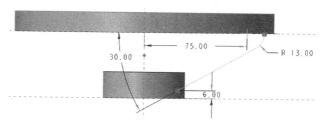

图 8.5.3　草绘的轨迹线

（3）进入【扫描混合】操控板，绘制如图 8.5.4 所示的截面 1 和如图 8.5.5 所示的截面 2，通过扫描混合命令得到连接体。

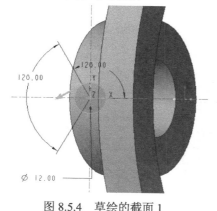

图 8.5.4　草绘的截面 1

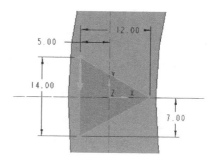

图 8.5.5　草绘的截面 2

（4）阵列连接体。

第 9 章

曲面类零件的建模

9.1　曲面生成命令简介

　　Creo 6.0 在【模型】选项卡中提供了许多曲面功能按钮来进行曲面特征的创建和编辑。创建曲面特征的方法可分为直接创建和间接创建。

　　直接创建是用【拉伸】、【旋转】、【扫描】、【扫描混合】、【混合】、【旋转混合】功能中的【曲面】工具◯实现的，这种方法创建的曲面称为规则曲面。

　　间接创建主要是通过【填充】、【边界混合】等工具实现，是从曲线开始创建曲面的，而曲线可以由基准点来创建，可创建非常复杂的曲面特征，这种方法创建的曲面称为自由曲面。

　　用曲面创建复杂零件的主要过程如下：

　　（1）创建数个单独的曲面；

　　（2）对曲面进行修剪、合并、偏移等操作；

　　（3）将单独的各个曲面合并为一个整体的面组；

　　（4）将曲面（面组）变成实体零件。

1．曲面的创建

1）创建拉伸曲面

　　拉伸曲面是在完成二维截面的草图绘制后，垂直此截面"长出"的曲面，其过程如图 9.1.1 所示。创建方式同拉伸实体一样，注意选中【曲面】按钮◯。此外在【拉伸】操控板中单击【选项】按钮，在【选项】下滑面板中勾选【封闭端】，即可完成封闭拉伸曲面的创建。

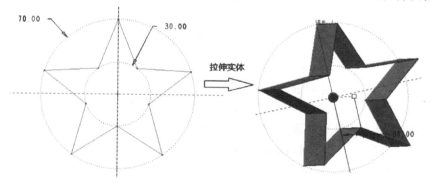

图 9.1.1　拉伸曲面的创建

2）创建旋转曲面

　　旋转曲面是将二维截面绕着一条中心线旋转形成的曲面，其过程如图 9.1.2 所示。创建方式同旋转实体一样，注意选中【曲面】按钮◯。

3）创建平面曲面

　　用【填充】命令来创建平面曲面，曲面的填充是以一个基准平面或零件上的平面作为草绘平面，绘制封闭的线条后，再使用【填充】命令将封闭线条的内部填入材料，产生一个平面曲面。其过程如图 9.1.3 所示，先草绘截面，再使用工具 □ 填充即可。

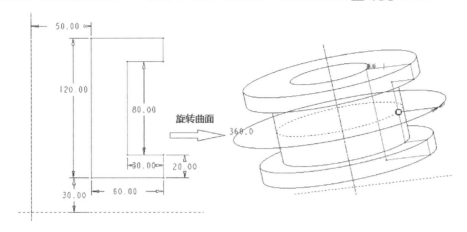

图 9.1.2　旋转曲面的创建

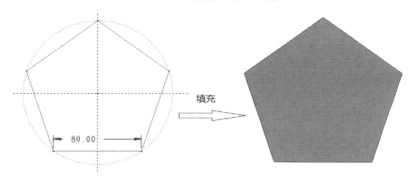

图 9.1.3　平面曲面的创建

4）创建自由曲面

　　自由曲面就是参考若干边界曲线或点（它们在一个或两个方向上定义曲面）创建的曲面，在每个方向上选定第一个和最后一个草绘曲线或点来定义曲面的边界。若添加更多的参考图元，如控制点和边界，则能更精确地定义曲面形状。选取参考图元的规则如下：

● 模型边、基准点、曲线或边的端点可作为参考图元使用。

● 在每个方向上，都必须按连续的顺序选择参考图元。

● 对于在两个方向上定义的自由曲面来说，其外部边界必须形成一个封闭的环，这意味着外部边界必须相交。

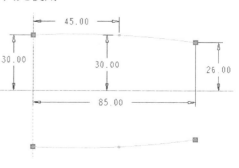

　　下面通过创建手机盖的实例来介绍创建自由曲面的操作过程。

　　（1）创建基准曲线：草绘并镜像样条曲线，创建如图 9.1.4 所示的基准曲线 1，单击【确定】按钮 ✔。

图 9.1.4　基准曲线 1

（2）创建辅助平面 DTM1，使其平行于基准平面 RIGHT 面并且通过基准曲线 1 的顶点，如图 9.1.5 所示。

（3）单击【模型】选项卡中的【草绘】按钮，选取辅助平面 DTM1 作为草绘平面，单击【草绘】对话框中的【草绘】按钮，进入二维草绘模式。绘制如图 9.1.6 所示的基准曲线 2，草绘过程中可以先在参考线上添加构造点（注意：这里用的是构造点而不是几何点），然后以这个点为圆心作圆，最后绘制水平相切直线。单击【确定】按钮✔完成绘制。

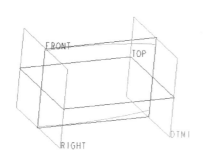

图 9.1.5　创建辅助平面 DTM1

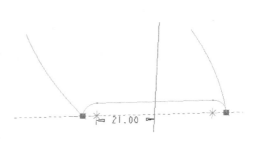

图 9.1.6　绘制基准曲线 2

（4）在基准平面 FRONT 面上绘制如图 9.1.7 所示的基准曲线 3。草绘过程中可以选基准曲线 1 作为参考，然后用样条曲线和直线来绘制基准曲线 3。为了美观，需要添加相切约束。单击【确定】按钮✔完成绘制。

（5）在基准平面 RIGHT 面上绘制如图 9.1.8 所示的基准曲线 4，可参考基准曲线 2 的绘制方法。

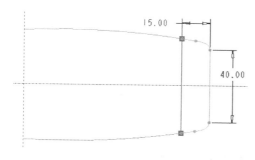

图 9.1.7　绘制基准曲线 3

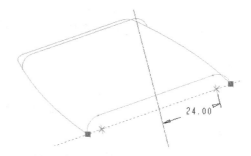

图 9.1.8　绘制基准曲线 4

（6）创建边界曲面 1：单击【模型】选项卡中【曲面】区域中的【边界混合】按钮，界面顶部弹出【边界混合】操控板，如图 9.1.9 所示。

图 9.1.9　【边界混合】操控板

单击【第一方向】选框，按住<Ctrl>键选择如图 9.1.10 所示的两条第一方向曲线；单击
【第二方向】选框，按住<Ctrl>键，选择第二方向的两条曲线。单击【确定】按钮 ✔，完成
边界曲面 1 的创建，如图 9.1.11 所示。

（7）创建边界曲面 2：参照边界曲面 1 的创建方法创建边界曲面 2，结果如图 9.1.12 所示。

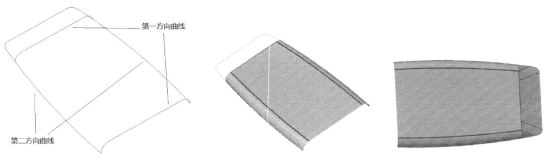

图 9.1.10　选取边界线　　　　图 9.1.11　边界曲面 1　　　　图 9.1.12　边界曲面 2

混合曲面、扫描混合曲面、扫描曲面的创建方法与其所对应的创建实体的方法相同，这
里只需注意在各自操控板中把【实心】按钮 ▢ 改为【曲面】按钮 ◠ 即可。

2．曲面的编辑

1）曲面的平移或旋转

在模型树中选取曲面特征后单击功能区【模型】选项卡【操作】区域中的【复制】工具
▤，再单击【粘贴】按钮旁的倒三角，在下拉菜单中单击【选择性粘贴】按钮 ▤，弹出【选
择性粘贴】对话框。勾选【对副本应用移动/旋转变换（A）】复选框，其余设置保持默认，
单击【确定】按钮后界面顶部弹出【移动（复制）】操控板，如图 9.1.13 所示。（如果在图形
区选取曲面特征进行复制和选择性粘贴操作，则会直接在界面顶部弹出【移动（复制）】操
控板）。

设置平移或旋转的方向：平移曲面时，必须指定平移方向；而旋转曲面时，必须指定旋
转参考轴。平移或旋转的方向为沿着或绕着基准平面或零件上平面的法线方向；直的曲线、
边或轴线；坐标系的轴线等。

图 9.1.13　【移动（复制）】操控板

2）曲面的镜像

【镜像】工具 ▷◁ 镜像 可用于镜像曲面，选取一个基准平面或零件上的平面作为镜像平面，
同镜像实体的操作方法相同。

3）曲面的合并

【合并】工具 ⊙ 合并 可用于将两个曲面合并，并移除多余部分，【合并】操控板如图 9.1.14 所示。如图 9.1.15 所示是将相交的平面与圆柱曲面合并的操作过程。

图 9.1.14　【合并】操控板

图 9.1.15　合并曲面

4）曲面的修剪

【修剪】工具 ⊙ 修剪 的功能是利用一个修剪工具（可为曲线、平面或曲面）来修剪一个现有的曲面或曲线，【曲面修剪】操控板如图 9.1.16 所示。平面与圆柱曲面的修剪过程如图 9.1.17 所示。

图 9.1.16　【曲面修剪】操控板

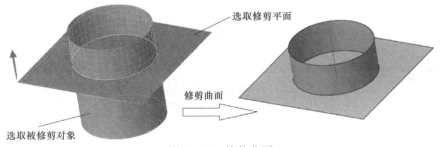

图 9.1.17　修剪曲面

5）曲面的延伸

【延伸】工具 □ 延伸的功能是将曲面在边界线上做延伸，【延伸】操控板如图 9.1.18 所示。曲面沿原始曲面的延伸如图 9.1.19 所示；曲面延伸至参考平面如图 9.1.20 所示。

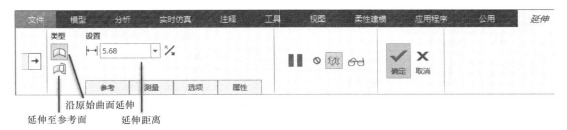

图 9.1.18 【延伸】操控板

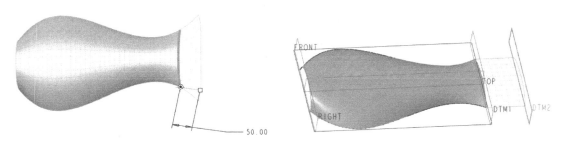

图 9.1.19 曲面沿原始曲面延伸　　　　　图 9.1.20 曲面延伸至参考平面

6）曲面的偏移

【偏移】工具 □ 偏移的功能是将曲面或曲线偏移某个距离，以产生一个新的曲面或一条新的曲线，其选项包括：【曲面偏移】、【曲面延展】、【曲面延展并拔模】、【沿着参照曲面偏移线条】、【垂直参照曲面偏移曲线】。【偏移】操控板如图 9.1.21 所示，曲面偏移过程如图 9.1.22 所示。

图 9.1.21 【偏移】操控板

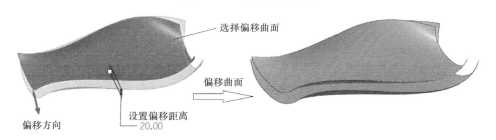

图 9.1.22 偏移曲面

7）曲面的阵列

【阵列】工具 ⊞ 可将一个曲面整列为多个曲面，操作方法与阵列实体相同。

8）曲面的相交构造线

【相交】工具 ⟲ 相交用以通过两个相交平面创建构造线。使用方法是按住<Ctrl>键依次选中两相交曲面，单击【相交】按钮 ⟲ 相交。

9）曲面加厚

【加厚】工具 ▯ 加厚用以将一个曲面偏移某个厚度，生成薄壳实体。

10）实体化

【实体化】工具 ◩ 实体化用以将曲面填入实体材料，用曲面切削部分实体或用曲面取代部分实体面。

9.2 饮料瓶的建模

本节将以如图 9.2.1 所示塑料瓶模型的建模为例帮助读者熟悉拉伸曲面、旋转曲面的创建方法，初步介绍利用边界混合工具创建曲面特征的方法，此外介绍了相交、合并、实体化工具的应用。

1．新建文件

新建文件名为"yinliaoping"的零件文件。

2．创建瓶身

（1）单击功能区【形状】区域中的【旋转】按钮 ⟳，界面顶部显示【旋转】操控板，保持默认设置不变。

（2）进入草绘模式。

单击功能区【放置】按钮，弹出下滑面板，单击其中的【定义】按钮，弹出【草绘】对话框。指定基准平面 FRONT 面为【草绘平面】、基准平面 RIGHT 面为【参考】，【方向】向右，其他选项使用系统默认值。单击对话框中的【草绘】按钮，进入草绘模式。

图 9.2.1　饮料瓶模型

（3）草绘旋转轴和轮廓。

① 草绘旋转轴：单击功能区【基准】区域中的【中心线】按钮 ⫴，以竖直中心线为参考绘制与竖直中心线重合的旋转轴。

② 草绘轮廓：绘制如图 9.2.2 所示轮廓，然后单击功能区【草绘】区域中【圆角】按钮旁的倒三角并选择其中的 ╲ 椭圆形修剪，对图 9.2.2 中箭头所指处进行轮廓修剪得到如图 9.2.3 所示的图形。在轮廓底部同样进行【椭圆形修剪】，再绘制如图 9.2.4 所示的两个圆。单击功能区【编辑】区域中的【删除段】按钮 ⛬，对草绘结果进行修剪，最终得到 9.2.5 所示轮廓。单击功能区【确定】按钮 ✓，退出草绘模式。

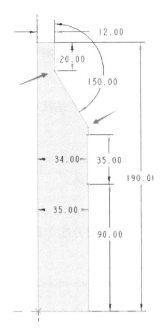

图 9.2.2　草绘的轮廓

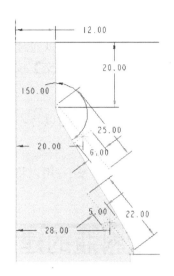

图 9.2.3　轮廓修剪 1

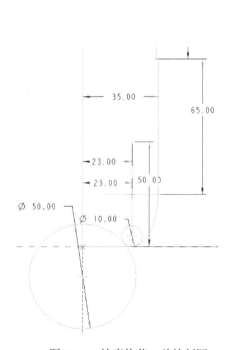

图 9.2.4　轮廓修剪 2 并绘制圆

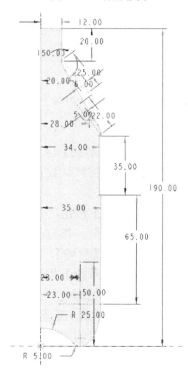

图 9.2.5　最终轮廓

（3）在【旋转】操控板中选中 曲面，单击【确定】按钮 ，完成瓶身的创建，结果如图 9.2.6 所示。

图 9.2.6　创建的瓶身

💡 **小提示**：生成曲面和生成实体可以通过观察生成结果的颜色来判断，这有利于用户区分并以此作为结果正确的判断依据。

3．移除曲面 1

（1）草绘轮廓。

选中基准平面 FRONT 面，单击【形状】区域中的【拉伸】按钮，直接进入草绘模式。绘制如图 9.2.7 所示的轮廓，单击功能区【确定】按钮，退出草绘模式。

（2）设置拉伸参数，移除曲面。

在【拉伸】操控板中选中曲面，设置拉伸方式为，拉伸深度为 80。在【设置】下方选中移除材料，选中瓶身作为移除参考的【面组】。单击【确定】按钮，完成曲面的移除，结果如图 9.2.8 所示。

图 9.2.7　草绘的轮廓

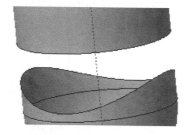

图 9.2.8　移除曲面 1

4．移除曲面 2

（1）创建辅助平面 DTM1。

单击功能区【基准】区域中的【平面】按钮，弹出【基准平面】对话框。按住<Ctrl>键依次选中瓶身旋转轴和基准平面 FRONT 面，设置偏转角度为 45°。辅助平面 DTM1 的预览效果如图 9.2.9 所示，单击【确定】按钮，完成辅助平面的创建。

（2）草绘轮廓。

选中辅助平面 DTM1，单击【形状】区域中的【拉伸】按钮，直接进入草绘模式。绘制如图 9.2.10 所示的轮廓，单击功能区【确定】按钮，退出草绘模式。

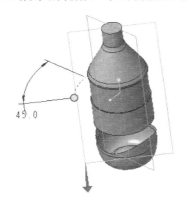

图 9.2.9　辅助平面 DTM1 预览效果　　　　图 9.2.10　草绘的轮廓

（3）设置拉伸参数，并移除曲面。

在【拉伸】操控板中选中　曲面，设置拉伸方式为，拉伸深度为 80。在【设置】下方选中　移除材料，选中瓶身作为移除参考的【面组】。单击【确定】按钮，完成曲面的移除，结果如图 9.2.11 所示。

5．创建连接曲面

（1）草绘轨迹线 1。

选中基准平面 FRONT 面，单击功能区【基准】区域中的【草绘】按钮，进入草绘模式。以瓶身轮廓为参考，单击【草绘】区域中的【圆】按钮旁的倒三角并选中　3 点，绘制半径为 58 的圆。修剪圆得到圆弧，绘制【草绘】区域中的中心线，以此为对称轴镜像圆弧，结果如图 9.2.12 所示。单击功能区【确定】按钮，完成轨迹草图的绘制。

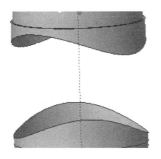

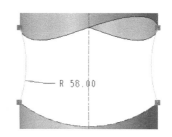

图 9.2.11　移除曲面 2　　　　　　　　图 9.2.12　草绘轨迹线 1

（2）创建相交特征。

按住<Ctrl>键选中如图 9.2.13 所示的瓶身，单击【编辑】区域中的【相交】按钮，界面顶部弹出【曲面相交】操控板。再按住<Ctrl>键选中基准平面 RIGHT 面，单击操控板中的【参考】按钮，弹出【参考】下滑面板如图 9.2.14 所示。单击【确定】按钮，完成相交特征的创建。

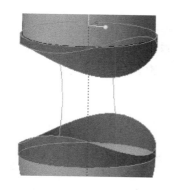

图 9.2.13　选中瓶身

图 9.2.14　【参考】下滑面板

（3）草绘轨迹线 2。

选中基准平面 RIGHT 面，单击功能区【基准】区域中的【草绘】按钮，进入草绘模式。以瓶身轮廓为参考，单击【草绘】区域中的【圆】按钮旁的倒三角并选中 3 点，绘制半径为 58 的圆。修剪圆得到圆弧，绘制【草绘】区域中的中心线，以此为对称轴镜像圆弧。单击功能区【确定】按钮，完成轨迹草图的绘制。

（4）通过边界混合命令生成曲面。

单击功能区【曲面】区域中的【边界混合】按钮，按住<Ctrl>键选中竖直方向的四条轨迹线为第一方向，预览效果如图 9.2.15 所示。单击【边界混合】操控板中【第二方向】后的选框，按住<Ctrl>键在如图 9.2.16 中箭头所指的上轮廓处单击鼠标右键，此时整个轮廓变为红色，再单击鼠标左键选中，同样在下轮廓处单击鼠标右键后再单击鼠标左键选中整个下轮廓，注意该过程中<Ctrl>键一直保持按住状态。

图 9.2.15　【第一方向】预览效果

图 9.2.16　选中整条上轮廓线

小提示：在【边界混合】中选取轮廓线时，如果只用鼠标左键选择的是一小段，可通过在轮廓线处单击鼠标右键预览整条轮廓后再单击鼠标左键选中。

（5）单击【确定】按钮，完成曲面创建，结果如图 9.2.17 所示。

6．合并曲面

选中模型树中的【旋转 1】和【边界混合 1】特征，单击【编辑】区域中的【合并】按钮，界面顶部弹出【合并】操控板，预览效果如图 9.2.18 所示。设置保持默认，单击操控板中的【确定】按钮，完成曲面合并。

7. 曲面实体化

选中模型树中的【合并1】特征，单击【编辑】区域中的【实体化】按钮 ，界面顶部弹出【实体化】操控板，设置保持默认。单击操控板中的【确定】按钮 ，完成曲面实体化。结果如图 9.2.19 所示，此时瓶身颜色和之前颜色不一样。

图 9.2.17　边界混合生成曲面　　　图 9.2.18　合并曲面预览效果　　　图 9.2.19　曲面实体化

8. 创建花瓣瓶底

（1）草绘轨迹线。

以基准平面 FRONT 面为草绘平面，创建如图 9.2.20 所示的圆弧作为接下来的扫描轨迹线。

（2）草绘扫描截面。

单击功能区【形状】区域中的【扫描】工具 ，界面顶部弹出【扫描】操控板。保持默认设置不变，选中轨迹线，设置轨迹线起点如图 9.2.21 所示。单击【草绘】按钮 ，进入草绘模式。绘制如图 9.2.22 所示轮廓，单击【确定】按钮 ，退出草绘模式。

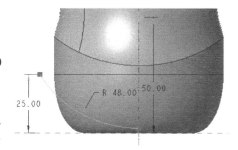

图 9.2.20　草绘的轨迹线

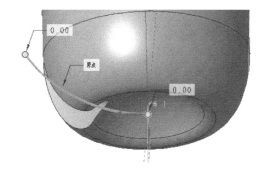

图 9.2.21　设置轨迹线起点

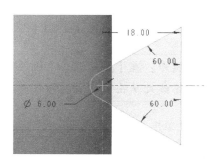

图 9.2.22　草绘的轮廓

（3）在操控板中的【设置】下方选取 移除材料，其余设置保持不变。单击【确定】按钮 ，完成扫描特征的创建，结果如图 9.2.23 所示。

（4）倒圆角。

对扫描特征进行半径为 5 的倒圆角，结果如图 9.2.24 所示。

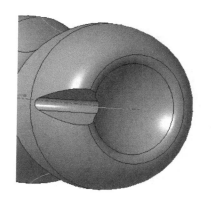
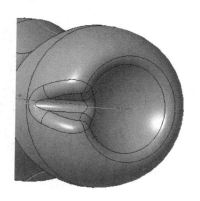

图 9.2.23   扫描特征   图 9.2.24   倒圆角

（5）选中模型树中的【扫描 1】和【倒圆角 1】特征，在弹出的快捷工具栏中选择【分组】按钮 ，完成特征的分组。选中该组合特征，对其进行阵列。阵列方式为"轴"，选取瓶身中心轴为旋转轴，设置阵列个数为 5、角度为 72°。单击【确定】按钮 ，完成阵列。单击视图控制工具条中的 着色按钮，改变显示效果，结果如图 9.2.25 所示。

9．抽壳

单击功能区【工程】区域中的【壳】按钮 ，界面顶部弹出【壳】操控板，设置厚度为 0.6，选中饮料瓶瓶口端面。如果没有显示抽壳特征，单击【设置】下的【方向】按钮 调整方向。单击操控板中的【确定】按钮 ，完成饮料瓶的抽壳，结果如图 9.2.26 所示。

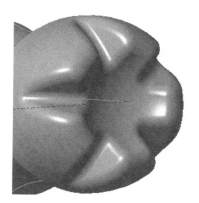
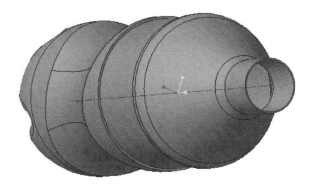

图 9.2.25   阵列扫描特征   图 9.2.26   饮料瓶抽壳

10．创建瓶口台阶

选中基准平面 FRONT 面，单击功能区【形状】区域中的【旋转】按钮 ，进入草绘模式。绘制以竖直中心线为参考的竖直旋转轴，并草绘截面轮廓，结果如图 9.2.27 所示。单击功能区【确定】按钮 ，退出草绘模式。旋转设置保持默认，单击【确定】按钮 ，完成瓶口台阶的创建，结果如图 9.2.28 所示。

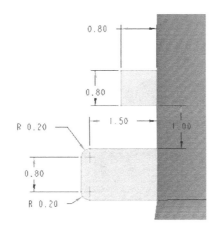

图 9.2.27　草绘的中心线和轮廓　　　　图 9.2.28　创建的瓶口台阶

11．创建螺纹

（1）单击功能区【形状】区域中【扫描】旁的倒三角，在下方选取 螺旋扫描，界面顶部弹出【螺旋扫描】操控板。

（2）草绘螺旋轴和螺旋轮廓。

单击【螺旋扫描】操控板中的【参考】按钮，弹出【参考】下滑菜单，单击【定义】按钮，并选择基准平面 FRONT 面作为草绘平面，进入草绘模式。以竖直中心轴为参考绘制螺旋轴，以瓶口轮廓边为参考绘制螺旋轮廓，如图 9.2.29 所示。单击【确定】按钮 ✔，完成扫描轮廓的创建。

（3）设置螺旋扫描参数。

在【间距值】下方输入螺纹间距为 3，其余设置保持默认。

（4）草绘扫描截面。

单击【草绘】按钮 🖊，进入草绘模式。在虚线十字交叉处草绘如图 9.2.30 所示的轮廓，单击功能区【关闭】区域中的【确定】按钮 ✔，退出草绘模式。

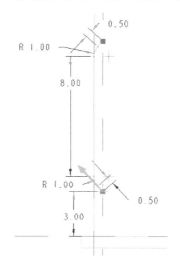

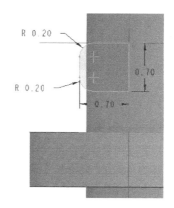

图 9.2.29　草绘的螺旋轴和螺旋轮廓　　　　图 9.2.30　草绘的轮廓

（5）单击【确定】按钮✔，完成螺纹的创建，结果如图 9.2.31 所示。

12．倒圆角

在如图 9.2.32 中箭头所指位置进行半径为 0.5 的倒圆角。

图 9.2.31　创建的螺纹

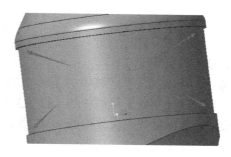

图 9.2.32　倒圆角

13．保存模型

保存当前建立的饮料瓶模型。

9.3　电熨斗的建模

如图 9.3.1 所示电熨斗模型，它是一个标准的由曲面构成的物体，通过本例，帮助读者掌握边界混合的曲面特征创建方法和运用扫描工具创建曲面物体的方法。

图 9.3.1　电熨斗模型

1．新建文件

新建文件名为"dianyundou"的零件文件。

2．草绘轨迹线

（1）草绘轨迹线 1。

单击功能区【基准】区域中的【草绘】工具🔲，选取基准平面 TOP 面为【草绘平面】、基准平面 RIGHT 面为【参考】，【方向】为右，进入草绘模式。在竖直参考线右侧沿水平参考线绘制水平直线，长度为320，如图9.3.2所示。单击功能区【关闭】区域中的【确定】按钮✓，退出草绘模式。

图9.3.2　草绘的轨迹线1

（2）草绘轨迹线2。

单击功能区【基准】区域中的【草绘】按钮，单击【使用先前的】按钮，进入草绘模式。单击功能区【草绘】区域中的【样条】按钮，以原点为起点绘制四点样条曲线，双击鼠标中键确定。标记各点尺寸如图9.3.3所示，单击功能区【关闭】区域中的【确定】按钮✓，完成轨迹线2的创建。

（3）草绘轨迹线3。

单击功能区【基准】区域中的【草绘】按钮，选取基准平面FRONT面为【草绘平面】、基准平面RIGHT面为【参考】，【方向】向右，进入草绘模式。单击功能区【草绘】区域中的【样条】按钮，以原点为起点绘制五点样条曲线，双击鼠标中键确定。标记各点尺寸如图9.3.4所示，单击功能区【关闭】区域中的【确定】按钮✓，完成轨迹线3的创建。

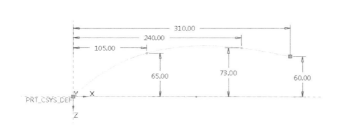

图9.3.3　轨迹线2相关尺寸

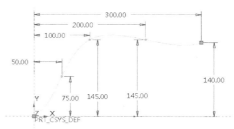

图9.3.4　轨迹线3相关尺寸

3．创建扫描曲面

（1）选择轨迹线。

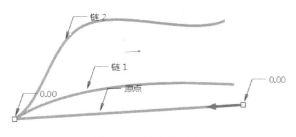

图9.3.5　轨迹线选取

单击功能区【形状】区域中的【扫描】按钮，界面顶部弹出【扫描】操控板。在其中选中扫描方式为曲面，按住<Ctrl>键依次选中之前创建的轨迹线1、轨迹线2和轨迹线3。单击轨迹线1，再单击箭头来调整方向，如图9.3.5所示。

（2）草绘扫描截面。

单击操控板中的【草绘】按钮，轨迹线2和轨迹线3上的末尾点在参考线上均以"×"的形式表示，以这两点为端点绘制圆弧，圆弧的圆心在水平参考线上，如图9.3.6所示。单击功能区【关闭】区域中的【确定】按钮✓，完成草绘。

（3）单击操控板上的【确定】按钮✓，完成扫描曲面的创建，结果如图9.3.7所示。

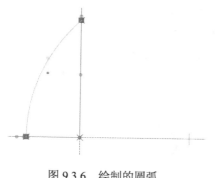

图 9.3.6　绘制的圆弧

图 9.3.7　扫描曲面

4．延伸曲面

选中扫描曲面尾部棱边，单击功能区【编辑】区域中的【延伸】按钮⬚，界面顶部弹出【延伸】操控板，在【设置】下方输入数值为 20，其余保持默认设置。单击【确定】按钮✔，完成曲面的延伸。

5．镜像曲面

选中创建的曲面，单击功能区【编辑】区域中的【镜像】按钮⬚⬚，界面顶部弹出【镜像】操控板，选择基准平面 FRONT 面为【镜像平面】，单击【确定】按钮✔，完成曲面的镜像，如图 9.3.8 所示。

图 9.3.8　曲面镜像

6．合并两侧曲面

按住<Ctrl>键，在图形区选中两曲面，单击功能区【编辑】区域中的【合并】按钮⬚，界面顶部弹出【合并】操控板，单击其中的【确定】按钮✔，完成曲面合并。

7．拉伸尾部曲面

（1）单击功能区【形状】区域中的【拉伸】按钮⬚，界面顶部弹出【拉伸】操控板，按下⬚曲面按钮，设置拉伸方式为【对称拉伸】⬚，拉伸深度为 200。单击【放置】按钮，选中基准平面 FRONT 面为【草绘平面】，进入草绘模式。

（2）以水平参考线上的曲面尾部端点为起点画斜线，高度为 150，与水平参考线夹角为 108°；再以尾部端点为椭圆中点画椭圆，椭圆长、短直径分别为 100 和 60，通过修剪多余线段得到如图 9.3.9 所示的截面。

（3）单击功能区【确定】按钮⬚，退出草绘模式。单击操控板上的【确定】按钮✔，完成尾部曲面的拉伸。

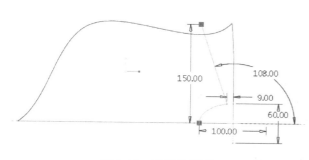

图 9.3.9　草绘的截面

8．合并尾部曲面

按住<Ctrl>键，选中模型树中的 ⬠ 合并 1 和 ⬠ 拉伸 1，单击功能区【编辑】区域中的【合并】按钮 ⬠ 合并，界面顶部弹出【合并】操控板。注意查看图形区中的两箭头方向是否正确，如不正确则单击箭头进行调整，如图 9.3.10 所示。单击【确定】按钮 ✓，完成曲面合并，如图 9.3.11 所示。

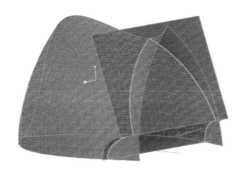
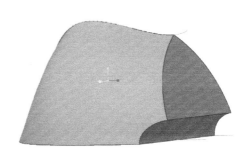

图 9.3.10　合并箭头方向　　　　　　　　图 9.3.11　曲面合并结果

9．倒圆角

单击功能区【工程】区域中的【倒圆角】按钮 ⬠ 倒圆角，界面顶部弹出【倒圆角】操控板，设置圆角半径为 15，按住<Ctrl>键选中所有棱边。单击【确定】按钮 ✓，完成倒圆角，如图 9.3.12 所示。

10．草绘椭圆

单击功能区【基准】区域中的【草绘】按钮 ⬠，选择基准平面 FRONT 面为【草绘平面】、基准平面 RIGHT 面为【参考】，【方向】向右，进入草绘模式。绘制如图 9.3.13 所示的椭圆，单击功能区【关闭】区域中的【确定】按钮 ✓，完成草绘。

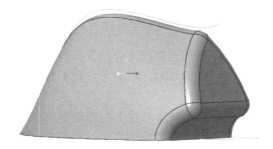

图 9.3.12　倒圆角　　　　　　　　　　图 9.3.13　草绘椭圆

11．拉伸椭圆孔

（1）单击功能区【形状】区域中的【拉伸】按钮 ⬠，界面顶部弹出【拉伸】操控板。选中【曲面】按钮 ⬠，设置拉伸方式为【对称拉伸】 ⬠，深度为 200。单击【放置】按钮，选中基准平面 FRONT 面为【草绘平面】，进入草绘模式。

（2）单击功能区【草绘】区域中的【偏移】按钮 ⬠ 偏移，弹出【类型】选项框，选择其中的【环】选项。单击图形区中草绘的椭圆，输入朝外偏移距离为 20，偏移结果如图 9.3.14 所示。

（3）单击功能区【关闭】区域中的【确定】按钮 ☑，完成草绘。单击操控板中的【移除材料】按钮 ，选择合并曲面为对象。单击【确定】按钮 ✔，完成椭圆孔的创建，如图 9.3.15 所示。

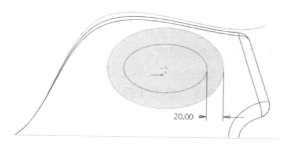

图 9.3.14　偏移草绘的椭圆

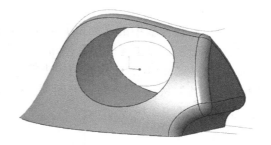

图 9.3.15　创建的椭圆孔

12.　创建平面曲线

（1）单击功能区【曲面】区域中的【样式】按钮 样式，界面顶部弹出【样式】操控板。

（2）单击其中的【曲线】按钮 ，界面顶部弹出【造型：曲线】操控板。单击【创建平面曲线】按钮 ，再单击【参考】按钮，弹出【参考】下滑面板，选择基准平面 TOP 面为参考平面，偏移值为 85，设置如图 9.3.16 所示。

（3）按住<Shift>键，依次单击选取电熨斗中部三个椭圆前端与参考平面的交汇处，绘制平面曲线如图 9.3.17 所示。

图 9.3.16　【参考】下滑面板设置

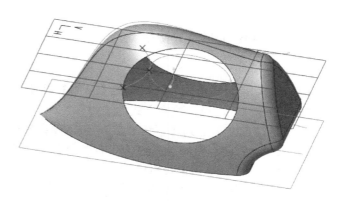

图 9.3.17　绘制的平面曲线

（4）单击【造型：曲线】操控板中的【确认】按钮 ✔，再单击【样式】操控板中的【确定】按钮 ✔，完成平面曲线的创建。

13.　创建边界混合曲面

（1）单击功能区【曲面】区域中的【边界混合】按钮 ，界面顶部弹出【边界混合】操控板。

（2）按住<Ctrl>键，依次选取电熨斗中部外侧椭圆棱边、中间椭圆曲线、内侧椭圆棱边。外侧和内侧椭圆棱边分上、下两段，在选取时需要同时按住<Ctrl>键和<Shift>键，使上下边合并为 1 条链，然后松开<Shift>键，再选取中间椭圆曲线，最终为 3 条链。

（3）选取完链后，松开<Ctrl>键，在图形区空白区域单击鼠标右键，在弹出的快捷菜单中选择【控制点】，上一步创建的平面曲线上的点会高亮显示，依次单击曲线上的三个高亮点。

（4）单击操控板中的【约束】按钮，在弹出的下滑面板中将条件设置为【相切】，设置如图 9.3.18 所示。单击【确定】按钮✔️，完成边界混合曲面的创建。

（5）按住<Ctrl>键，选中模型树中的 合并 2 和 边界混合 1，单击功能区【编辑】区域中的【合并】按钮 合并，界面顶部弹出【合并】操控板。单击【确定】按钮✔️，完成曲面合并，如图 9.3.19 所示。

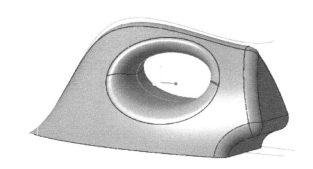

图 9.3.18 【约束】设置　　　　图 9.3.19　曲面合并

14. 创建底面

（1）单击功能区【形状】区域中的【拉伸】按钮，界面顶部弹出【拉伸】操控板，选中【曲面】按钮，设置拉伸方式为【对称拉伸】，深度为 200。单击【放置】按钮，选择基准平面 FRONT 面为【草绘平面】，进入草绘模式。

（2）以原点为起点绘制长度为 350 的水平直线，单击功能区【关闭】区域中的【确定】按钮，完成草绘。单击操控板中的【确定】按钮✔️，完成底面的创建，如图 9.3.20 所示。

（3）按住<Ctrl>键选中模型树中的 合并 3 和 拉伸 3，单击功能区【编辑】区域中的【合并】按钮 合并，界面顶部弹出【合并】操控板，查看箭头是否朝内。单击【确定】按钮✔️，完成曲面的合并，如图 9.3.21 所示。

15. 实体化

选中模型树中 合并 4，单击功能区【编辑】区域中的【实体化】按钮 实体化，界面顶部弹出【实体化】操控板。单击【确定】按钮✔️，完成实体化，此时模型的颜色会变为实体默认的灰色。

图 9.3.20　创建的底面

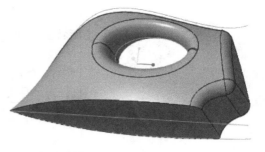

图 9.3.21　曲面的合并

16．拉伸底部

（1）单击功能区【形状】区域中的【拉伸】按钮 ，界面顶部弹出【拉伸】操控板，设置深度为 5，其余默认。单击【放置】按钮，选熨斗底面为【草绘平面】，进入草绘模式。

（2）单击功能区【草绘】区域中的【偏移】按钮 偏移，弹出【类型】选项框，选择其中的【环】选项。单击熨斗底面，输入朝内偏移距离为 10，注意偏移方向。单击功能区【草绘】区域中的【圆角】按钮 圆角，对轮廓后端倒圆角，圆角半径为 10，结果如图 9.3.22 所示。

（3）单击功能区【关闭】区域中的【确定】按钮 ，完成草绘。单击操控板中的【确定】按钮 ，完成底部拉伸，如图 9.3.23 所示。

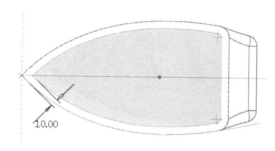

图 9.3.22　倒圆角

图 9.3.23　底部拉伸

17．保存模型

保存当前建立的电熨斗模型。

9.4　叶轮的建模

本节将以如图 9.4.1 所示叶轮模型的建模为例，帮助读者进一步熟悉边界混合工具的使用，以及投影复杂曲线、加厚曲面的方法。

1．新建文件

新建文件名为"yelun"的零件文件。

2．创建主体

（1）进入草绘模式。

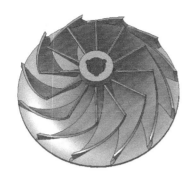

图 9.4.1　叶轮模型

选中基准平面 FRONT 面，单击功能区【形状】区域中的【旋转】按钮，进入草绘模式。

（2）草绘旋转轴和轮廓。

① 草绘旋转轴：单击功能区【基准】区域中的【中心线】按钮，以竖直中心线为参考绘制与竖直中心线重合的旋转轴。

② 草绘轮廓：绘制如图 9.4.2 所示的轮廓。单击功能区【确定】按钮，退出草绘模式。

（3）设置保持默认，单击操控板中的【确定】按钮，完成主体的创建，结果如图 9.4.3 所示。

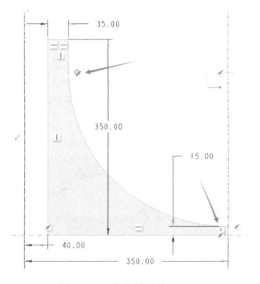

图 9.4.2　草绘的轮廓

图 9.4.3　创建的主体

3．创建参考体

（1）进入草绘模式。

选中基准平面 FRONT 面，单击功能区【形状】区域中的【旋转】按钮，进入草绘模式。

（2）草绘旋转轴和轮廓。

① 草绘旋转轴：单击功能区【基准】区域中的【中心线】按钮，以竖直中心线为参考绘制与竖直中心线重合的旋转轴。

② 草绘轮廓：绘制如图 9.4.4 所示的轮廓。单击功能区【确定】按钮，退出草绘模式。

（3）在操控板中的【参数】下方设置旋转角度为 90°，其余设置保持默认，预览效果如图 9.4.5 所示（可通过【方向】按钮调整旋转方向）。单击操控板中的【确定】按钮，完成参考体的创建。

4．创建投影曲线 1

（1）草绘曲线 1。

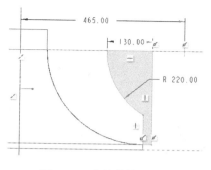

图 9.4.4　草绘的轮廓

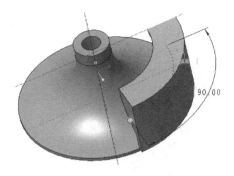

图 9.4.5　参考体预览

选中基准平面 TOP 面，单击功能区【基准】区域中的【草绘】按钮，进入草绘模式。绘制如图 9.4.6 所示样条曲线，单击功能区【确定】按钮，退出草绘模式。

（2）投影曲线 1。

在模型树中选中【草绘 1】特征，单击功能区【编辑】区域中的【投影】按钮，界面顶部弹出【投影曲线】操控板。选中如图 9.4.7 中箭头所指曲面为投影曲面，得到投影曲线，其余选项保持默认。单击操控板中的【确定】按钮，完成投影曲线 1 的创建。

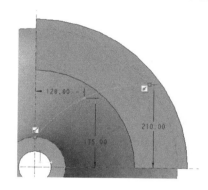

图 9.4.6　草绘的样条曲线

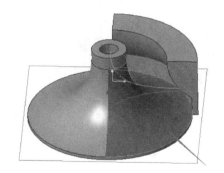

图 9.4.7　投影曲线 1

5. 创建投影曲线 2

（1）草绘曲线 2。

选中基准平面 TOP 面，单击功能区【基准】区域中的【草绘】按钮，进入草绘模式。绘制如图 9.4.8 所示样条曲线，其中箭头所指处为参考边。单击功能区【确定】按钮，退出草绘模式。

（2）投影曲线 2。

在模型树中选中【草绘 2】特征，单击功能区【编辑】区域中的【投影】按钮，界面顶部弹出【投影曲线】操控板。选中如图 9.4.9 中箭头所指曲面为投影曲面，得到投影曲线，其余选项保持默认。单击操控板中的【确定】按钮，完成投影曲线 2 的创建。

6. 草绘线段

选中如图 9.4.10 中箭头所指平面为草绘平面，单击功能区【基准】区域中的【草绘】按钮，进入草绘模式。可通过单击功能区【设置】区域中的【草绘设置】按钮，对草绘参考面进行设置。绘制如图 9.4.11 所示的线段，单击功能区【确定】按钮☑️，退出草绘模式。

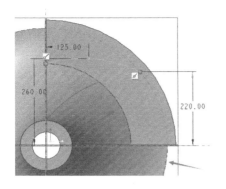

图 9.4.8　草绘的样条曲线

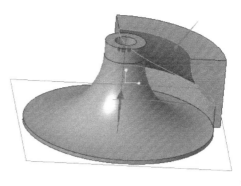

图 9.4.9　投影曲线 2

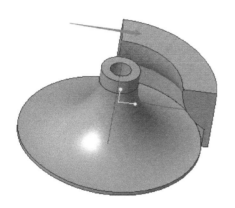

图 9.4.10　指定草绘平面

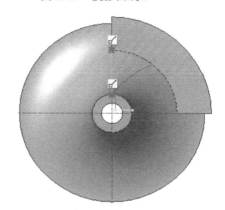

图 9.4.11　草绘线段

7．创建投影曲线 3

（1）草绘曲线 3。

单击功能区【编辑】区域中的【投影】按钮，界面顶部弹出【投影曲线】操控板。单击操控板中的【参考】按钮，弹出【参考】下滑面板，如图 9.4.12 所示。将默认选项【投影链】改为【投影草绘】，单击出现的【定义】按钮，弹出【草绘】对话框。选取基准平面 RIGHT 面为【草绘平面】、基准平面 FRONT 面为【参考】，【方向】向右。以如图 9.4.13 中箭头所指投影曲线 1 和投影曲线 2 的端点为参考绘制样条曲线，形状大致相同即可。单击功能区【确定】按钮☑️，退出草绘模式。

（2）投影曲线 3。

在【参考】下滑面板中，【曲面】选取如图 9.4.14 中箭头所指的曲面，【方向参考】选取图中箭头所指的平面，得到投影曲线，其余选项保持默认。单击操控板中的【确定】按钮✓，完成投影曲线 3 的创建。

8．移除参考体

按照步骤 3 创建参考体的方法，旋转移除参考体（在【旋转】操控板中【设置】下方选择 移除材料，完成参考体的移除），结果如图 9.4.15 所示。

图 9.4.12　【参考】下滑面板

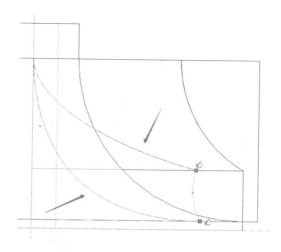

图 9.4.13　草绘的样条曲线

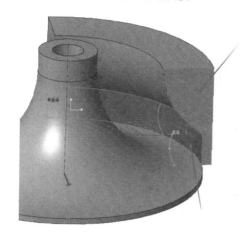

图 9.4.14　投影曲线 3 参考面

图 9.4.15　移除参考体

9．创建叶片

（1）通过边界混合命令生成曲面。

单击功能区【曲面】区域中的【边界混合】按钮，界面顶部弹出【边界混合】操控板。按住<Ctrl>键选中如图 9.4.16 中箭头所指的两条曲线为第一方向。单击操控板中【第二方向】后的选框，按住<Ctrl>键选取其余两条曲线，如图 9.4.17 所示。单击操控板中的【确定】按钮，完成曲面的生成。

（2）叶片曲面加厚。

在模型树中选中【边界混合 1】特征，单击功能区【编辑】区域中的【加厚】按钮，界面顶部弹出【加

图 9.4.16　选取第一方向两条边

厚】操控板。在操控板中【设置】下方输入厚度为 10，加厚方向朝曲面凹槽内部，预览效果如图 9.4.18 所示。

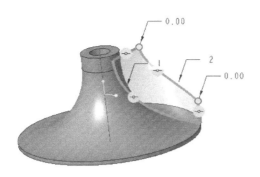

图 9.4.17　选取第二方向两条边

图 9.4.18　叶片曲面加厚预览

💡 **小提示**：使用【加厚】命令时，通过单击【方向】按钮 🔀 可以实现面的三个加厚方向的调节：朝左侧、右侧和左右对称，可通过观察箭头方向来判断左、右，此外背部颜色为绿色。

（3）倒圆角。

如图 9.4.19 所示，对叶片顶部两棱边进行半径为 5 的倒圆角。

（4）倒角。

如图 9.4.20 所示，对叶片底部内侧棱边进行参数为 10 的倒角。

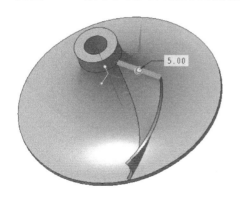

图 9.4.19　叶片倒圆角

图 9.4.20　叶片倒角

图 9.4.21　阵列叶片

（5）组合特征。

按住 <Ctrl> 键在模型树中选中【边界混合 1】、【加厚 1】、【倒圆角 1】和【倒角 1】特征。在弹出的快捷工具栏中单击【分组】按钮 🗄，完成特征分组。选中该组合特征，单击功能区【编辑】区域中的【阵列】按钮 ▦，界面顶部弹出【阵列】操控板。在操控板【选择阵列类型】下拉列表框中选择【轴】选项，以主体的旋转轴为参考，设置阵列个数为 12、角度为 30°，其余设置保持默认。单击【确定】按钮 ✔，完成叶片的阵列，结果如图 9.4.21 所示。

10. 创建连接槽

选中叶轮的顶部端面为草绘平面，单击功能区【形状】区域中的【拉伸】按钮，进入草绘模式。草绘如图 9.4.22 所示的圆，单击功能区【确定】按钮，退出草绘模式。设置拉伸深度为 150，拉伸方向朝内部，选中□移除材料，其余设置保持默认。单击【确定】按钮，完成连接槽的创建。对连接槽进行阵列，结果如图 9.4.23 所示。

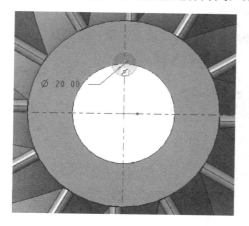

图 9.4.22　草绘的圆

图 9.4.23　阵列连接槽

11. 保存模型

保存当前建立的叶轮模型。

9.5　轮胎的建模

花纹轮胎是运输机械中常用的轮胎零部件。本例创建的花纹轮胎效果如图 9.5.1 所示。通过本例掌握利用环形折弯来创建模型的方法，掌握简单曲面拉伸、复制样本特征、曲面合成、曲面镜像、曲面旋转和曲面合成实体等操作。

1. 新建文件

新建文件名为"luntai"的零件文件。

2. 创建主体曲面

（1）进入草绘模式。

选中基准平面 TOP 面，单击功能区【形状】区域中的【拉伸】工具，进入草绘模式。

（2）草绘轮廓。

绘制关于水平和竖直中心线对称的矩形截面，如图 9.5.2 所示。单击功能区【确定】按钮，退出草绘模式。

图 9.5.1　花纹轮胎模型

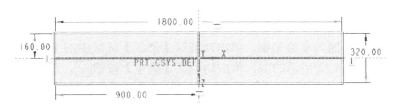

图 9.5.2　草绘的矩形截面

（3）在功能区中设置拉伸类型为  曲面、拉伸深度为 20，其余设置保持默认。单击功能区中的【确定】按钮✔，完成主体曲面的创建，结果如图 9.5.3 所示。

图 9.5.3　创建的主体曲面

3．创建凸块曲面

（1）进入草绘模式。

选中主体的上表面为草绘平面，单击功能区【形状】区域中的【拉伸】按钮，进入草绘模式。

（2）草绘轮廓。

以参考平面左上角两棱边为参考绘制如图 9.5.4 所示的矩形轮廓，单击功能区【草绘】区域中的【中心线】按钮，以水平参考线为参考绘制水平中心线。

（3）镜像轮廓。

选中矩形轮廓所有边，单击功能区【编辑】区域中的【镜像】按钮，再单击水平中心线，完成矩形轮廓的镜像。单击功能区【确定】按钮，退出草绘模式。

（4）拉伸设置。

在【拉伸】操控板中设置拉伸类型为 曲面、拉伸深度为 10，其余设置保持默认，拉伸预览如图 9.5.5 所示。单击【确定】按钮✔，完成凸块曲面的创建。

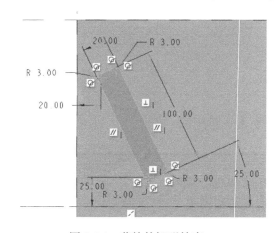

图 9.5.4　草绘的矩形轮廓

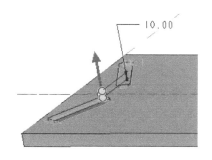

图 9.5.5　凸块曲面拉伸预览

4．阵列凸块曲面

在模型树中选中【拉伸 2】特征，单击功能区【编辑】区域中的【阵列】按钮▦，界面顶部弹出【阵列】操控板。阵列方式为默认的【方向】，选取主体的长边为参考方向。设置阵列个数为 30，间距为 59。单击【确定】按钮✔，完成凸块曲面的阵列，如图 9.5.6 所示。

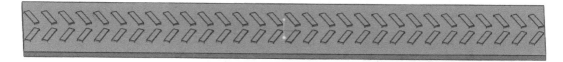

图 9.5.6　凸面曲面的阵列

5．合并主体曲面和凸块曲面

按住<Ctrl>键，在模型树中选取【拉伸 1】特征和阵列特征中的【拉伸 2[1]】特征，单击功能区【编辑】区域中的【合并】按钮⬡，界面顶部弹出【合并】操控板。通过调节箭头来合成所需结果，如图 9.5.7 所示。单击操控板中的【确定】按钮✔，完成曲面的合并，如图 9.5.8 所示。

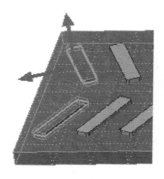

图 9.5.7　合并方向

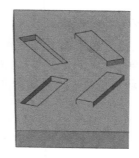

图 9.5.8　曲面合并

6．合并特征阵列

在模型树中选取【合并 1】特征，参照步骤 4 对合并特征进行阵列，设置阵列个数为 30，间距为 59，结果如图 9.5.9 所示。

图 9.5.9　合并特征的阵列

7．使用环形折弯工具成型轮胎

（1）进入草绘模式。

单击功能区【工程】按钮，在弹出的下滑面板中单击 ◌ 环形折弯，弹出【环形折弯】操控板。单击其中的【参考】按钮，弹出【参考】下滑面板，单击【轮廓截面】选框右侧的【定义】按钮，选取如图 9.5.10 中长箭头所指的主体曲面端面为【草绘平面】，进入草绘模式。

（2）草绘轮廓截面。

绘制圆心在竖直中心线上且半径为 350 的大圆，大圆顶部与主体曲面底部相切；在大圆内部绘制与大圆相切的两个小圆，直径为 40，圆心距离竖直中心线的距离为 105；小圆靠外端绘制长度为 15 的相切直线，如图 9.5.11 所示。

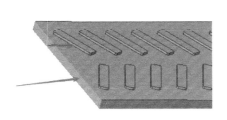

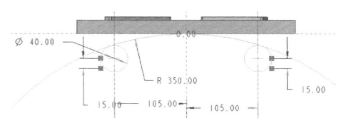

图 9.5.10　指定【草绘平面】　　　　图 9.5.11　草绘的轮廓截面

（3）修剪轮廓截面。

修剪多余线条，结果如图 9.5.12 所示，并在图中箭头所指处（即原点位置）添加坐标系（使用【基准】区域中的【坐标系】按钮 添加）。单击功能区【确定】按钮 ，退出草绘模式。

（4）设置环形折弯参数。

在【环形折弯】操控板中选择折弯方式为【360 度折弯】，单击选中合并曲面左右两个小端面，再单击操控板中的【参考】下滑面板中的【面组】选框，选取合并曲面。单击【确定】按钮 ，完成环形折弯，结果如图 9.5.13 所示。

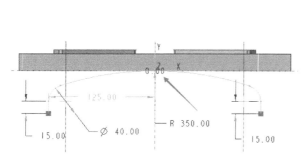

图 9.5.12　修剪后的轮廓截面　　　　图 9.5.13　成型轮胎

8．曲面实体化

在模型树中选取【环形折弯 1】特征，单击功能区【编辑】区域中的【实体化】按钮 ，界面顶部弹出【实体化】操控板。单击【确定】按钮 ，完成曲面的实体化，此时模型的颜色会变为实体默认的灰色。

9．保存文件

保存当前建立的轮胎模型。

9.6 练习题

1. 水杯的建模

创建如图 9.6.1 所示的水杯模型，先进行旋转曲面和扫描曲面的创建，合并后再实体化。
相关步骤和参数：

（1）草绘如图 9.6.2 所示的主体轮廓，设置旋转类型为曲面，旋转得到主体曲面。

图 9.6.1　水杯模型

图 9.6.2　草绘的主体轮廓

（2）草绘如图 9.6.3 所示的轨迹线，注意轮廓线两端点在主体壳内部。

（3）进入【扫描】操控板，设置扫描类型为曲面，草绘如图 9.6.4 所示的扫描截面，通过扫描操作得到把手曲面。

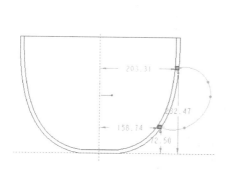

图 9.6.3　草绘的轨迹线

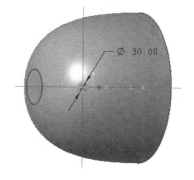

图 9.6.4　草绘的扫描截面

（4）将主体曲面和把手曲面进行合并，然后再进行实体化，此时模型颜色发生变化。

2. 螺旋桨的建模

创建如图 9.6.5 所示的螺旋桨模型。
相关步骤和参数：

（1）草绘如图 9.6.6 所示的主体轮廓，旋转得到主体。

图 9.6.5 螺旋桨模型

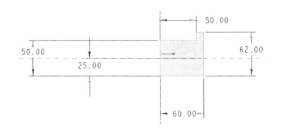

图 9.6.6 草绘主体轮廓

（2）进入【混合】操控板，草绘如图 9.6.7 所示的截面 1，草绘如图 9.6.8 所示与截面 1 偏距 15°的截面 2，草绘如图 9.6.9 所示与截面 2 偏距 30°的截面 3，混合得到叶片。

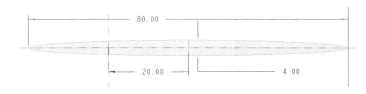

图 9.6.7 草绘的截面 1

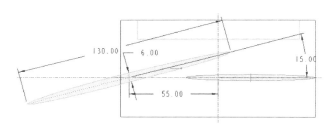

图 9.6.8 草绘的截面 2

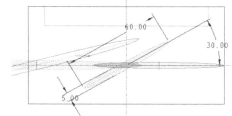

图 9.6.9 草绘的截面 3

（3）如图 9.6.10 所示草绘样条曲线，拉伸得到曲面。将曲面和叶片进行合并，再进行实体化。

（4）草绘如图 9.6.11 所示的连接孔槽截面，拉伸得到连接孔槽。

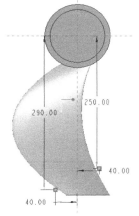

图 9.6.10 草绘样条曲线

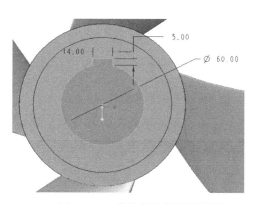

图 9.6.11 草绘的连接孔槽截面

（5）进行倒圆角。

第**10**章

模型的测量与分析

10.1 模型的测量与分析命令简介

模型的测量与分析是指对零件和装配模型进行相关参数的测量和相关性能的分析，其中模型分析允许执行四种不同类型的模型计算，具体是：行为建模、模型检查、公差分析和设计编辑。

1.【分析】选项卡

单击功能区【分析】选项卡界面，如图 10.1.1 所示。

图 10.1.1 【分析】选项卡

2.【分析】选项卡主要命令按钮简介

1)【测量】和【检查几何】区域

（1）【测量】相关命令。

涉及【测量】的相关命令包括：长度、距离、角度、直径、面积、体积等内容，可用于对模型上的相关特征进行参数测量，特别适用于位置特殊、关系复杂的特征间的参数测量。

（2）【检查几何】相关命令。

涉及【检查几何】的相关命令包括：几何报告、拔模斜度、构建方向、配合间隙、网格化曲面、二面角、曲率等内容，可用于模型上不同特征属性和参数的测量，能快速得到复杂特征的相关测量结果。

2)【设计研究】区域

（1）【公差分析】按钮 $\pm.01$：利用公差分析可以快速地执行与 Creo Parametric 零件尺寸关联的一维公差累积分析。执行公差分析时，有两种有本质区别的分析工具来预测装配测量偏差：最坏情况分析与统计分析。

（2）【敏感度分析】按钮：敏感度分析可以用来分析模型尺寸或独立模型参数在指定范围内改变时，多种测量参数的变化方式。每一个选定的参数得到一个图形，把参数值显示为尺寸函数。

（3）【可行性/优化】按钮：可行性和优化研究可以使系统计算尺寸值，这些尺寸值使得模型能够满足某些用户的指定约束。

在可行性研究中，需要做下列属性定义：

- 一组要改变的模型尺寸；
- 每一个尺寸的改变范围；

- 设计要满足的一组约束。

优化研究除了能够指定可行性研究的参数，还能够指定目标函数。在优化研究中，需要作下列属性定义：

- 一组要改变的尺寸；
- 每一个尺寸的改变范围；
- 设计要满足的一组约束；
- 要优化的目标函数（最大化或最小化）。

（4）【统计设计研究】按钮：统计设计研究允许用户将统计分布分配给属于设计变量的尺寸和参数以及属于"多目标设计研究 （MODS）"的设计目标的参数。

（5）【Simulate 分析】按钮：运行 Creo Simulate 中先前定义过的结构分析和热分析。

（6）【运动分析】按钮：在后续装配建模中出现，用以得到运动参数关系和运动包络图形。

（7）【间隙和漏电距离分析】按钮：在后续装配建模中出现，用以将间隙或漏电距离的测量值与间隙或漏电距离的指定阈值进行比较。其中，间隙是两个传导元件之间的电气隔离，而漏电距离指的是通过非传导元件曲面的导电性。

10.2　常规测量

1．导入零件模型

将第 3 章 3.2 节中的"dizuo"零件导入到 Creo Parametric 中。

2．显示测量工具与测量设置

1）【测量：汇总】快捷工具栏的显示和调整

（1）单击功能区【分析】选项卡【测量】区域中的【测量】按钮，弹出【测量：汇总】快捷工具栏，如图 10.2.1 所示。

图 10.2.1　【测量：汇总】快捷工具栏

（2）单击【测量：汇总】快捷工具栏最右端的 按钮，会在下方出现【设置】和【结果】字样，进一步单击各字样前方的 按钮则完全展开快捷工具栏，成为【测量：汇总】对话框，如图 10.2.2 所示。

图 10.2.2 【测量：汇总】对话框

💡 **小提示**：单击功能区【测量】区域中【测量】按钮 ✏下方的倒三角，在下滑面板中选取所需命令也会弹出对应的测量快捷工具栏。

2）测量设置

单击【测量：汇总】对话框上【结果】区域中的【打开选项对话框】按钮 ⊟，弹出【选项】对话框，如图 10.2.3 所示。在该对话框中可对测量参数单位和面板布局等相关内容进行设置，此处设置保持默认。

图 10.2.3 【选项】对话框

3．测量长度

1）测量直线长度

单击【测量：汇总】快捷工具栏中的【长度】按钮 〰，选择如图 10.2.4 所示的模型上一条直线棱边，测量结果在图形区和【测量：汇总】对话框中同时显示，【测量：汇总】对话框中的显示结果如图 10.2.5 所示。

图 10.2.4　测量直线长度

图 10.2.5　【测量：汇总】对话框中显示测量结果

小提示：按住<Ctrl>键，同时选择多个特征，可以在【测量：汇总】对话框中显示所有特征的测量结果。

2）测量圆弧长度

选择模型上的一条圆弧，测得该圆弧的长度，如图 10.2.6 所示。

3）测量周长

选择模型上的一个面，测得该面的周长，如图 10.2.7 所示。

图 10.2.6　测量圆弧长度

图 10.2.7　测量周长

4．测量距离

1）测量点到点的距离

单击【测量：汇总】快捷工具栏中的【距离】按钮 ，按住<Ctrl>键选择如图 10.2.8 所示的模型上的两点，测量结果在图形区和【测量：距离】对话框中同时显示，【测量：距离】对话框中的显示结果如图 10.2.9 所示。

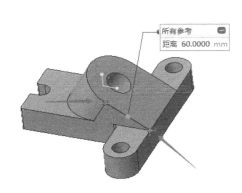

图 10.2.8　测量点到点的距离　　　　　　图 10.2.9　【测量：距离】对话框中显示测量结果

2）测量线到线的距离

按住<Ctrl>键选择如图 10.2.10 所示的模型上的两条边，测得线到线的距离。

 小提示：线与线之间的距离为两条线上临近点之间的距离

3）测量点到线的距离

按住<Ctrl>键选择如图 10.2.11 所示的模型上的一个点和一条边，测得点到线的距离。

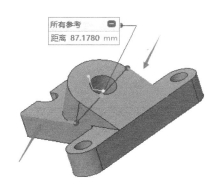

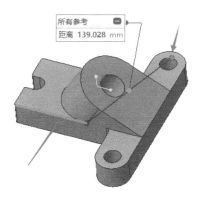

图 10.2.10　测量线到线的距离　　　　　　图 10.2.11　测量点到线的距离

4）测量面到面的距离

按住<Ctrl>键选择如图 10.2.12 所示的模型上的两个面，测得面到面的距离。

5）测量点到面的距离

按住<Ctrl>键选择如图 10.2.13 所示的模型上的一个点和一个面，测得点到面的距离。

图 10.2.12　测量面到面的距离　　　　　图 10.2.13　测量点到面的距离

5．测量角度

1）测量线与线间的角度

单击【测量：汇总】快捷工具栏中的【角度】按钮，选择如图 10.2.14 所示的模型上两条棱边，测量结果在图形区和【测量：角度】对话框中同时显示，【测量：角度】对话框中的显示结果如图 10.2.15 所示。

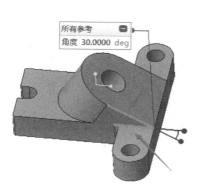

图 10.2.14　测量线与线间的角度　　　　图 10.2.15　【测量：角度】对话框中显示测量结果

2）测量线与面间的角度

按住<Ctrl>键选择如图 10.2.16 所示的模型上的一条边和一个面，测得线与面间的角度。

3）测量面与面间的角度

按住<Ctrl>键选择如图 10.2.17 所示的模型上的两个面，测得面与面间的角度。

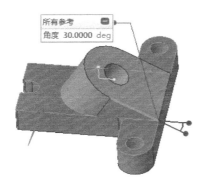

图 10.2.16　测量线与面间的角度

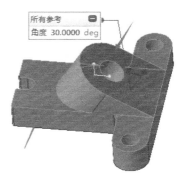

图 10.2.17　测量面与面间的角度

6. 测量直径

单击【测量：汇总】快捷工具栏中的【直径】按钮 ⟨⟩，选择如图 10.2.18 所示的模型上的一条圆弧，测量结果在图形区和【测量：直径】对话框中同时显示，【测量：直径】对话框中的显示结果如图 10.2.19 所示。

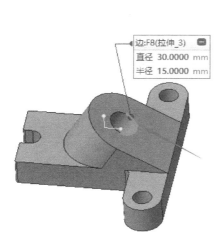

图 10.2.18　测量直径

图 10.2.19　【测量：直径】对话框中显示测量结果

7. 测量面积

单击【测量：汇总】快捷工具栏中的【面积】按钮 ⊠，选择如图 10.2.20 所示的模型上的一个面，测量结果在图形区和【测量：面积】对话框中同时显示，【测量：面积】对话框中的显示结果如图 10.2.21 所示。

图 10.2.20　测量面积

图 10.2.21　【测量：面积】对话框中显示测量结果

8．综合测量

单击【测量：汇总】快捷工具栏中的【测量】按钮 ，选择如图 10.2.22 所示的模型上一个面，测量结果在图形区和【测量：汇总】对话框中同时显示，【测量：汇总】对话框中显示结果如图 10.2.23 所示。综合测量能显示关于该特征的主要信息，当然也可按住<Ctrl>键进行点、线、面之间相关参数的综合测量。

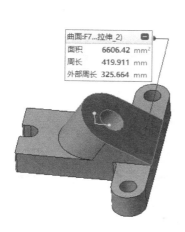

图 10.2.22　综合测量

图 10.2.23　【测量：汇总】对话框中显示测量结果

9. 保存数据

单击【测量：汇总】对话框中的【保存】按钮，可以选择【生成特征】或【保存分析】选项来对数据进行保存。如果选取【生成特征】选项，则在模型树中生成相应的测量参数特征；如果选取【保存分析】选项，则可在功能区【管理】区域中查看和处理保存的数据。

10.3 质量属性测量

1. 导入零件模型

导入和 10.2 节相同的 "dizuo" 零件。

2. 测量质量属性

单击功能区【分析】选项卡【模型报告】区域中的【质量属性】按钮 ，弹出【质量属性】对话框，如图 10.3.1 所示。测量质量属性时，一般是针对【实体几何】进行的，如果选择【面组】则必须是封闭面组，此处保持默认设置。在模型树中选取原坐标系 "DEFAULT_CSYS"，则在对话框中显示出整个模型的相关信息，结果如图 10.3.2 所示，拖动对话框中的滚动条能查看更多的信息。

图 10.3.1 【质量属性】对话框

图 10.3.2 结果显示

3. 保存数据

在【质量属性】对话框左下方单击【快速】按钮旁的倒三角，此时多出【已保存】和【特征】两个选项。以上三个选项的区别在于【快速】选项将在该对话框中临时显示结果数据；【已保存】选项将结果数据保存在后台，后续可调用；【特征】选项将结果数据以特征的形式保存在模型树中。此处选择【已保存】方式，文件名保持默认，单击【质量属性】对话框下的【确定】按钮。

4．查看保存数据

单击功能区【管理】区域中的【已保存分析】按钮 💾，弹出【已保存分析】对话框，双击其中对应的文件名，弹出【质量属性】对话框进行数据查看。

5．处理保存数据

删除数据可在上一步骤中的【已保存分析】对话框中进行。此外单击功能区【管理】区域中的倒三角，出现的下滑面板中的【全部删除】和【全部隐藏】选项可对所有保存数据进行批量处理。

10.4　练习题

对如图 10.4.1 所示的基座模型进行常规测量和质量属性测量。

图 10.4.1　基座模型

第11章

产品装配

11.1　装配功能简介

Creo Parametric 6.0 的装配功能允许将零件和子装配以一定的装配关系放置在一起以形成装配体，即机器或部件。用户可以在装配模式下添加和创建零部件，也可以阵列元件、镜像装配、替换元件等。在装配模式下，产品的全部或部分结构一目了然。这有助于用户检查各零件之间的关系和干涉问题，从而更好地把握产品细节结构，进行优化设计。

1. 创建装配体的方法

（1）单击【文件】|【新建】命令，弹出【新建】对话框，在【类型】选项中选择【装配】单选按钮，在【子类型】选项中选择【设计】单选按钮，并在【名称】文本框中定义即将创建的装配体的名称（也可以保持默认名称），取消勾选【使用默认模板】选项，如图 11.1.1 所示。

（2）单击【新建】对话框中的【确定】按钮，弹出【新文件选项】对话框。一般而言，应该在【模板】选项中选择"mmns_asm_design"，如图 11.1.2 所示。其中"mmns"中的"mm"代表单位"毫米"，"n"代表单位"牛顿"，"s"代表单位"秒"，用户也可以根据自己的需求选择其他选项。模板选择完毕后，单击【确定】按钮正式进入装配环境的工作界面，其功能区如图 11.1.3 所示。

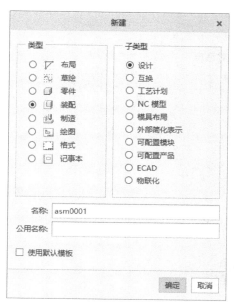

图 11.1.1　【新建】对话框

图 11.1.2　【新文件选项】对话框

图 11.1.3　装配环境下的功能区

（3）单击【模型】选项卡中【元件】区域的【组装】按钮，弹出如图 11.1.4 所示的【文件打开】对话框。

（4）在【文件打开】对话框中选择要装入的元件，用户可以通过单击右下角的【预览】按钮打开如图 11.1.5 所示的预览区，预览即将调入装配环境的模型。在预览区中用户可以通过鼠标中键旋转或拖拽模型。

图 11.1.4 【文件打开】对话框

图 11.1.5 打开预览区

单击【打开】按钮，将选中的模型加载到装配环境中。图形区出现调入的元件，并弹出如图 11.1.6 所示的【元件放置】操控板。

图 11.1.6　【元件放置】操控板

一个模型在空间中存在 6 个自由度，因此，在模型被调入图形区后会出现如图 11.1.7 所示的 3D 拖动器控件。其中三个环分别控制模型在三个方向上的旋转，三个箭头分别控制模型在三个方向上的平移。用户操作的时候只需要拖拽相应的环或者箭头即可。单击【元件放置】操控板上的【3D 拖动器】按钮可以切换 3D 拖动器的显示与隐藏。

（5）单击【元件放置】操控板中的【放置】按钮，弹出【放置】下滑面板，如图 11.1.8 所示。

图 11.1.7　3D 拖动器控件　　　　　图 11.1.8　【放置】下滑面板

在【放置】下滑面板中，左侧区域表示的是约束集，用于创建和管理零件或子装配与其他参考项的装配关系。【约束类型】下拉列表框中包括自动、距离、角度偏移、平行、重合、法向、共面、居中、相切、固定、默认十一种约束类型，使用者可以根据自己的需要进行选择。【偏移】文本框用于用户对某些特定的约束类型设置指定的参数，例如，"距离"约束类型就需要输入与参考之间的距离值，"角度偏移"约束类型需要输入与参考之间的角度值。

一般而言，用户在装配一个零件时往往需要进行多次约束操作。在完成一次零件约束后，若还需添加新的约束，单击【新建约束】，即可继续创建新的约束条件，直到完全约束或约束满足用户需求，单击【确定】按钮，完成本次零件的装配。

小提示：若用户在装配过程中需要对之前的装配关系进行修改，可以在模型树或图形区中选中要修改装配关系的模型，在弹出的浮动工具栏中单击【编辑定义】按钮，此时用户便可以对该模型进行装配关系的修改了。

2．约束类型

模型的装配实质上就是对模型的 6 个自由度进行约束控制的过程。针对这 6 个自由度，Creo 提供了如下约束类型：

- 【自动】约束：元件参考相对于装配参考自动放置。
- 【距离】约束：元件参考与装配参考以指定距离放置。

- 【角度偏移】约束 ⊿：元件参考与装配参考成一定角度，即元件参考与装配参考以指定角度放置。
- 【平行】约束 ⫽：元件参考定向至装配参考，即元件参考平行于装配参考。
- 【重合】约束 ⊥：元件参考与装配参考重合。
- 【法向】约束 ⊾：元件参考与装配参考垂直。
- 【共面】约束 ◇：元件参考与装配参考共面。
- 【居中】约束 ◎：元件参考与装配参考同心。
- 【相切】约束 ⊘：元件参考与装配参考相切。
- 【固定】约束 ⊡：将元件固定到当前位置。用户可以在使用 3D 拖动器将元件放置到指定位置后，使用【固定】约束将该元件进行固定。另外，固定约束完全限制了模型的 6 个自由度，因此，被固定约束的元件处于完全约束状态。
- 【默认】约束 回：在默认位置组装元件。即将元件上的默认坐标系与装配环境中的默认坐标系对齐，一般在装配环境中装入第一个元件时使用该约束。

为了使读者方便理解各约束的使用，下面结合图例对常用的几种约束进行说明。

1）【距离】约束

【距离】约束是指元件参考和装配参考具有指定的距离值的位置关系。【距离】约束可以是点、线和面三种参考之间两两的相互关系。同时，【距离】约束的距离值可以为"0"，当距离为"0"时，两参考重合。图 11.1.9 所示的是两平面参考的距离值为"30"时的【距离】约束。

2）【角度偏移】约束

【角度偏移】是指元件参考与装配参考之间成角度关系，并具有指定的角度值。【角度偏移】适用的参考对象为线和面。同样地，若指定的角度值为"0"时，两参考平行。图 11.1.10 所示的是两参考面的角度值为"30"时的【角度偏移】约束。

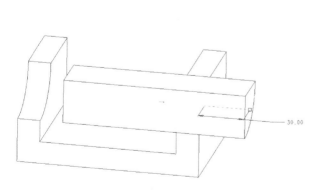

图 11.1.9 【距离】约束

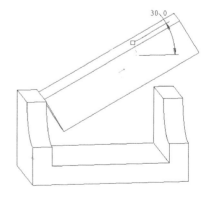

图 11.1.10 【角度偏移】约束

3）【重合】约束

【重合】约束是指元件参考与装配参考之间成重合关系，同样地适用于设置点、线和面之间的两两关系。图 11.1.11～图 11.1.14 所示的是几种常见的重合关系。

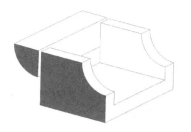

图 11.1.11　两平面的重合关系

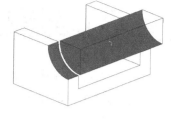

图 11.1.12　两曲面的重合关系

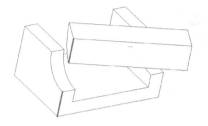

图 11.1.13　两直线的重合关系

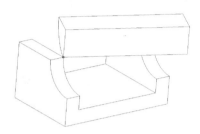

图 11.1.14　两点的重合关系

当然,【重合】约束并不局限于上述四种,也可以是点与面、点与线、线与面等组合形式,用户可以根据需求自由搭配。

4)【相切】约束

【相切】约束是指元件参考与装配参考相切,如图 11.1.15 所示。

3. 元件编辑

一个装配体完成后,可以对装配体中的任何元件,包括零件和次组件进行打开、编辑定义等操作。

在模型树或图形区中单击选中要操作的模型,在如图 11.1.16 所示的浮动工具栏中,单击【激活】按钮◇,即激活当前装配体中的选定模型(此处以单击模型树中模型为例)。此时用户可以对已经激活的模型进行编辑操作,同时可以在装配关系下参考其他的模型特征辅助进行编辑,操作完成后激活总装配体,回到装配环境;在如图 11.1.16 所示的浮动工具栏中,单击【打开】按钮🗁,即在一个新的零件/装配环境中打开零件/子装配模型,用户可以对其进行相应的操作;单击【编辑定义】按钮🖌,即打开该模型的【元件放置】操控板,此时用户可以对该模型的约束进行修改、删除或新增。

图 11.1.15　【相切】约束

图 11.1.16　浮动工具栏

11.2 轴承座的装配

本例将把如图 11.2.1 所示的零件装配在一起。注意，该实例目的是向读者演示装配过程和方法，因此零件建模方式和部分细节特征就不在此处详细介绍了。

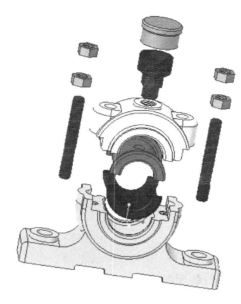

图 11.2.1　轴承座零件

1．新建文件

单击快速访问工具栏中的【新建】按钮🗋，弹出【新建】对话框。在【类型】选项组中选中【装配】单选按钮，【子类型】选项组中选中【设计】单选按钮，在【名称】文本框中输入文件名称"轴承座"，取消勾选【使用默认模板】选项。单击【确定】按钮打开【新文件选项】对话框，选择【模板】为"mmns_asm_design"，单击【确定】按钮，进入装配环境。

> 💡 **小提示**：Creo 高版本已经可以使用中文命名，但是为了避免在后续使用模型中出错，或者在低版本中打开，前面模型均使用英文命名。本章节和后续部分章节会使用中文命名以方便区分多个零件。

2．装配轴承底座

单击【模型】选项卡【元件】区域中的【组装】按钮🗗，弹出【打开】对话框，选择"轴承底座"文件夹，选中其中的"轴承底座.prt"，单击【打开】按钮或直接双击该文件，调入装配环境中。界面顶部弹出【元件放置】操控板，在操控板【放置】下滑面板中单击【约束类型】下拉列表框，选择其中的 🔒 固定选项。单击操控板中的【确定】按钮✔，完成轴承底座的装配，结果如图 11.2.2 所示。

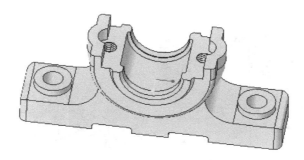

图 11.2.2　装配轴承底座

3．装配下滑套

（1）调入模型。

单击【模型】选项卡【元件】区域中的【组装】按钮，调入"下滑套.prt"。

（2）设置显示方式和放置方式。

单击【元件放置】操控板上如图 11.2.3 中箭头所指的【单独窗口显示】按钮，会在界面中弹出一个单独控制调入模型的显示窗口，通过此窗口可以方便选取零件的细节。

图 11.2.3　【单独窗口显示】按钮

单击操控板中的【放置】按钮，弹出【放置】下滑面板，如图 11.2.4 所示，通过此下滑面板可以详细调节放置方式。

（3）设置约束 1。

依次选中如图 11.2.5 所示下滑套的内侧端面和轴承座端面，在【放置】下滑面板中将【约束类型】改为【重合】。

图 11.2.4　【放置】下滑面板

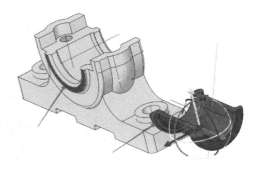

图 11.2.5　约束 1 参考

（4）设置约束 2。

单击【放置】下滑面板中的【新建约束】，依次选中如图 11.2.6 所示的下滑套平面和轴承座平面，在【放置】下滑面板中将【约束类型】改为【重合】。

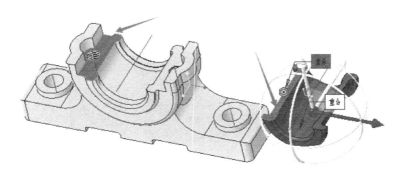

图 11.2.6   约束 2 参考

> 💡 **小提示**：每完成一步装配，都需要在【放置】下滑面板中单击【新建约束】，不然会出现在上一步装配中执行新约束的情况，致使上一步建立的约束被替换。

（5）设置约束 3。

单击【放置】下滑面板中的【新建约束】，依次选中如图 11.2.7 所示下滑套的中心轴和轴承座的中心轴，在【放置】下滑面板中将【约束类型】改为【重合】。

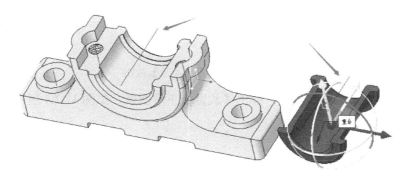

图 11.2.7   约束 3 参考

（6）单击【元件放置】操控板上的【确定】按钮✓，完成下滑套的装配，结果如图 11.2.8 所示。

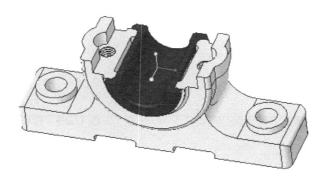

图 11.2.8   装配下滑套

4．装配上滑套

（1）调入模型。

单击【模型】选项卡【元件】区域中的【组装】按钮，调入"上滑套.prt"。

（2）指定约束。

依次选中图 11.2.9 和图 11.2.10 中指定的参考（一对中心轴、一堆平面和一对端面）作为匹配对象进行三个约束。【约束类型】均为【重合】，如果方向不对可通过单击【放置】下滑面板中的【反向】按钮调整。

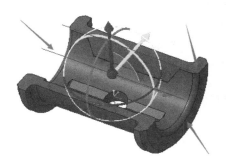

图 11.2.9　上滑套模型上的约束参考

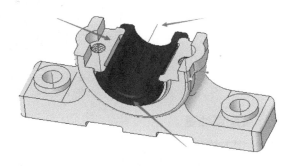

图 11.2.10　已装配模型上的约束参考

（3）单击【元件放置】操控板上的【确定】按钮，完成上滑套的装配，结果如图 11.2.11 所示。

5．装配轴承盖

（1）调入模型。

单击【模型】选项卡【元件】区域中的【组装】按钮，调入"轴承盖.prt"。

（2）指定约束。

依次选中图 11.2.12 和图 11.2.13 中指定的参

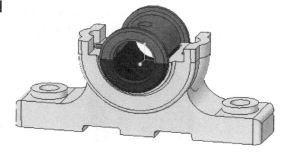

图 11.2.11　装配上滑套

考（两对中心轴和一对平面）作为匹配对象进行三个约束。【约束类型】均为【重合】，如果方向不对可通过单击【放置】下滑面板中的【反向】按钮调整。

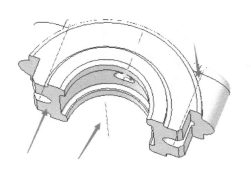

图 11.2.12　轴承盖模型上的约束参考

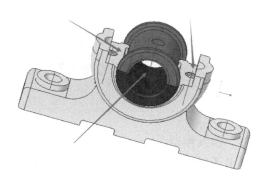

图 11.2.13　已装配模型上的约束参考

（3）单击【元件放置】操控板上的【确定】按钮☑，完成轴承盖的装配，结果如图 11.2.14 所示。

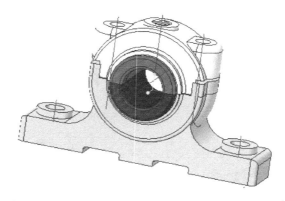

图 11.2.14   装配轴承盖

6．装配漏油塞

（1）调入模型。

单击【模型】选项卡【元件】区域中的【组装】按钮🗐，调入"漏油塞.prt"。

（2）指定约束。

依次选中图 11.2.15 和图 11.2.16 中指定的参考（一对中心轴和一对端面）作为匹配对象进行两个约束。【约束类型】均为【重合】，如果方向不对可通过单击【放置】下滑面板中的【反向】按钮调整。

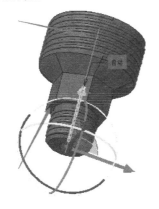

图 11.2.15   漏油塞模型上的约束参考

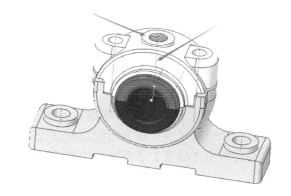

图 11.2.16   已装配模型上的约束参考

（3）单击【元件放置】操控板上的【确定】按钮☑，完成漏油塞的装配，结果如图 11.2.17 所示。

7．装配盖体

（1）调入模型。

单击【模型】选项卡【元件】区域中的【组装】按钮🗐，调入"盖体.prt"。

（2）指定约束。

依次选中图 11.2.18 和图 11.2.19 中指定的参考（一对端面和一对中心轴）作为匹配对象

进行两个约束。【约束类型】均为【重合】，如果方向不对可通过单击【放置】下滑面板中的【反向】按钮调整。

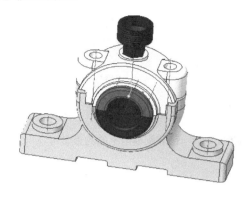

图 11.2.17　装配漏油塞

图 11.2.18　盖体模型上的约束参考

（3）单击【元件放置】操控板上的【确定】按钮☑，完成盖体的装配，结果如图 11.2.20 所示。

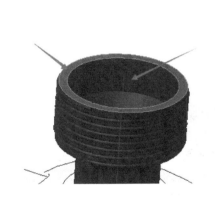

图 11.2.19　已装配模型上的约束参考

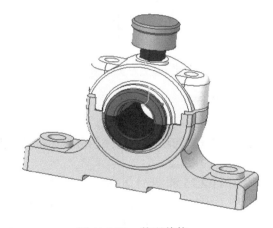

图 11.2.20　装配盖体

8．装配双头螺栓

（1）调入模型。

单击【模型】选项卡【元件】区域中的【组装】按钮⤵，调入"双头螺栓.prt"。

（2）指定约束。

选中模型树中的轴承盖，在弹出的浮动工具栏中选中【隐藏】按钮👁，将轴承盖隐藏。选用图 11.2.21 和图 11.2.22 中指定的参考作为匹配对象：双头螺栓上为基准平面和中心轴，已装配模型上为轴承底座上平面和中心轴，进行两个约束。【约束类型】均为【重合】，如果方向不对可通过单击【放置】下滑面板中的【反向】按钮调整。

（3）单击【元件放置】操控板上的【确定】按钮☑，完成双头螺栓的装配，取消轴承盖的隐藏后的模型如图 11.2.23 所示。按上述方式装配另一端的双头螺栓，结果如图 11.2.24 所示。

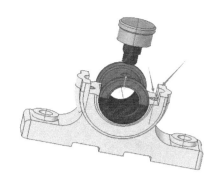

图 11.2.21　双头螺栓模型上的约束参考　　　　图 11.2.22　已装配模型上的约束参考

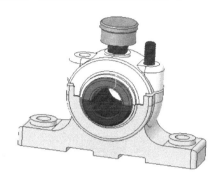

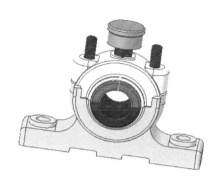

图 11.2.23　装配双头螺栓 1　　　　　　　图 11.2.24　装配双头螺栓 2

9.　装配螺母

（1）调入模型。

单击【模型】选项卡【元件】区域中的【组装】按钮，调入"螺母.prt"。

（2）指定约束。

选用图 11.2.25 和图 11.2.26 中指定的参考作为匹配对象：螺母上为底部端面和中心轴，已装配模型上为轴承盖上部平面和中心轴，进行两个约束。【约束类型】均为【重合】，如果方向不对可通过单击【放置】下滑面板中的【反向】按钮调整。

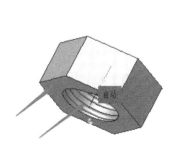

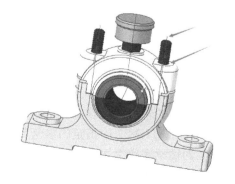

图 11.2.25　螺母模型上的约束参考　　　　图 11.2.26　已装配模型上的约束参考

（3）单击【元件放置】操控板上的【确定】按钮，完成螺母装配，结果如图 11.2.27 所示。按上述方法装配另外三个螺母，结果如图 11.2.28 所示。

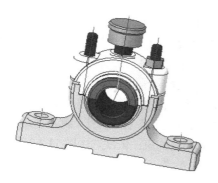
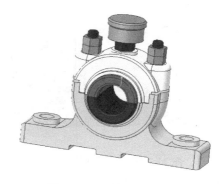

图 11.2.27　装配螺母　　　　　　　图 11.2.28　装配螺母完成

10．保存文件

保存当前建立的轴承座装配模型。

11.3　二级减速器的装配

本实例将完成如图 11.3.1 所示的二级减速器的装配。其装配过程依次为：装配箱座及配件、装配输入部件、装配传动部件、装配输出部件、总装配。

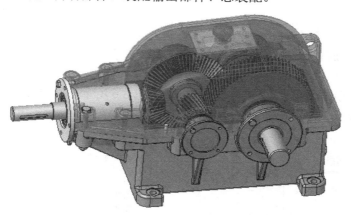

图 11.3.1　二级减速器装配模型

1．新建文件

单击快速访问工具栏中的【新建】按钮，取消勾选【使用默认模板】选项，其余设置保持默认，新建文件名称为"二级减速器"的装配文件。

2．装配箱座及配件

（1）装配箱座。

单击【模型】选项卡【元件】区域中的【组装】按钮，弹出【打开】对话框，选择"二级减速器"文件夹，选中其中的"箱座.prt"，单击【打开】按钮或者直接双击该文件，调入装配环境中。界面顶部弹出【元件放置】操控板，在操控板【放置】下滑面板中单击【约束

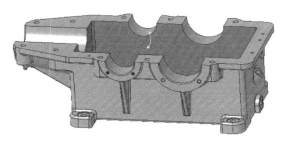

类型】下拉列表框，选择其中的 固定选项。
单击操控板中的【确定】按钮√，完成箱座的
装配，结果如图 11.3.2 所示。

（2）装配端盖。

① 调入模型：单击【模型】选项卡【元件】
区域中的【组装】按钮，调入"端盖.prt"。

② 指定约束：依次选中图 11.3.3 和图 11.3.4
中指定的参考（一对中心轴、一对孔中心轴和

图 11.3.2　装配箱座

一对端面）作为匹配对象进行三个约束。【约束类型】均为【重合】，如果方向不对可通过单
击【放置】下滑面板中的【反向】按钮调整。

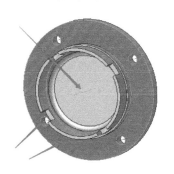

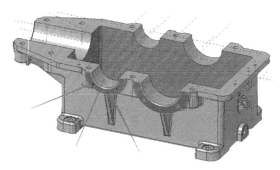

图 11.3.3　端盖模型上的约束参考　　　　　　　　图 11.3.4　箱座模型上的约束参考

③ 单击【元件放置】操控板上的【确定】按钮√，完成端盖 1 的装配，结果如图 11.3.5
所示。

④ 按上述方式装配端盖 2～端盖 4，结果如图 11.3.6 所示。其中端盖 2 为上述端盖 1 的
对侧端盖，端盖 3 为无开孔大端盖，端盖 4 为有开孔大端盖。

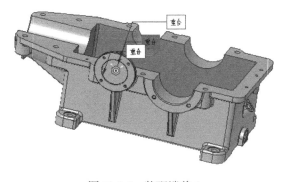

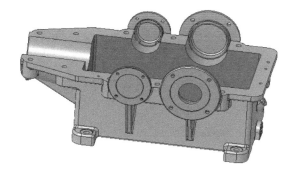

图 11.3.5　装配端盖 1　　　　　　　　　　　　图 11.3.6　装配其余端盖

（3）装配油标和油塞。

① 调入模型：单击【模型】选项卡【元件】区域中的【组装】按钮，调入"油标.prt"。

② 指定约束：依次选中图 11.3.7 和图 11.3.8 中指定的参考（一对中心轴和一对端面）作
为匹配对象进行两个约束。【约束类型】均为【重合】，如果方向不对可通过单击【放置】下
滑面板中的【反向】按钮调整。

图 11.3.7　油标模型上的约束参考

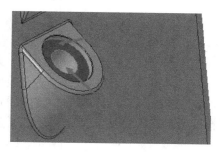

图 11.3.8　已装配模型上的约束参考

③ 单击【元件放置】操控板上的【确定】按钮✓，完成油标的装配。按上述方式装配油塞，结果如图 11.3.9 所示。

④ 单击界面顶部快速访问工具栏中的【保存】按钮🖫，保存当前装配。对各输入、传动和输出部件进行装配后再调入该装配中进行整体装配，这样可以避免在同一个装配中零件繁多、操作不方便的问题。

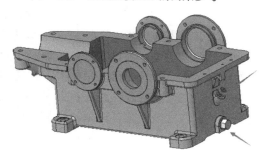

图 11.3.9　装配油标和油塞

3．装配输入部件

（1）新建文件。

单击快速访问工具栏中的【新建】按钮📄，取消勾选【使用默认模板】选项，其余设置保持默认，新建文件名称为"输入部件"的装配文件。

（2）装配轴 1。

单击【模型】选项卡【元件】区域中的【组装】按钮🖳，调入"轴 1.prt"。界面顶部弹出【元件放置】操控板，在操控板【放置】下滑面板中单击【约束类型】下拉列表框，选择其中的🔧 固定选项。单击【元件放置】操控板上的【确定】按钮✓，完成轴 1 的放置。

（3）装配挡油圈 1。

① 调入模型：单击【模型】选项卡【元件】区域中的【组装】按钮🖳，调入"挡油圈 1.prt"。

② 指定约束：依次选中图 11.3.10 和图 11.3.11 中指定的参考（一对中心轴和一对端面）作为匹配对象进行两个约束。【约束类型】均为【重合】，如果方向不对可通过单击【放置】下滑面板中的【反向】按钮调整。

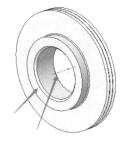

图 11.3.10　挡油圈 1 模型上的约束参考

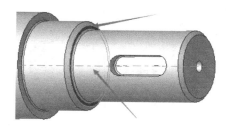

图 11.3.11　已装配模型上的约束参考

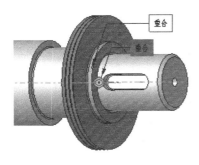

图 11.3.12 装配挡油圈 1

③ 单击【元件放置】操控板上的【确定】按钮✓，完成挡油圈 1 的装配，结果如图 11.3.12 所示。

（4）允许假设设置和完全约束判断。

在模型树中选取零件【挡油圈 1】，弹出浮动工具栏，选中【编辑定义】按钮📝，进入【元件放置】界面。单击操控板上的【放置】按钮，弹出【放置】下滑面板。如图 11.3.13 所示，【允许假设】选项被勾选。此时针对回转体挡油圈 1，只需要匹配旋转轴和端面，而挡油圈 1 的旋转角度没有被约束，所以此处通过系统默认勾选的【允许假设】来假设旋转方向被约束，进而形成完全约束（在运动分析中【允许假设】限制的约束会被释放）。

取消勾选【允许假设】选项，单击【元件放置】操控板上的【确定】按钮✓，退出【元件放置】界面。可以观察模型树中零件【挡油圈 1】前方有小方形，如图 11.3.14 所示，表明该零件未被完全约束，这也是判断某零件是否被完全约束的标志。此处情况可以使用【允许假设】来实现完全约束，如果不设置影响也不大，一般设置后能较好地判断各零件的约束情况，有利于装配更加符合实际条件且保证约束都被施加。观察并了解后恢复默认勾选。

图 11.3.13 【放置】下滑面板

图 11.3.14 未完全约束标志

（5）装配键 1。

① 调入模型：单击【模型】选项卡【元件】区域中的【组装】按钮🖼，调入 "键 1.prt"。

② 指定约束：依次选中图 11.3.15 和图 11.3.16 中指定的参考（两对圆弧面和一对底部平面）作为匹配对象进行三个约束。【约束类型】均为【重合】，如果方向不对可通过单击【放置】下滑面板中的【反向】按钮调整。

图 11.3.15 键 1 模型上的约束参考

图 11.3.16 已装配模型上的约束参考

③ 单击【元件放置】操控板上的【确定】按钮☑，完成键 1 的装配，结果如图 11.3.17 所示。

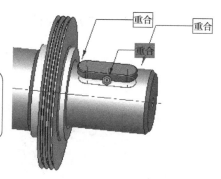

💡 **小提示：** 由于部件中零件与零件之间存在配合关系，所以使用【重合】约束的方式能完成大部分的零件装配工作，运动仿真章节将展示不一样的组装方式。

图 11.3.17 装配键 1

（6）装配小锥齿轮。

① 调入模型：单击【模型】选项卡【元件】区域中的【组装】按钮🖳，调入"小锥齿轮.prt"。

② 指定约束：依次选中图 11.3.18 和图 11.3.19 中指定的参考（一对中心轴、一对端面和键槽与键平面）作为匹配对象进行三个约束。【约束类型】均为【重合】，如果方向不对可通过单击【放置】下滑面板中的【反向】按钮调整。

图 11.3.18 小锥齿轮模型上的约束参考

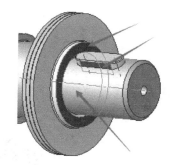

图 11.3.19 已装配模型上的约束参考

③ 单击【元件放置】操控板上的【确定】按钮☑，完成小锥齿轮的装配，结果如图 11.3.20 所示。

（7）装配挡圈。

① 调入模型：单击【模型】选项卡【元件】区域中的【组装】按钮🖳，调入"挡圈.prt"。

② 指定约束：依次选中图 11.3.21 和图 11.3.22 中指定的参考（一对中心轴和一对端面）作为匹配对象进行两个约束。【约束类型】均为【重合】，如果方向不对可通过单击【放置】下滑面板中的【反向】按钮调整。

图 11.3.20 装配小锥齿轮

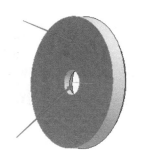

图 11.3.21 挡圈模型上的约束参考

③ 单击【元件放置】操控板上的【确定】按钮 ✓，完成挡圈的装配，结果如图 11.3.23 所示。

 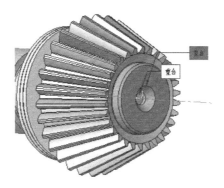

图 11.3.22　已装配模型上的约束参考　　　　图 11.3.23　装配挡圈

（8）装配挡圈螺钉。

① 调入模型：单击【模型】选项卡【元件】区域中的【组装】按钮，调入"挡圈螺钉.prt"。

② 指定约束参考：依次选中图 11.3.24 和图 11.3.25 中指定的参考（一对中心轴和一对端面）作为匹配对象进行两个约束。【约束类型】均为【重合】，如果方向不对可通过单击【放置】下滑面板中的【反向】按钮调整。

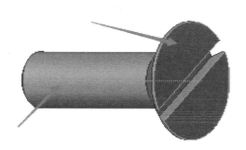 

图 11.3.24　挡圈螺钉模型上的约束参考　　　　图 11.3.25　已装配模型上的约束参考

③ 单击【元件放置】操控板上的【确定】按钮 ✓，完成挡圈螺钉的装配，结果如图 11.3.26 所示。

图 11.3.26　装配挡圈螺钉

（9）装配轴承 1。

① 调入模型：单击【模型】选项卡【元件】区域中的【组装】按钮⬚，调入"轴承 1.prt"。

② 指定约束：依次选中图 11.3.27 和图 11.3.28 中指定的参考（一对中心轴和一对端面）作为匹配对象进行两个约束。【约束类型】均为【重合】，如果方向不对可通过单击【放置】下滑面板中的【反向】按钮调整。

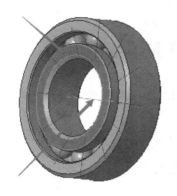 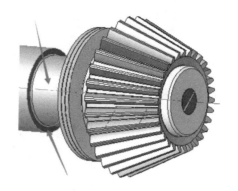

图 11.3.27　轴承 1 模型上的约束参考　　　　图 11.3.28　已装配模型上的约束参考

③ 单击【元件放置】操控板上的【确定】按钮✓，完成轴承 1 的装配，结果如图 11.3.29 所示。按此方法装配另一端轴承 1，结果如图 11.3.30 所示。

 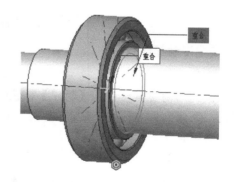

图 11.3.29　装配轴承 1　　　　　　　　图 11.3.30　装配另一端轴承 1

（10）装配套筒。

① 调入模型：单击【模型】选项卡【元件】区域中的【组装】按钮⬚，调入"套筒.prt"。

② 指定约束：依次选中图 11.3.31 和图 11.3.32 中指定的参考（一对中心轴和套筒小端内侧端面与轴承端面）作为匹配对象进行两个约束。【约束类型】均为【重合】，如果方向不对可通过单击【放置】下滑面板中的【反向】按钮调整。

③ 单击【元件放置】操控板上的【确定】按钮✓，完成套筒的装配，结果如图 11.3.33 所示。

（11）单击界面顶部快速访问工具栏中的【保存】按钮⬚，保存当前装配。

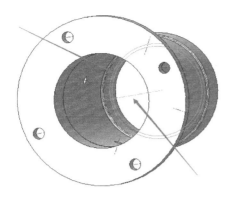 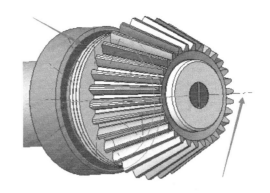

图 11.3.31　套筒模型上的约束参考　　　　图 11.3.32　已装配模型上的约束参考

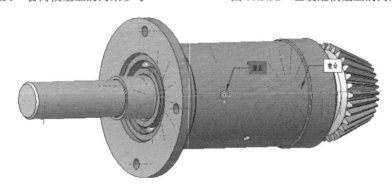

图 11.3.33　装配套筒

4．装配传动部件

（1）新建文件。

单击快速访问工具栏中的【新建】按钮，取消勾选【使用默认模板】选项，其余设置保持默认，新建文件名称为"传动部件"的装配文件。

（2）装配轴 2。

单击【模型】选项卡【元件】区域中的【组装】按钮，调入"轴 2.prt"。界面顶部弹出【元件放置】操控板，在操控板【放置】下滑面板中单击【约束类型】下拉列表框，选择其中的固定选项。单击操控板上的【确定】按钮，完成轴 2 的放置。

（3）装配键 2。

参照"装配键 1"的方式装配键 2，结果如图 11.3.34 所示。

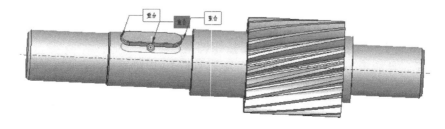

图 11.3.34　装配键 2

（4）装配大锥齿轮。

① 调入模型：单击【模型】选项卡【元件】区域中的【组装】按钮，调入"大锥齿轮.prt"。

② 指定约束：依次选中图 11.3.35 和图 11.3.36 中指定的参考（一对中心轴、一对端面和键槽与键平面）作为匹配对象进行三个约束。【约束类型】均为【重合】，如果方向不对可通过单击【放置】下滑面板中的【反向】按钮调整。

 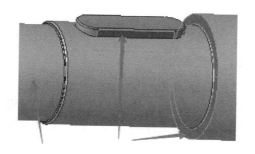

图 11.3.35　大锥齿轮模型上的约束参考　　　　　　图 11.3.36　已装配模型上的约束参考

③ 单击【元件放置】操控板上的【确定】按钮，完成大锥齿轮的装配，结果如图 11.3.37 所示。

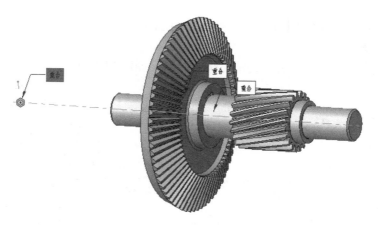

图 11.3.37　装配大锥齿轮

（5）装配两端挡油圈 2。

参照"装配挡油圈 1"的方式装配两端挡油圈 2，结果如图 11.3.38 所示。

（6）装配两端轴承 2。

参照"装配轴承 1"的方式装配两端轴承 2，结果如图 11.3.39 所示。

（7）单击界面顶部快速访问工具栏中的【保存】按钮，保存当前装配。

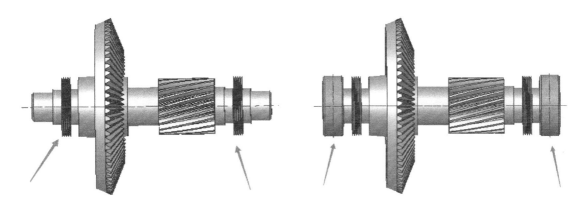

图 11.3.38　装配两端挡油圈 2　　　　　　图 11.3.39　装配两端轴承 2

5．装配输出部件

（1）新建文件。

单击快速访问工具栏中的【新建】按钮，取消勾选【使用默认模板】选项，其余设置保持默认，新建文件名称为"输出部件"的装配文件。

（2）装配轴 3。

单击【模型】选项卡【元件】区域中的【组装】按钮，调入"轴 3.prt"。界面顶部弹出【元件放置】操控板，在操控板【放置】下滑面板中单击【约束类型】下拉列表框，选择其中的　固定选项。单击操控板上的【确定】按钮，完成轴 3 的放置。

（3）装配键 3。

参照"装配键 1"的方式装配键 3，结果如图 11.3.40 所示。

（4）装配斜齿轮。

参照"装配小锥齿轮"的方式装配斜齿轮，结果如图 11.3.41 所示。

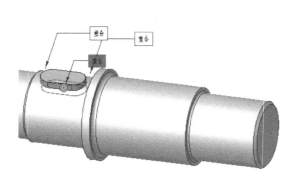

图 11.3.40　装配键 3

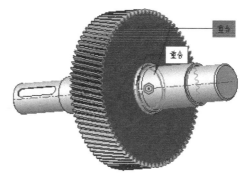

图 11.3.41　装配斜齿轮

（5）装配两端挡油圈 3。

参照"装配挡油圈 1"的方式装配两端挡油圈 3，结果如图 11.3.42 所示。

（6）装配两端轴承 3。

参照"装配轴承 1"的方式装配两端轴承 3，结果如图 11.3.43 所示。

（7）单击界面顶部快速访问工具栏中的【保存】按钮，保存当前装配。

图 11.3.42　装配两端挡油圈 3

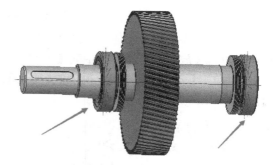

图 11.3.43　装配两端轴承 3

6．总装配

打开之前建立的文件名称为"二级减速器"的装配文件。

（1）装配输入部件。

① 调入模型：单击【模型】选项卡【元件】区域中的【组装】按钮，调入"输入部件.asm"。

② 指定约束：依次选中图 11.3.44 和图 11.3.45 中指定的参考（一对中心轴和一对端面）作为匹配对象进行两个约束。【约束类型】均为【重合】，如果方向不对可通过单击【放置】下滑面板中的【反向】按钮调整。

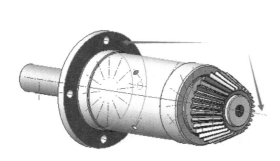

图 11.3.44　输入部件模型上的约束参考

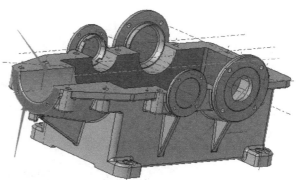

图 11.3.45　已装配模型上的约束参考

③ 单击【元件放置】操控板上的【确定】按钮，完成输入部件的装配，结果如图 11.3.46 所示。

（2）装配传动部件。

① 调入模型：单击【模型】选项卡【元件】区域中的【组装】按钮，调入"传动部件.asm"。

② 指定约束：依次选中图 11.3.47 和图 11.3.48 中指定的参考（一对中心轴和一对端面)作为匹配对象进行两个约束。其中，

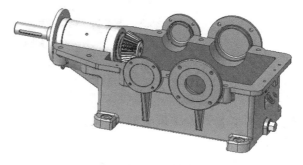

图 11.3.46　装配输入部件

中心轴采用【重合】约束；端面采用【距离】约束，距离设置为−26（输入后会变为正数，此处负号表示两端面所在实体互相交叉，如果为正数则远离），如图 11.3.49 所示，如果方向不对可通过单击【放置】下滑面板中的【反向】按钮调整。

③ 单击【元件放置】操控板上的【确定】按钮☑，完成传动部件的装配，结果如图 11.3.50 所示。

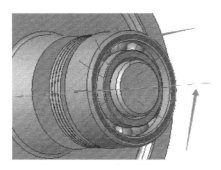

图 11.3.47　传动部件模型上的约束参考

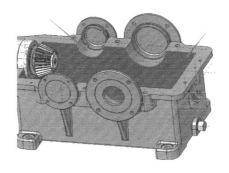

图 11.3.48　已装配模型上的约束参考

图 11.3.49　【放置】下滑面板设置

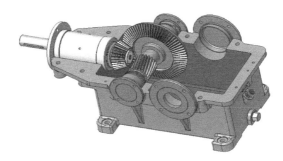

图 11.3.50　装配传动部件

图 11.3.51　装配输出部件

（3）装配输出部件。

按上述方式装配输出部件，其中面与面之间的距离设置为−26，结果如图 11.3.51 所示。

（4）装配箱盖。

① 调入模型：单击【模型】选项卡【元件】区域中的【组装】按钮，调入"箱盖.prt"。

② 指定约束参考：依次选中图 11.3.52 和图 11.3.53 中指定的参考（三对平面）作为匹配对象进行三个约束。

【约束类型】均为【重合】，如果方向不对可通过单击【放置】下滑面板中的【反向】按钮调整。

③ 单击【元件放置】操控板上的【确定】按钮☑，完成箱盖的装配，结果如图 11.3.54 所示。

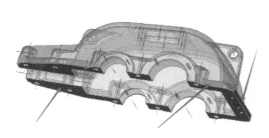

图 11.3.52　箱盖模型上的约束参考

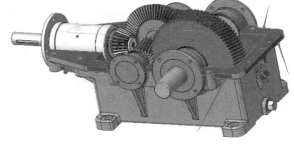

图 11.3.53　已装配模型上的约束参考

（5）装配视孔盖和通气帽。

按上述方式以视孔盖中间孔的中心轴和底面为参考装配到箱盖上，再以通气帽中心轴和下部台阶面为参考装配到视孔盖上，结果如图 11.3.55 所示。

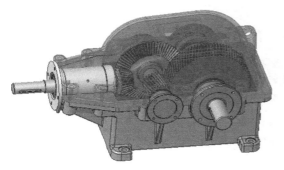

图 11.3.54　装配箱盖

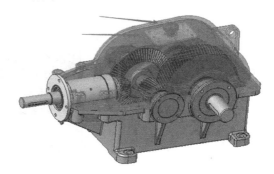

图 11.3.55　装配视孔盖和通气帽

（6）装配螺钉和螺母。

以螺钉和螺母的中心轴和一端面为参考装配各部位的螺钉和螺母，结果如图 11.3.56 所示。

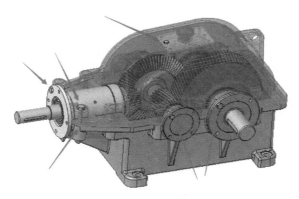

图 11.3.56　装配螺钉和螺母

（7）单击快速访问工具栏中的【保存】按钮，保存"二级减速器"装配文件。

11.4 练习题

进行如图 11.4.1 所示的球阀部件的装配。

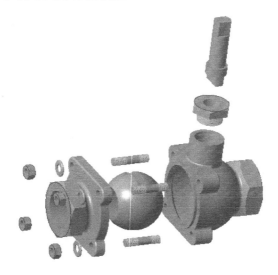

图 11.4.1　球阀部件的装配

第12章

二维工程图的创建

12.1 工程图工作界面及创建过程介绍

工程图是表达设计产品的结构、形状及加工参数的重要图样，是设计者与制造者沟通的桥梁，是产品设计中的重要技术资料之一，在现代设计制造业中占有极其重要的地位。

零部件工程图的创建是由 Creo 6.0 中的工程图模块来完成的。零件的工程图与其三维模型及装配模式下的零件都保持着参数化的关联，因此在零件或装配上的任何修改都会动态地反映在工程图上。下面通过新建工程图认识一下工程图的创建过程。

1. 工程图的创建及界面

新建工程图文件的操作过程如下：

（1）新建绘图文件。单击【新建】按钮 □ ，弹出【新建】对话框。在【类型】选项组中选择【绘图】单选按钮，取消勾选【使用默认模板】选项，如图 12.1.1 所示。单击【确定】按钮，弹出【新建绘图】对话框，如图 12.1.2 所示。

图 12.1.1 【新建】对话框　　　　　　　　图 12.1.2 【新建绘图】对话框

（2）默认模型选择。单击【浏览】按钮，弹出【打开】对话框，选择要为其创建工程图的模型。注意：如果在新建工程图文件之前，已经在 Creo 中打开某零件或装配模型，那么可以不用单击【浏览】按钮来选择该模型，因为系统会将其视为默认模型。

（3）指定模板选项。包括【使用模板】、【格式为空】和【空】三个单选项。

- 【使用模板】选项：选中该选项后会在下方显示【模板】选项内容，可在已有模板类型中去选择需要的模板类型；
- 【格式为空】选项：选中该选项后会在下方显示【格式】选项内容，通过【浏览】选择用户自行创建的工程图模板。

- 【空】选项：选中该选项后可选择用户自行创建的工程图模板。

（4）单击对话框中的【确定】按钮，进入工程图工作界面，如图 12.1.3 所示。

图 12.1.3　工程图工作界面

工程图的工作界面包括快速访问工具栏、功能区、图形区、视图控制工具条、信息提示区、页面编辑区、导航选项卡和智能选取栏等，常用的工程图选项卡主要有【布局】、【表】、【注释】和【草绘】，其中的常用命令将在后续章节中结合实例详细介绍。

2．修改绘图属性

绘图属性可对视图、截面、几何公差等格式进行限定，工程图中最重要的投影视角也是在这里设置的，设置流程如下。

（1）单击【文件】|【准备】|【绘图属性】选项，弹出【绘图属性】对话框，单击对话框中【详细信息】选项后的【更改】按钮，弹出【选项】对话框，如图 12.1.4 所示。

（2）在对话框【选项】下方文本框中输入"projection_type"，在【值】下方下拉列表框中单击，显示内容为"third_angle"，单击该下拉列表框中的倒三角，在弹出的选项中选择"first_angle"，即把第三视角改成第一视角。

（3）单击【确定】按钮退出【选项】对话框，单击【关闭】按钮退出【绘图属性】对话框。

3．创建工程图的一般流程

工程图以完整表达图形为目的，由各种视图组成。这些视图包括标准三视图、辅助视图、投影视图、半剖视图、剖视图、局部视图等。工程图创建前需要进行整体规划，明确视图种类及个数，明确标注类型等。创建工程图的一般流程如下：

图 12.1.4 【选项】对话框

（1）新建工程图文件，进入工程图工作界面。

（2）添加零件或装配件三维模型。

（3）创建视图。

- 创建常规视图，常规视图常被用作主视图。
- 创建投影视图。
- 当投影图难以将零件表达清楚时，创建辅助视图。
- 必要时创建详细视图。
- 必要时创建剖视图。

（4）工程图标注。

工程图标注一般包含以下几项：

- 尺寸标注。
- 尺寸公差标注。
- 几何公差标注。
- 表面粗糙度标注。
- 注解。

（5）输出或打印工程图。

12.2 ▶ 视图创建实例

12.2.1 轴零件的工程图创建

如图 12.2.1 所示的轴，轴长为 415，最大外径为 70。在创建轴零件工程图时，为了节省图纸空间采用了破断视图，此外，在表现键槽结构时，应用了移出截面特征。移出截面属于普通视图，其优势在于可以任意移动位置，移出截面的前提是在三维图中创建截面。

图 12.2.1　轴零件模型

1．导入模型

单击界面顶部快速访问工具栏中的【打开】按钮，导入轴零件"zhou.prt"。

2．创建辅助平面

单击【模型】选项卡【基准】区域中的【平面】按钮，选取轴端面为参考平面，输入适当偏移距离，在键槽处建立辅助平面。按此方法，分别在两处键槽中部建立辅助平面，如图 12.2.2 所示。

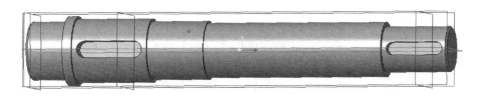

图 12.2.2　建立辅助平面

3．定义零件剖切截面

（1）单击视图控制工具条中的【视图管理器】按钮，弹出【视图管理器】对话框，单击【截面】选项卡后，对话框如图 12.2.3 所示。

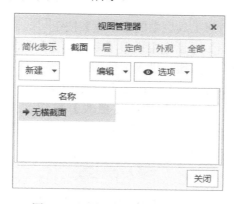

图 12.2.3　【视图管理器】对话框

（2）在【视图管理器】对话框中单击【新建】|【平面】选项，然后输入截面的名称为"A"，按<Enter>键后界面顶部会弹出【截面】操控板，如图 12.2.4 所示。

图 12.2.4 【截面】操控板

（3）创建大键槽截面：单击在大键槽处建立的辅助平面，箭头方向不影响截面图的显示效果，结果如图 12.2.5 所示。其余设置不变，单击操控板中的【确定】按钮，完成创建。

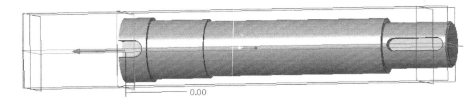

图 12.2.5 创建大键槽截面

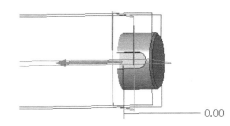

图 12.2.6 创建小键槽截面

（4）创建小键槽截面：命名截面名称为"B"，进入【截面】操控板后，单击在小键槽处建立的辅助平面，可通过单击【截面】操控板中的【反向工作截面】按钮进行箭头方向的调节，其余设置不变，创建如图 12.2.6 所示的图形。单击操控板中的【确定】按钮，完成创建。

（5）回到【视图管理器】，双击空白框中的【无横截面】，将轴恢复完整，单击【关闭】按钮退出。单击界面顶部的快速访问工具栏中的【保存】按钮，保存截面创建内容。

4．新建工程图文件

（1）单击界面顶部快速访问工具栏中的【新建】按钮，新建一个名称为"zhou"的绘图文件。在弹出的【新建绘图】对话框中设置【默认模型】为轴零件"zhou.prt"，其余设置如图 12.2.7 所示。单击【确定】按钮，进入工程图工作界面。

（2）修改绘图属性：单击【文件】|【准备】|【绘图属性】选项，弹出【绘图属性】对话框，单击对话框中【详细信息选项】后的【更改】按钮，弹出【选项】对话框。搜索"projection_type"，将【值】的内容设置为"first_angle"，即把第三视角改成第一视角。设置好后单击【确定】按钮，返回工程图工作界面。

5．创建主视图

（1）在【布局】选项卡【模型视图】区域中单击【普通视图】按钮，弹出如图 12.2.8 所示的【选择组合状态】对话框。接受默认设置，单击【确定】按钮。

图 12.2.7　【新建绘图】对话框设置

图 12.2.8　【选择组合状态】对话框

 小提示：工程图中的各个视图必须在【布局】选项卡中创建。

（2）界面底部的信息提示区提示：，在图形区方框内单击任意位置，弹出【绘图视图】对话框，如图 12.2.9 所示。此时在图形区显示轴零件的预览情况。

（3）修改视图名称：在【视图名称】后的文本框中输入"主视图"。

（4）定义主视图方向：在【视图方向】选项组中选择【几何参考】单选按钮，再设置【参考 1】"前"为模型上的键槽底面，选取【参考 2】"右"为轴的小端端面，设置好后的对话框如图 12.2.10 所示。调整好方向后的主视图如图 12.2.11 所示。

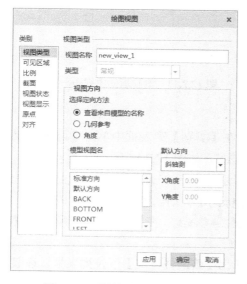

图 12.2.9　【绘图视图】对话框

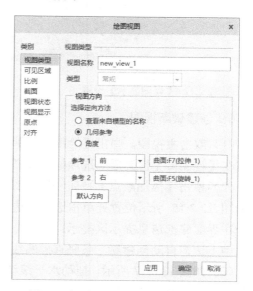

图 12.2.10　【绘图视图】对话框设置

图 12.2.11　主视图

（5）比例设置：单击【绘图视图】对话框中【类别】列表框中的【比例】选项，进入【比例和透视图选项】选项组。设置【自定义比例】为"1"，单击对话框中的【应用】按钮。

（6）视图显示设置：单击【绘图视图】对话框中【类别】列表框中的【视图显示】选项，进入【视图显示选项】选项组。设置【显示样式】为 消隐，【相切边显示样式】为 无，其余保持默认，设置内容如图 12.2.12 所示。单击对话框中的【应用】按钮，再单击【确定】按钮退出对话框。

（7）调整主视图位置：单击图形区主视图上的任意位置选中主视图，再单击鼠标右键，在弹出的选项栏中取消 锁定视图移动 的选中状态。用鼠标将主视图移动到适当位置，如图 12.2.13 所示。可以看出轴的长度已经接近模板框边界，对此类细长杆件需要做破断处理。

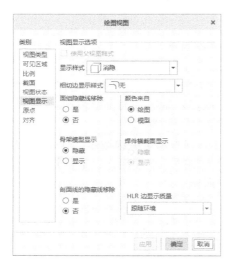

图 12.2.12　【视图显示】设置

图 12.2.13　消隐后的主视图

6．创建破断视图

（1）双击主视图，弹出【绘图视图】对话框，在【类别】列表框中单击【可见区域】选项，在【视图可见性】后的选项框中选择"破断视图"，如图 12.2.14 所示。

（2）单击【添加断点】按钮 ，系统在信息提示区提示： 草绘一条水平或竖直的破断线。。在如图 12.2.15 所示位置处单击选中上边，拖动鼠标向下移动创建第一条竖直破断线。此时系统在界面底部信息提示区提示： 拾取一个点定义第二条破断线。在如图 12.2.16 所示位置处单击选中上边，自动创建第二条竖直破断线。

（3）如图 12.2.17 所示，拖动水平滚动条，显示出【破断线样式】下拉列表框，选取"草绘"选项。此时系统在界面底部信息提示区提示： 为样条创建要经过的点。

图 12.2.14　选择"破断视图"

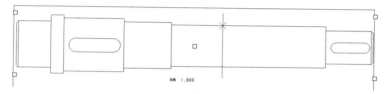

图 12.2.15　第一条竖直破断线

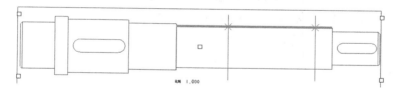

图 12.2.16　第二条竖直破断线

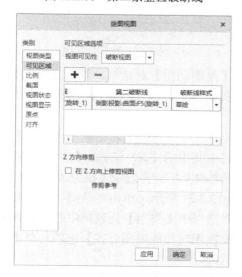

图 12.2.17　设置【破断线样式】

（4）直接在主视图第一条竖直破断线处绘制样条曲线，完成后单击鼠标中键确定，第二条样条曲线自动生成，如图 12.2.18 所示。

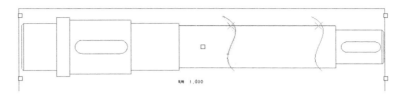

图 12.2.18　绘制样条曲线

（5）单击对话框中的【应用】按钮，再单击【确定】按钮退出对话框。用鼠标选中主视图中两段图形，调整视图到合适位置，删除底部的比例文字，结果如图 12.2.19 所示。

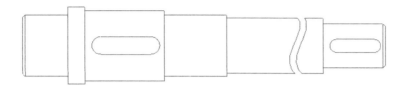

图 12.2.19　调整后的主视图

7．移出截面

（1）创建左侧投影视图：在【布局】选项卡【模型视图】区域中单击【投影视图】按钮，鼠标从主视图向左侧移动，得到右视图，在适当位置单击以放置右视图，如图 12.2.20 所示。

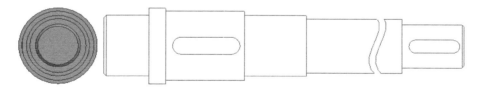

图 12.2.20　创建右视图

（2）双击右视图，弹出【绘图视图】对话框。修改【视图名称】为"右侧截面"；设置【视图显示】，其中【显示样式】为 消隐，【相切边显示样式】为 无，其余保持默认，单击对话框中的【应用】按钮。

（3）创建大键槽截面：单击【绘图视图】对话框中【类别】列表框中的【截面】选项，进入【截面选项】选项组。选中其中的【2D 横截面】单选按钮，单击【将横截面添加到视图】按钮，选择【名称】下面的"A"，再选中【模型边可见性】后面的【区域】单选按钮。【绘图视图】对话框设置如图 12.2.21 所示，单击对话框中的【应用】按钮。

（4）单击【绘图视图】对话框中【类别】列表框中的【对齐】选项，进入【视图对齐选项】选项组。取消勾选【将此视图与其他视图对齐】选项。单击对话框中的【应用】按钮，再单击【确定】按钮退出对话框。

（5）移动大键槽截面图至主视图下方，选中截面图，单击鼠标右键，在弹出的菜单中选取【添加箭头】选项。此时在界面底部有信息提示，根据提示单击主视图中大键槽的位置，出现朝左的投影箭头。通过鼠标调整箭头和大键槽截面图至适当位置，结果如图 12.2.22 所示。

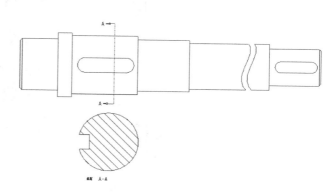

图 12.2.21　【绘图视图】对话框　　　　　图 12.2.22　大键槽截面图

（6）用上述方法投影并创建小键槽截面图，修改并调整截面标识位置。进入【表】选项卡，在【表】区域单击【表来自文件】按钮 ，选取对应文件夹中名为"a3.tbl"的表格文件，将其移动到图形区方框右下角放置，结果如图 12.2.23 所示。注意：小键槽截面图创建过程中选取截面【名称】为"B"。

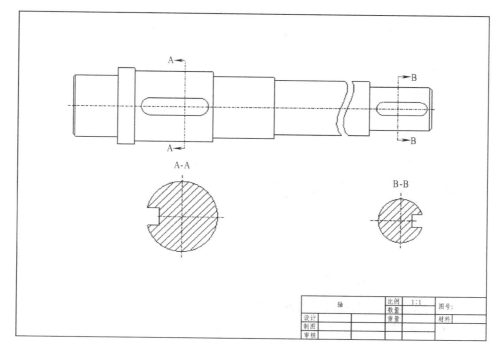

图 12.2.23　完成的工程图

8．保存工程图文件

单击界面顶部快速访问工具栏中的【保存】按钮，完成轴的工程图创建。

12.2.2 托架零件的工程图创建

采用第 4 章中的托架零件模型进行工程图的创建，托架零件模型如图 12.2.24 所示。通过本实例的讲解，使读者掌握全剖视图、局部剖视图和旋转剖视图的创建方法。

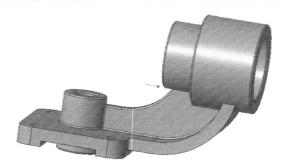

图 12.2.24 托架零件模型

1．导入模型

单击界面顶部快速访问工具栏中的【打开】按钮，导入托架零件"tuojia.prt"。

2．创建基准轴和辅助平面

以基准平面 TOP 面和辅助平面 DTM1 为参考创建基准轴，如图 12.2.25 所示。再以创建的基准轴和辅助平面 DTM1 为参考，创建与辅助平面 DTM1 角度为 45°的辅助平面 DTM2，其中，辅助平面 DTM1 作为【偏移】方式参考，基准轴作为【穿过】方式参考，如图 12.2.26 所示。

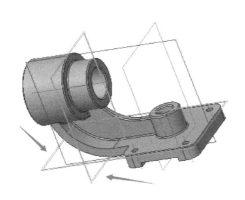

图 12.2.25 创建基准轴

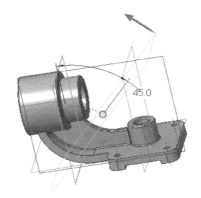

图 12.2.26 创建辅助平面 DTM2

以基准平面 RIGHT 面和螺钉孔孔轴为参考创建辅助平面 DTM3，参考如图 12.2.27 所示。其中，基准平面 RIGHT 面作为【平行】方式参考，孔轴作为【穿过】方式参考，结果如图 12.2.28 所示。

以基准平面 TOP 面和大孔孔轴为参考创建辅助平面 DTM4，参考如图 12.2.29 所示。其中，基准平面 TOP 面作为【平行】方式参考，孔轴作为【穿过】方式参考，结果如图 12.2.30 所示。

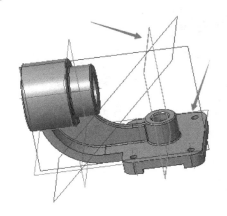

图 12.2.27　指定参考 1

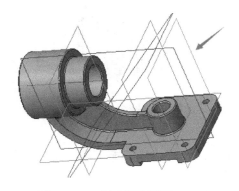

图 12.2.28　创建辅助平面 DTM3

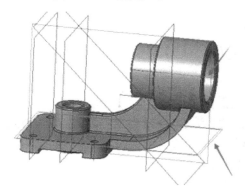

图 12.2.29　指定参考 2

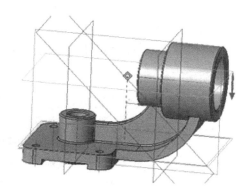

图 12.2.30　创建辅助平面 DTM4

3．定义零件截面

（1）单击视图控制工具条中的【视图管理器】按钮，弹出【视图管理器】对话框，选择对话框中的【截面】选项卡后单击【新建】|【平面】选项，输入截面的名称（对应辅助平面 DTM4、辅助平面 DTM2、辅助平面 DTM3 的截面名称分别为 A、B、C），按回车键确定。界面顶部弹出【截面】操控板，分别选取以上辅助平面，以三个辅助平面建立的截面效果分别如图 12.2.31、图 12.2.32、图 12.2.33 所示。可通过单击操控板中的【反向工作截面】按钮调节箭头方向，单击操控板中的【确定】按钮，完成创建。

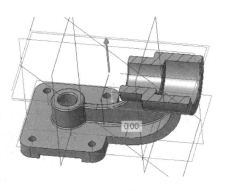

图 12.2.31　截面 A

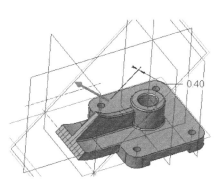

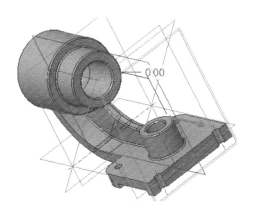

图 12.2.32　截面 B　　　　　　　　图 12.2.33　截面 C

> 💡 **小提示**：单击【截面】操控板上的【显示剖面线】按钮，可以得到以上带有剖面线的效果。

（2）回到【视图管理器】对话框，双击空白框中的【无横截面】，将托架恢复完整。此外，在【视图管理器】中选中截面符号，单击鼠标右键，取消勾选【显示截面】选项，单击【关闭】按钮退出。单击界面顶部快速访问工具栏中的【保存】按钮，保存截面创建内容。

4. 新建工程图文件

（1）单击界面顶部快速访问工具栏中的【新建】按钮，新建一个名称为"tuojia"的绘图文件。在弹出的【新建绘图】对话框中设置【默认模型】为托架零件"tuojia.prt"，其余设置如图 12.2.34 所示。单击【确定】按钮，进入工程图工作界面。

（2）修改绘图属性：单击【文件】|【准备】|【绘图属性】选项，弹出【绘图属性】对话框，单击对话框中【详细信息选项】后的【更改】按钮，弹出【选项】对话框。搜索"projection_type"，将【值】的内容设置为"first_angle"，即把第三视角改成第一视角。设置好后单击【确定】按钮，返回工程图工作界面。

5. 创建主视图

（1）在【布局】选项卡【模型视图】区域中单击【普通视图】按钮，弹出【选择组合状态】对话框。接受默认设置，单击【确定】按钮。在图形区方框内单击任意位置，弹出【绘图视图】对话框，此时在图形区显示托架零件的预览情况。

（2）修改视图名称：在【视图名称】后的文本框中输入"主视图"。

图 12.2.34　【新建绘图】对话框设置

（3）定义主视图方向：在【视图方向】选项组中选择【几

何参考】单选按钮，并用 12.2.1 节中定义主视图方向的方法设置两个参考面，调整好方向的主视图如图 12.2.35 所示。

（4）比例设置：单击【绘图视图】对话框中【类别】列表框中的【比例】选项，进入【比例和透视图选项】选项组。设置【自定义比例】为"1"，单击对话框中的【应用】按钮。

（5）视图显示设置：单击【绘图视图】对话框中【类别】列表框中的【视图显示】选项，进入【视图显示选项】选项组。设置【显示样式】为 □ 消隐，【相切边显示样式】为 ⌐ 无，其余保持默认。单击对话框中的【应用】按钮，消隐后的主视图如图 12.2.36 所示，再单击【确定】按钮退出对话框。

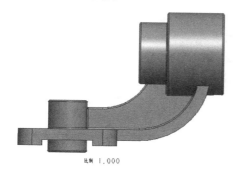

图 12.2.35　主视图

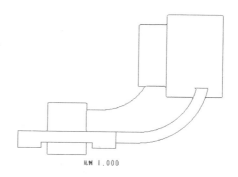

图 12.2.36　消隐后的主视图

（6）调整主视图位置：单击图形区主视图上的任意位置选中主视图，再单击鼠标右键，在弹出的选项栏中取消 ⌐ 锁定视图移动 的选中状态。用鼠标将主视图移动到适当位置，删除主视图下方的注释内容。

6．投影左视图

（1）在【布局】选项卡【模型视图】区域中单击【投影视图】按钮，鼠标从主视图向右侧移动，得到左视图，在适当位置单击以放置左视图，如图 12.2.37 所示。

（2）双击左视图，弹出【绘图视图】对话框。修改视图名称：在【视图名称】后的文本框中输入"左视图"。

（3）视图显示设置：单击【绘图视图】对话框中【类别】列表框中的【视图显示】选项，进入【视图显示选项】选项组。设置【显示样式】为 □ 消隐，【相切边显示样式】为 ⌐ 无，其余保持默认。单击对话框中的【应用】按钮，消隐后的左视图如图 12.2.38 所示，再单击【确定】按钮退出对话框。

图 12.2.37　左视图

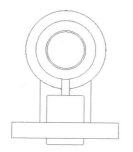

图 12.2.38　消隐后的左视图

7．投影俯视图

选中主视图后，参照上述方法投影俯视图，结果如图 12.2.39 所示。

8．创建俯视图全剖视图

双击俯视图，弹出【绘图视图】对话框。单击【类别】列表框中的【截面】选项，进入【截面选项】选项组。选中其中的【2D 横截面】单选按钮，单击【将横截面添加到视图】按钮![加号]，选择【名称】下面的"A"，【剖切区域】选择"完整"。单击对话框中的【应用】按钮，再单击【确定】按钮退出对话框，结果如图 12.2.40 所示。

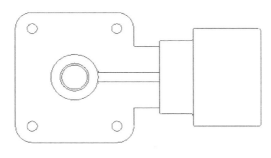

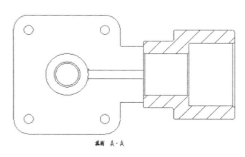

图 12.2.39　消隐后的俯视图　　　　　　图 12.2.40　俯视图全剖视图

9．创建主视图旋转剖视图

（1）在【布局】选项卡【模型视图】区域中单击【旋转视图】按钮![图标]，界面底部信息提示区提示：➡选择旋转界面的父视图，单击主视图后出现提示：➡选择绘图视图的中心点，此时在主视图背部空白区域单击，弹出【绘图视图】对话框。

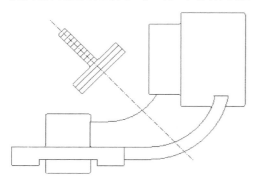

图 12.2.41　旋转剖视图

（2）【视图名称】保持默认，在【旋转视图属性】下框中的【横截面】内选择"B"，单击【应用】按钮，在图形区出现截面。再选择基准平面 FRONT 面作为【对齐参考】，单击【确定】按钮退出。

（3）移动旋转剖视图到适当位置，如图 12.2.41 所示。

10．创建左视图局部剖视图

在左视图右下角创建局部剖视图：双击左视图，弹出【绘图视图】对话框。单击【类别】列表框中的【截面】选项，进入【截面选项】选项组。勾选其中的【2D 横截面】单选按钮，单击【将横截面添加到视图】按钮![加号]，选择【名称】下面的"C"，【剖切区域】选择"局部"。界面底部系统信息提示区提示：➡选择截面间断的中心点< D >，在如图 12.2.42 所示位置单击并绘制样条曲线，绘制样条曲线结束点时离起始点要有一些距离，单击鼠标中键确定。单击对话框中的【应用】按钮，再单击【确定】按钮退出对话框。

11．修改剖面线

双击俯视图上的剖面线，弹出【菜单管理器】对话框。选中其中的【间距】按钮，将各视图中的剖面线间距调合适，单击【完成】按钮。再单击【角度】按钮，将旋转剖视图上剖面线的角度设置为30。单击【完成】按钮，结果如图12.2.43所示。

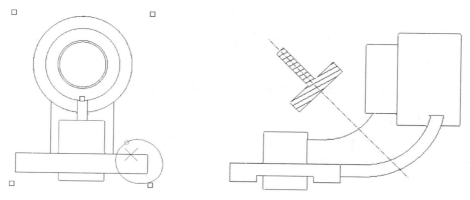

图 12.2.42　中心点位置与样条曲线　　　　　　图 12.2.43　修改后的剖面线

12. 插入工程图表格

进入【表】选项卡，在【表】区域单击【表来自文件】按钮，选取对应文件夹中名为"a3.tbl"的表格文件，将其移动到图形区方框右下角后放置，结果如图12.2.44所示。

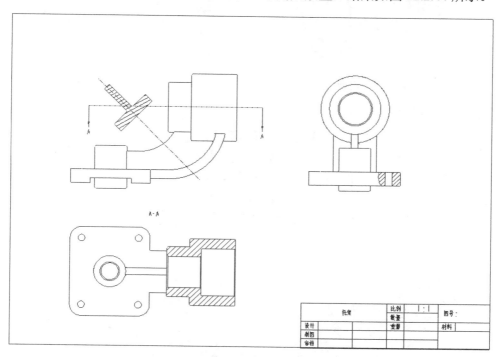

图 12.2.44　插入工程图表格

13. 保存工程图文件

单击界面顶部快速访问工具栏中的【保存】按钮，完成托架的工程图创建。

12.2.3　基座零件的工程图创建

如图 12.2.45 所示为基座的零件模型，通过本实例的讲解，使读者掌握创建常规视图、阶梯剖视图、半剖视图以及轴测视图的创建方法。基座零件长 215、高 96、宽 140。

1. 导入模型

单击界面顶部快速访问工具栏中的【打开】按钮▣，导入基座零件"jizuo.prt"。

2. 创建辅助平面

单击【模型】选项卡【基准】区域中的【平面】按钮▱，创建如图 12.2.46 所示两个参考面：参考面 1 是在圆柱孔处的竖直辅助平面；参考面 2 是在前后侧孔处的水平辅助平面。

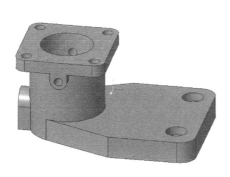

图 12.2.45　基座零件模型

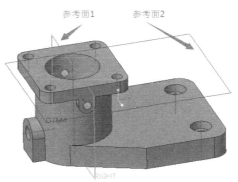

图 12.2.46　建立辅助平面

3. 定义零件截面

（1）单击视图控制工具条中的【视图管理器】按钮▣，弹出【视图管理器】对话框，选择对话框中的【截面】选项卡后单击【新建】，输入截面的名称（对应参考面 1、2 的截面名称分别为 A、B），按<Enter>键确定。在弹出的【截面】操控板中选取参考面，以两个参考平面建立的截面效果分别如图 12.2.47、图 12.2.48 所示。可通过单击操控板中的【反向工作截面】按钮▨调节箭头方向，单击操控板中的【确定】按钮✓，完成创建。

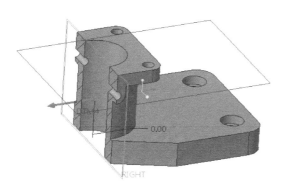

图 12.2.47　截面 A

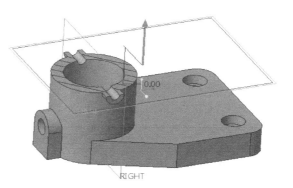

图 12.2.48　截面 B

（2）通过【偏移】创建阶梯状零件截面：单击【视图管理器】对话框中的【无横截面】，并选择【名称】中的"B"，单击鼠标右键取消勾选【显示截面】选项，将基座视图恢复原样。单击选项卡中的【新建】|【偏移】后，输入截面的名称"C"，按<Enter>键确定。选择草绘平面为基座底板上表面，进入草绘模式。选中阶梯槽为参考，绘制如图 12.2.49 所示的折线，折线穿过大圆心和沉孔中心。

（3）单击【草绘】选项卡【关闭】区域中的【确定】按钮☑，再单击【截面】操控板中的【确定】按钮☑，完成截面创建，如图 12.2.50 所示。双击【无横截面】，单击【关闭】按钮退出。

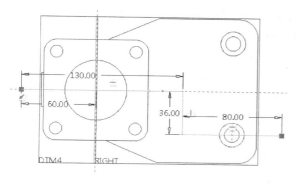

图 12.2.49　草绘折线

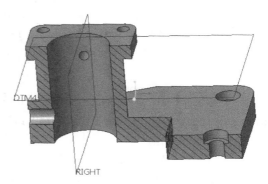

图 12.2.50　截面 C

4．定向轴测视图

（1）令基准平面不显示，调整图形区基座零件位置大致为如图 12.2.51 所示。

（2）单击视图控制工具条中的【视图管理器】按钮，弹出【视图管理器】对话框，选择对话框中的【定向】选项卡后单击【新建】按钮，输入截面的名称为"轴测视图"，按回车键确定。

（3）单击【关闭】按钮退出【视图管理器】对话框。单击界面顶部快速访问工具栏中的【保存】按钮，保存截面创建内容。

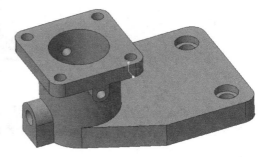

图 12.2.51　调整基座零件视角

5．新建工程图文件

（1）单击界面顶部快速访问工具栏中的【新建】按钮，新建一个名称为"jizuo"的绘图文件。在弹出的【新建绘图】对话框中设置【默认模型】为基座零件"jizuo.prt"，其余设置如图 12.2.52 所示。单击【确定】按钮，进入工程图工作界面。

（2）修改绘图属性：单击【文件】|【准备】|【绘图属性】选项，弹出【绘图属性】对话框，单击对话框中【详细信息选项】后的【更改】按钮，弹出【选项】对话框。搜索"projection_type"，将【值】的内容设置为"first_angle"，即把第三视角改成第一视角。设置好后单击【确定】按钮，返回工程图工作界面。

图 12.2.52 【新建绘图】对话框设置

6．创建主视图

（1）在【布局】选项卡【模型视图】区域单击【普通视图】按钮，弹出【选择组合状态】对话框。接受默认设置，单击【确定】按钮。在图形区方框内单击任意位置，弹出【绘图视图】对话框，此时在图形区显示基座零件的预览情况。

（2）修改视图名称：在【视图名称】后的文本框中输入"主视图"。

（3）定义主视图方向：在【视图方向】选项组中选择【几何参考】单选按钮，并用 12.2.1 节中定义主视图方向的方法设置两个参考面，调整好方向后的主视图如图 12.2.53 所示。

（4）比例设置：单击【绘图视图】对话框中【类别】列表框中的【比例】选项，进入【比例和透视图选项】选项组。设置【自定义比例】为"1"，单击对话框中的【应用】按钮。

（5）视图显示设置：单击【绘图视图】对话框中【类别】列表框中的【视图显示】选项，进入【视图显示选项】选项组。设置【显示样式】为 消隐，【相切边显示样式】为 无，其余保持默认。单击对话框中的【应用】按钮，消隐后的主视图如图 12.2.54 所示，再单击【确定】按钮退出对话框。

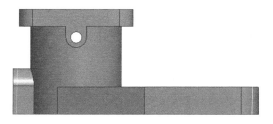

图 12.2.53　主视图

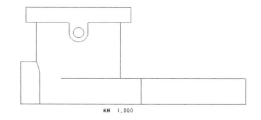

图 12.2.54　消隐后的主视图

（6）调整主视图位置：单击图形区中主视图上的任意位置选中主视图，再单击鼠标右键，在弹出的选项栏中取消 锁定视图移动 的选中状态。用鼠标将主视图移动到适当位置，删除主视图下方注释内容。

6．投影左视图

（1）在【布局】选项卡【模型视图】区域中单击【投影视图】按钮，鼠标从主视图向右侧移动，得到左视图，在适当位置单击以放置左视图，如图 12.2.55 所示。

（2）双击左视图，弹出【绘图视图】对话框。修改视图名称：在【视图名称】后的文本框中输入"左视图"。

（3）视图显示设置：单击【绘图视图】对话框中【类别】列表框中的【视图显示】选项，进入【视图显示选项】选项组。设置【显示样式】为 消隐，【相切边显示样式】为 无，其余保持默认。单击对话框中的【应用】按钮，消隐后的左视图如图 12.2.56 所示，再单击【确定】按钮退出对话框。

图 12.2.55　左视图

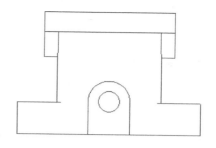

图 12.2.56　消隐后的左视图

7. 投影俯视图

选中主视图后，参照上述方法投影俯视图，结果如图 12.2.57 所示。

8. 创建轴测图

（1）在【布局】选项卡【模型视图】区域中单击【普通视图】按钮![按钮]，弹出【选择组合状态】对话框。接受默认设置，单击【确定】按钮。在图形区方框内右下角空白区域适当位置单击，弹出【绘图视图】对话框，此时在图形区显示零件的预览情况。

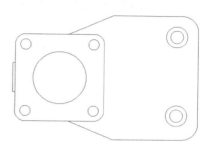

图 12.2.57　消隐后的俯视图

（2）修改视图名称：在【视图名称】后的文本框中输入"轴测"。

（3）定义主视图方向：在【模型视图】下选择之前在零件图中创建好的定向名称"轴测视图"，单击对话框中的【应用】按钮。

（4）比例设置：单击【绘图视图】对话框中【类别】列表框中的【比例】选项，进入【比例和透视图选项】选项组。设置【自定义比例】为"1"，单击对话框中的【应用】按钮。

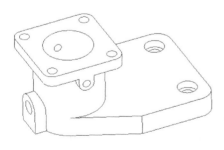

图 12.2.58　消隐后的轴测视图

（5）视图显示设置：单击【绘图视图】对话框中【类别】列表框中的【视图显示】选项，进入【视图显示选项】选项组。设置【显示样式】为![消隐]消隐，【相切边显示样式】为![无]无，其余保持默认。单击对话框中的【应用】按钮，消隐后的轴测视图如图 12.2.58 所示，再单击【确定】按钮退出对话框。调整各视图到合适位置，删除轴测视图下方注释内容"比例"。

9. 创建主视图阶梯剖视图

（1）双击主视图，弹出【绘图视图】对话框。单击【类别】列表框中的【截面】选项，进入【截面选项】选项组。选中其中的【2D 横截面】单选按钮，单击【将横截面添加到视图】按钮![加号]，选择【名称】下面的"C"。单击对话框中的【应用】按钮，创建阶梯剖视图如图 12.2.59 所示，再单击【确定】按钮退出。

（2）添加箭头：选中主视图，单击鼠标右键，在弹出的菜单中选取【添加箭头】选项，再单击俯视图，对出现的箭头位置进行适当调整，结果如图 12.2.60 所示。

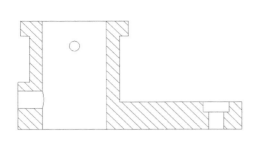

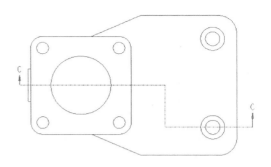

图 12.2.59　阶梯剖视图　　　　　　　　　　图 12.2.60　添加箭头

10．创建左视图半剖视图

（1）修改绘图属性：单击【文件】|【准备】|【绘图属性】选项，弹出【绘图属性】对话框，单击对话框中【详细信息选项】后的【更改】按钮，弹出【选项】对话框。搜索"half_section_line"，将【值】的内容设置为"centerline"，即把半剖视图的横截面处的实线改为虚线。设置好后单击【确定】按钮，返回工程图工作界面。

（2）双击左视图，弹出【绘图视图】对话框。单击【类别】列表框中的【截面】选项，进入【截面选项】选项组。选中其中的【2D 横截面】单选按钮，单击【将横截面添加到视图】按钮 ✚，选择【名称】下面的"A"，【剖切区域】选择"半剖"。界面底部系统信息提示区提示：➡为半截面创建选择参考平面，选择如图 12.2.61 所示对称平面作为参考平面，注意箭头方向。单击对话框中的【应用】按钮，单击【确定】按钮退出对话框。

（3）双击剖面线，弹出【菜单管理器】对话框。选中其中的【比例】，弹出【修改模式】下滑选项，调整比例后的剖面线如图 12.2.62 所示。

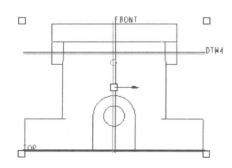

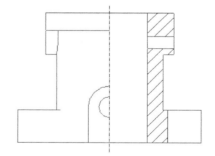

图 12.2.61　指定箭头所示参考平面　　　　图 12.2.62　调整后的左视图半剖结果

（4）添加箭头：选中左视图，单击鼠标右键，在弹出的菜单中选取【添加箭头】选项，再单击主视图，对出现的箭头位置进行适当调整。

11．创建俯视图半剖视图

（1）双击俯视图，弹出【绘图视图】对话框。单击【类别】列表框中的【截面】选项，进入【截面选项】选项组。选中其中的【2D 横截面】单选按钮，单击【将横截面添加到视图】按钮 ✚，选择【名称】下面的"B"，【剖切区域】选择"半剖"。界面底部系统信息提示区提示：➡为半截面创建选择参考平面，选择如图 12.2.63 所示对称平面作为参考平面，注意箭头方向。单击对话框中的【应用】按钮，单击【确定】按钮退出对话框。

（2）双击剖面线，弹出【菜单管理器】对话框。选中其中的【比例】，弹出【修改模式】下滑选项，调整比例后的剖面线如图 12.2.64 所示。

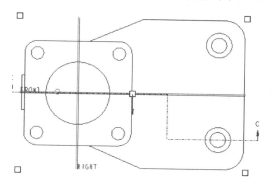

图 12.2.63　指定箭头所示参考平面

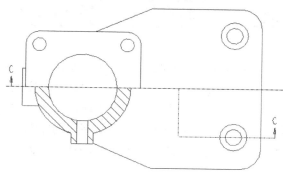

图 12.2.64　调整后的俯视图半剖结果

（3）添加箭头：选中俯视图，单击鼠标右键，在弹出的菜单中选取【添加箭头】选项，再单击主视图，对出现的箭头位置进行适当调整。

12．插入工程图表格

进入【表】选项卡，在【表】区域单击【表来自文件】按钮 ，选取对应文件夹中的名为 "a3.tbl" 的表格文件，将其移动到图形区方框右下角后放置，结果如图 12.2.65 所示。

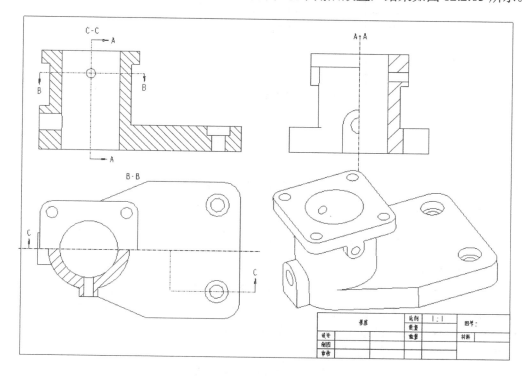

图 12.2.65　插入工程图表格

13．保存工程图文件

单击界面顶部快速访问工具栏中的【保存】按钮 ，完成基座的工程图创建。

12.3 工程图标注实例

本例为对轴零件图进行标注的实例。实例中涉及尺寸、注解、基准、尺寸公差、几何公差和表面粗糙度的标注及编辑，在学习本实例的过程中读者需要注意对轴进行标注的要求及特点。实例完成效果如图 12.3.1 所示。通过本例可以掌握自动生成尺寸并编辑的方法；掌握手动添加尺寸并编辑的方法；掌握表面粗糙度、尺寸公差、几何公差的添加方法；掌握基准轴的添加与编辑方法；掌握工程图注解的创建方法。

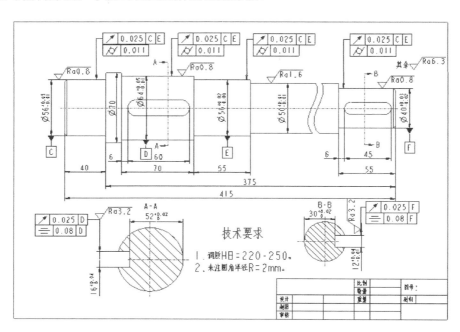

图 12.3.1　标注后的轴零件工程图

1．打开工程图文件

单击界面顶部快速访问工具栏中的【打开】按钮 ，导入轴零件的工程图 "zhou.drw"。

2．修改绘图属性

（1）修改尺寸标注属性：单击【文件】|【准备】|【绘图属性】选项，弹出【绘图属性】对话框，单击对话框中【详细信息选项】后的【更改】按钮，弹出【选项】对话框。搜索 "default_lindim_text_orientation"，将【值】的内容设置为 "parallel_to_and_above_leader"，即尺寸标注的显示方式为尺寸在直线上方。

（2）修改公差显示属性：搜索 "tol_display"，将【值】的内容设置为 "yes"，即公差显示可用。设置好后单击【确定】按钮，返回工程图工作界面。

3. 显示自动生成的基准轴和尺寸

（1）进入【注释】选项卡，单击【注释】区域中的【显示模型注释】按钮，弹出【显示模型注释】对话框，如图 12.3.2 所示。

（2）选中【显示模型注释】对话框中的【显示模型基准】图标，按住<Ctrl>键，在图形区依次单击需要显示基准轴的视图。单击对话框中的【全选】按钮，再单击【应用】按钮，完成基准轴的显示，如图 12.3.3 所示。

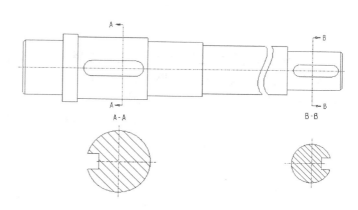

图 12.3.2　【显示模型注释】对话框　　　　图 12.3.3　显示基准轴

（3）选中【显示模型注释】对话框中的【显示模型尺寸】图标，在图形区选择轴右侧的小键槽，显示结果如图 12.3.4 所示。在【显示模型注释】对话框中勾选需要的尺寸，在图形区中的对应尺寸则会变为黑色，单击对话框中的【应用】按钮。保留尺寸如图 12.3.5 所示，单击对话框中的【确定】按钮退出。

（4）移动尺寸到合适位置：单击尺寸，拖动尺寸到轴下方，如图 12.3.6 所示，上方用于标注粗糙度等。

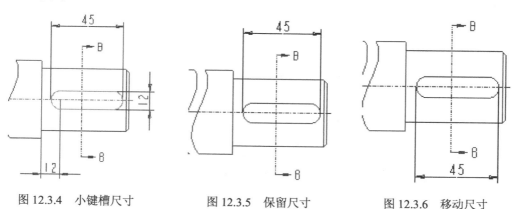

图 12.3.4　小键槽尺寸　　　　图 12.3.5　保留尺寸　　　　图 12.3.6　移动尺寸

4. 手动添加尺寸并编辑

（1）在【注释】选项卡【注释】区域中单击【尺寸】按钮，弹出【选择参考】选项板，选项保存默认。选择图 12.3.7 中左侧箭头所指的边，按住<Ctrl>键再选择右侧箭头所指的边，在适当位置单击鼠标中键放置，结果如图 12.3.8 所示。

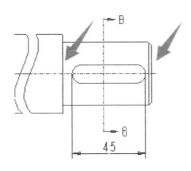
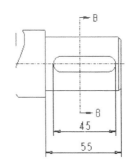

图 12.3.7　箭头所示的边 1　　　　　　图 12.3.8　尺寸标注结果 1

（2）创建直线与圆弧之间的尺寸标注：选择图 12.3.9 中箭头所指的边，在与尺寸"45"同水平处单击鼠标中键放置，结果如图 12.3.10 所示。

（3）调整尺寸显示效果：双击尺寸"12"，界面顶部弹出【尺寸】选项卡，在【显示】区域中单击倒三角，在其中选择  最小，尺寸结果如图 12.3.11 所示。

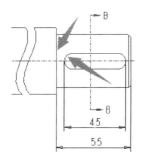
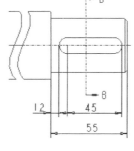
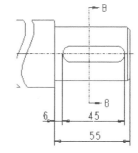

图 12.3.9　箭头所指的边 2　　　图 12.3.10　尺寸标注结果 2　　　图 12.3.11　调整尺寸显示效果

（4）参照上述方法完成水平尺寸的标注，其中直线和圆弧的标注参见步骤（2），水平尺寸标注结果如图 12.3.12 所示。

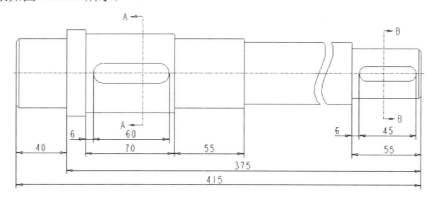

图 12.3.12　水平尺寸的标注

（5）参照上述方法完成竖直尺寸的标注，尺寸标注结果如图 12.3.13 所示。

5．显示尺寸的直径符号并添加尺寸公差

（1）单击轴中最左侧尺寸"56"，弹出【尺寸】选项卡。在【尺寸文本】区域单击【尺

寸文本】按钮，在弹出的下滑面板中的【前缀/后缀】下方第一个空白框中输入符号"φ"，该符号可在下滑面板中的【符号】选项框中选取，结果如图 12.3.14 所示。

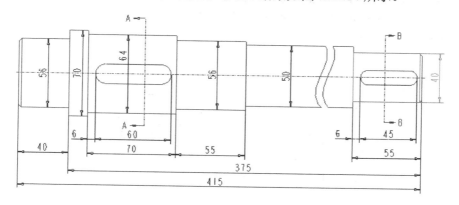

图 12.3.13　竖直尺寸的标注

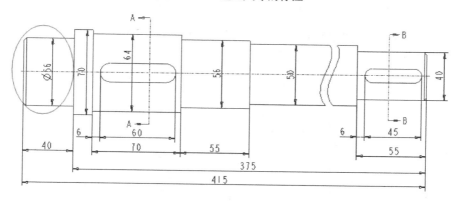

图 12.3.14　显示直径符号

（2）单击轴中最左侧刚刚编辑的尺寸，弹出【尺寸】选项卡。在【公差】区域中单击【公差】按钮，在弹出的下滑面板中选择选项 $^{+0.2}_{-0.1}$ 正负，此时可在【公差】下滑面板中输入公差值，结果如图 12.3.15 所示。

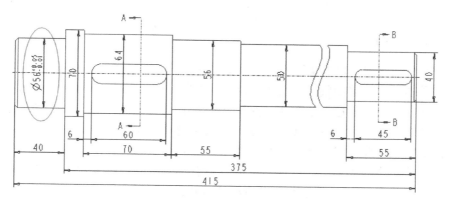

图 12.3.15　标注尺寸公差

（3）参照上述方法，显示剩余尺寸的直径符号和公差。

6．设置参考基准

（1）放置基准：单击【注释】选项卡【注释】区域中的【基准特征符号】按钮，在如图 12.3.16 所示的轴最左端尺寸与边线交点处单击，向下方移动鼠标后单击鼠标中键确定，结果如图 12.3.17 所示。

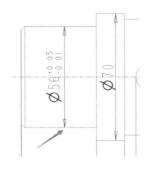

图 12.3.16　基准放置位置

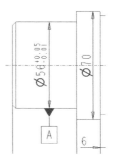

图 12.3.17　放置基准 A

（2）修改符号：双击创建好的基准符号，界面顶部弹出【基准特征】选项卡，在其中的【标签】面板中输入字母"C"，用以区别截面符号，在空白区域单击，回到【注释】选项卡。

（3）参照上述方式标注轴的其余参考基准，结果如图 12.3.18 所示。

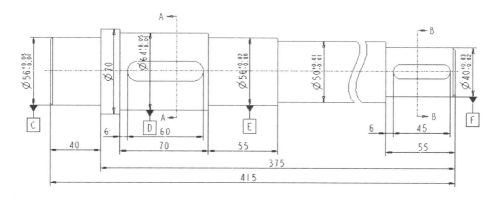

图 12.3.18　标注其余参考基准

7．创建几何公差

（1）放置几何公差：单击【注释】选项卡【注释】区域中的【几何公差】按钮，在轴最左端上边单击，向上移动鼠标，在适当位置单击鼠标中键确定，结果如图 12.3.19 所示。

（2）修改几何公差属性：单击【文件】|【准备】|【绘图属性】选项，弹出【绘图属性】对话框，单击对话框中【详细信息选项】后的【更改】按钮，弹出【选项】对话框。搜索"gtol_lead_trail_zeros"，将【值】的内容设置为"lead_only(metric)"，即显示数字开头的"0"。

（3）修改几何公差内容：双击创建好的几何公差，界面顶部弹出【几何公差】选项卡。在【符号】区域中单击倒三角按钮，在下滑选项中选取　偏差度；在【公差和基准】区域中修改公差并添加基准符号，如图 12.3.20 所示。在空白区域单击完成，结果如图 12.3.21 所示。

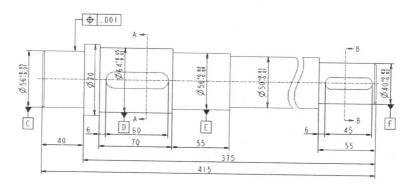

图 12.3.19　添加几何公差

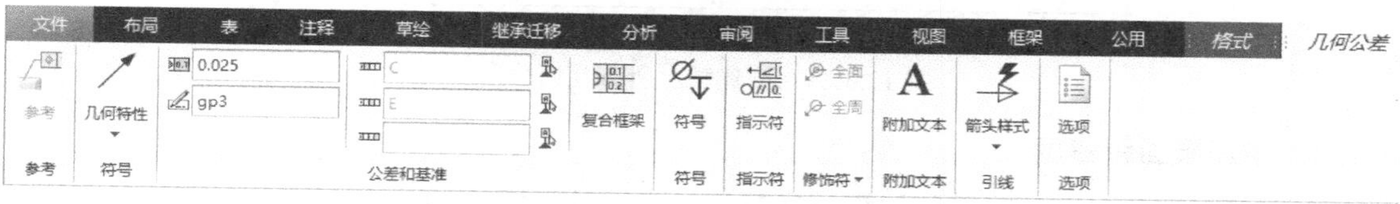

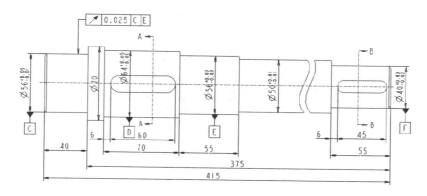

图 12.3.20　【公差和基准】区域设置

图 12.3.21　修改后的几何公差

（4）在同一位置处添加多种几何公差：单击【注释】选项卡【注释】区域中的【几何公差】按钮，在之前公差下方合适位置单击放置，修改内容后如图 12.3.22 所示。

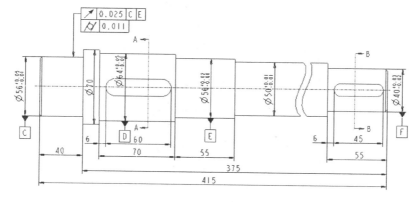

图 12.3.22　同一位置添加多种几何公差

（5）参照上述方法完成剩余几何公差的创建，如图 12.3.23 所示。

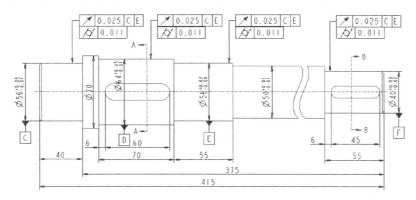

图 12.3.23　创建轴上所有几何公差

8．添加表面粗糙度

Creo 6.0 中没有提供新国标的粗糙度符号，为此首先需要创建符合规范的粗糙度符号，然后再使用已创建符号。

（1）草绘粗糙度符号：单击【草绘】选项卡，在图形区中绘制如图 12.3.24 所示的符号。尺寸大小可参考图中数字的大小，使用直线绘制时在单击第一点后可单击鼠标右键，选择其中的【角度】选项，设置为 0 或其他角度，从而保证直线水平或是其他需要的方向。

（2）添加注解：单击【注释】选项卡【注释】区域中的【注解】按钮 ，在粗糙度符号末尾添加注释内容 "\Ra3.2\"，注意其中的斜杠方向，结果如图 12.3.25 所示。

图 12.3.24　粗糙度符号　　　　　图 12.3.25　添加注解

（3）创建符号：单击【注释】选项卡【注释】区域中【符号】旁的倒三角，选择其中的 符号库 选项。弹出【菜单管理器】对话框，单击其中的【定义】选项，在弹出的【输入符号名[退出]:】输入框中填写"国标"，单击 按钮，进入图形创建窗口。在图形创建窗口右侧的【菜单管理器】对话框中选择【绘图复制】选项，弹出【选择】对话框，然后框选如图 12.3.25 所示的内容，单击【选择】对话框中的【确定】按钮，图形出现在图形创建窗口中。

图 12.3.26　【符号定义属性】对话框

（4）添加属性：单击【菜单管理器】对话框中的【属性】选项，弹出【符号定义属性】对话框，如图 12.3.26 所示。把【允许的放置类型】选区中的复选框全部勾选，【拾取原点】全部设置为符号中三角的下顶点；在【符号实例高度】下方选择【可变的-相关文本】单选按钮，然后单击窗口中的"Ra3.2"；在【属性】选区勾选【允许文本反向】复选框。单击对话框中的【可变文本】选项卡，检查可变文本是否设置成功，设置内容保持默认。设置完成后单击【确定】按钮退出【符号定义属性】对话框，再单击【菜单管理器】对话框中的【完成】按钮回到工程图窗口。单击工程图窗口右侧【菜单管理器】对话框中的【完成】按钮。在图形区按住<Alt>键选中之前的草绘图形并删除。

（5）使用自定义粗糙度符号标注：单击【注释】选项卡【注释】区域中的【符号】旁的倒三角，选择出现的 自定义符号。弹出【自定义绘图符号】对话框，选择【定义】中的【符号名】为"国标"，【放置】中的【类型】改为"垂直于图元"。在需要标注的地方单击鼠标左键，再单击鼠标中键确定，完成轴上所有标注后单击【自定义符号】对话框中的【确定】按钮退出。对图形布局做适当调整，结果如图 12.3.27 所示。

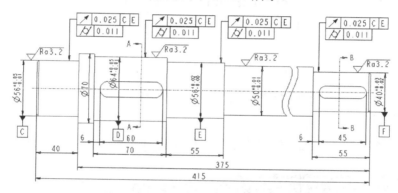

图 12.3.27　使用自定义粗糙度符号标注

（6）修改粗糙度数值：双击标注好的粗糙度符号，弹出【自定义绘图符号】对话框，选择其中的【可变文本】选项卡，设置粗糙度为 0.8 或 1.6，所有修改好后的粗糙度如图 12.3.28 所示。

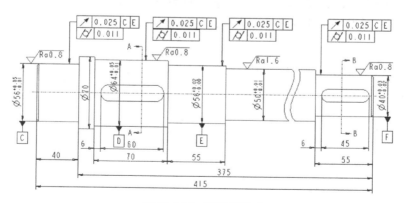

图 12.3.28　粗糙度修改

9．横截面标注

参照轴的标注方法标注两横截面的参数、公差和粗糙度，结果如图 12.3.29 所示。

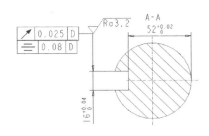
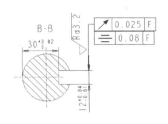

图 12.3.29　横截面标注

10．插入技术要求和其余公差

（1）单击【注释】选项卡【注释】区域中的【注解】按钮，在空白区域单击，输入"技术要求"；再在下方插入注释框，输入要求内容，调整好字体大小，结果如图 12.3.30 所示。

（2）在图框中右上角插入注释"其余"和粗糙度为 6.3 的粗糙度符号，如图 12.3.31 所示。

技术要求
1. 调质HB＝220-250。
2. 未注圆角半径R＝2mm。

其余　√ Ra6.3

图 12.3.30　技术要求　　　　图 12.3.31　其余公差

11．保存工程图

单击界面顶部快速访问工具栏中的【保存】按钮，完成轴零件工程图的标注。

12.4　装配图模板的创建与应用实例

本实例首先创建一个装配图的模板"muban.frm"，如图 12.4.1 所示，然后调用该模板。装配图模板的创建方法与工程图模板的创建方法相似。通过本例可以掌握创建工程图模板的操作方法；掌握表格的创建及编辑方法；掌握装配图明细表的创建方法；掌握重复区域的设置及操作方法；掌握工程图模板的调用方法；掌握球标的创建与编辑方法。

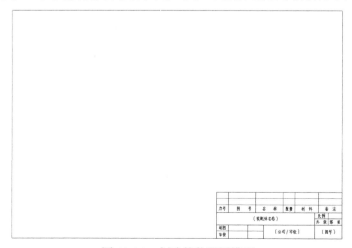

图 12.4.1　创建的装配图模板

1. 新建模板

单击【新建】按钮，在【新建】对话框中选择【类型】为【格式】，设置文件【名称】为"muban"。单击【确定】按钮，弹出【新格式】对话框，选择【指定模板】为【空】，设置【标准大小】为【A3】，其余默认，单击【确定】按钮，进入模板编辑环境，如图 12.4.2 所示。

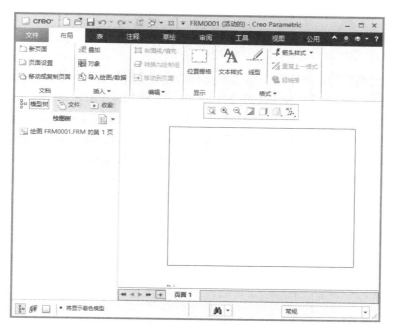

图 12.4.2　模板编辑环境

2. 插入并编辑表格

操作说明：完整的装配图除包括标题栏之外还应该包括明细表，标题栏与明细表主要是靠表格来完成的。Creo 提供了很多绘制表格的方法，下面主要介绍插入表格的方法。

（1）单击【表】选项卡【表】区域中的【表】按钮下的倒三角，在下拉菜单中单击按钮 插入表...，系统弹出【插入表】对话框，如图 12.4.3 所示。

对话框中的【方向】选项组各按钮说明如下：

- 表示表的增长方向向右且向下。
- 表示表的增长方向向左且向下。
- 表示表的增长方向向右且向上。
- 表示表的增长方向向左且向上。

操作提示：表格的方向非常重要，如果需要创建的明细表从上往下排序，则需要选择向下增长；如果需要明细表从下往上排序，则需要选择向上增长。

（2）单击向右且向上增长按钮；设置【表尺寸】中的

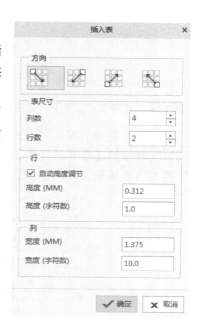

图 12.4.3　【插入表】对话框

【列数】为10、【行数】为7。其余设置保持默认，单击对话框中的【确定】按钮，在图形区任一位置单击放置，放大后查看结果如图12.4.4所示。

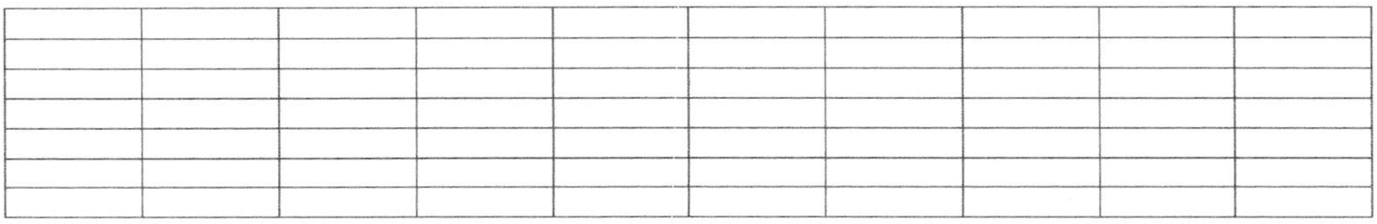

图12.4.4　插入表

（3）修改单元格尺寸：选中左上角的单元格，选择【表】选项卡【行和列】区域中的【高度和宽度】按钮，弹出【高度和宽度】对话框，如图12.4.5所示。

（4）取消勾选对话框中的【自动高度调节】复选框，设置【高度（绘图单位）】为8，【宽度（绘图单位）】为15，单击【预览】按钮查看，确认后单击【确定】按钮退出。按此方法修改后续单元格列宽分别为（从左至右）25、10、10、25、15、25、5、12、18；按此方法修改后续单元格行高分别为（从上至下）8、10、8、8、8、10，完成设置后的表格如图12.4.6所示。

图12.4.5　【高度和宽度】对话框

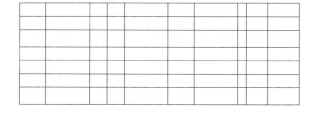

图12.4.6　设置尺寸后的表格

（5）合并单元格：按住<Ctrl>键依次选中需要合并的单元格，单击【表】选项卡【行和列】区域中的【合并单元格】按钮，完成合并，合并内容如图12.4.7所示，合并后的表格如图12.4.8所示。

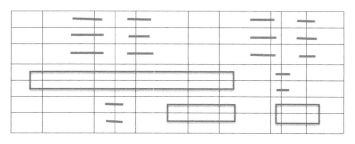

图12.4.7　合并内容

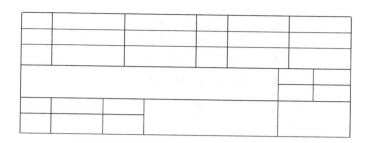

图 12.4.8　合并后的表格

（6）移动表格：框选整个表格，单击【表】选项卡【表】区域旁的倒三角，在弹出的下滑面板中选取 📇 移动特殊，再选择表格右下角的点，弹出【移动特殊】对话框，选择其中的 ┍┑ 选项，再单击图框的右下角顶点，单击对话框中的【确定】按钮完成移动。

3．插入表格文字

（1）设置文本样式：单击【表】选项卡【格式】区域旁的倒三角，在弹出的下滑面板中选取 A 管理文本样式，弹出【文本样式库】对话框，如图 12.4.9 所示。

（2）单击对话框中的【新建】按钮，弹出【新文本样式】对话框，设置【样式名称】为"xin"，在【字符】选区中取消勾选【高度】后的【默认】复选框并设置其为 6，在【注解或尺寸】选区中设置【水平】为【中心】，【竖直】为【中间】。设置内容如图 12.4.10 所示，单击【确定】按钮退出，再单击【文本样式库】对话框中的【关闭】按钮，完成文本样式的新建。

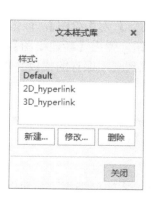

图 12.4.9　【文本样式库】对话框　　　　图 12.4.10　【新文本样式】对话框设置

（3）使用文本样式：单击【表】选项卡【格式】区域中的【文本样式】按钮，弹出【选择】对话框。框选整个表格，单击【选择】对话框中的【确定】按钮，弹出【文本样式】对话框，如图 12.4.11 所示。在【复制自】选区中的【样式名称】下拉列表框中选择"xin"，单击【文本样式】对话框下方的【应用】按钮，再单击该对话框中的【确定】按钮退出。单击【选择】对话框中的【取消】按钮关闭该对话框。

（4）插入表格文字：双击单元格（不行则按住<Alt>键并双击），输入文字，完成文字输入后的结果如图 12.4.12 所示。

图 12.4.11 【文本样式】对话框

序号	图 号	名 称	数量	材 料	备 注	
					比例	
		（装配体名称）			共 张	第 张
制图						
审核		（公司／学校）			（图号）	

图 12.4.12 插入表格文字

4．保存模板

单击界面顶部快速访问工具栏中的【保存】按钮，将模板文件保存。

5．调用模板

单击【新建】按钮，在【新建】对话框中选择【类型】为【绘图】，取消勾选【使用默认模板】复选框，文件名称保持默认。单击【确定】按钮，弹出【新建绘图】对话框，选择【指定模板】下的【格式为空】，单击【浏览】按钮，找到刚才保存的模板并单击【打开】按钮，最后单击【确定】按钮，进入绘图环境。

12.5 部件装配图生成实例

本实例所用装配体千斤顶的装配模型如图 12.5.1 所示。本实例调用了前面创建的装配图模板"muban.frm"，装配体工程图的创建方法与零件工程图的创建方法基本类似。模型螺纹均使用修饰螺纹。通过本实例的讲解，使读者可以掌握装配体主要视图的创建、装配体剖视图的创建、分解视图的创建、标注装配体等内容。

图 12.5.1　千斤顶装配模型

1. 打开装配模型

单击界面顶部快速访问工具栏中的【打开】按钮，导入千斤顶装配模型"qianjinding.asm"。

2. 创建定向

单击视图控制工具条中的【视图管理器】按钮，弹出【视图管理器】对话框，选择对话框中的【定向】选项卡后单击【新建】，输入名称为"DX"，按回车键确定。用鼠标选中名称"DX"，单击鼠标右键选择【重新定义】，弹出【视图】对话框。设置【参考一】为"左"，设置【参考二】为"上"，分别设置为如图 12.5.2 所示的左侧和顶部端面，单击【确定】按钮完成设置。

图 12.5.2　设置参考面

3. 创建截面

通过【平面】创建模型截面：单击视图控制工具条中的【视图管理器】按钮，弹出【视图管理器】对话框，选择对话框中的【截面】选项卡后单击【新建】|【平面】选项，输入截面的名称"A"，按回车键确定。选取参考面为模型树中基准平面 ASM_FRONT 面，单击【截面】操控板中的【确定】按钮完成创建，结果如图 12.5.3 所示。以同样的方式选取参考面为模型树中基准平面 ASM_RIGHT 面，创建截面"B"，结果如图 12.5.4 所示。双击【无横截面】并取消显示效果，单击【关闭】按钮退出。

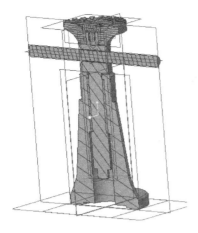
图 12.5.3　创建截面 A

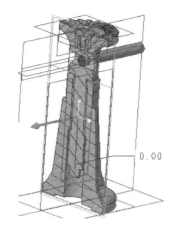
图 12.5.4　创建截面 B

4．新建工程图

单击【新建】按钮，在【新建】对话框中选择【类型】为【绘图】，取消勾选【使用默认模板】，设置文件【名称】为"qianjinding"。单击【确定】按钮，弹出【新建绘图】对话框，选择【指定模板】下的【格式为空】，单击【浏览】按钮，找到模板"muban.frm"并单击【打开】按钮，最后单击底部【确定】按钮，进入绘图环境（选择模板的第一页作为绘图页）。

5．创建主视图

（1）在【布局】选项卡【模型视图】区域中单击【普通视图】按钮，弹出【选择组合状态】对话框。接受默认设置，单击【确定】按钮。在图形区方框内单击任意位置，弹出【绘图视图】对话框，此时在图形区显示千斤顶的预览情况。

（2）修改视图名称：在【视图名称】后的文本框中输入"主视图"。

（3）定义主视图方向：在【模型视图】下选择"DX"，单击对话框中的【应用】按钮。

（4）比例设置：单击【绘图视图】对话框中【类别】列表框中的【比例】选项，进入【比例和透视图选项】选项组。设置【自定义比例】为"1"，单击对话框中的【应用】按钮。

（5）视图显示设置：单击【绘图视图】对话框中【类别】列表框中的【视图显示】选项，进入【视图显示选项】选项组。设置【显示样式】为 消隐，【相切边显示样式】为 无，其余保持默认。单击对话框中的【应用】按钮，消隐后的主视图如图 12.5.5 所示，再单击【确定】按钮退出对话框。

（6）调整主视图位置：单击图形区中主视图上的任意位置选中主视图，再单击鼠标右键，在弹出的选项栏中取消 锁定视图移动 的选中状态。用鼠标将主视图移动到适当位置，删除主视图下方的注释内容。

6．全剖主视图

（1）修改绘图属性：单击【文件】|【准备】|【绘图属性】选项，弹出【绘图属性】对话框，单击对话框中【详细信息选项】后的【更改】按钮，弹出【选项】对话框。搜索"projection_type"，将【值】的内容设置为"first_angle"，即把第三视角改成第一视角；搜索"thread_standard"，将【值】的内容设置为"std_ansi_imp_assy"，即调整装配螺纹的显示样式；搜索"drawing_units"，将【值】的内容设置为"mm"，即单位改为 mm。设置好后单击【确

定】按钮，返回工程图工作界面。

（2）双击主视图，弹出【绘图视图】对话框。单击【类别】列表框中的【截面】选项，进入【截面选项】选项组。选中其中的【2D 横截面】单选按钮，单击【将横截面添加到视图】按钮，选择【名称】下面的"A"，【剖切区域】选择"完整"。单击对话框中的【应用】按钮，单击【确定】按钮退出对话框，结果如图 12.5.6 所示。注意：参考平面为装配图中绘制的平面，如果没有合适的平面以供选择，则需要自己在装配图中创建。

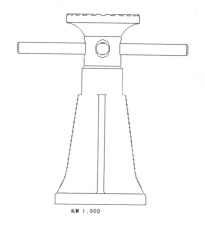

图 12.5.5　消隐后的主视图

图 12.5.6　主视图全剖

7. 投影左视图和俯视图

选中主视图，单击【布局】选项卡【模型视图】区域中的【投影视图】按钮分别投影左视图和俯视图，具体方式参考 12.2 节，结果如图 12.5.7 所示。

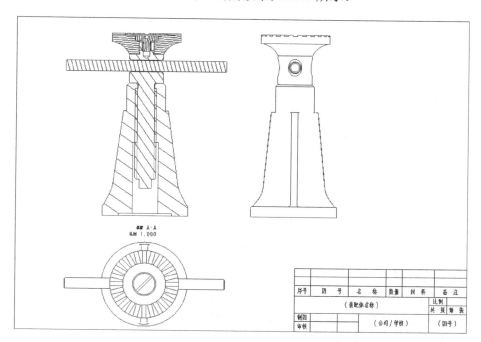

图 12.5.7　投影左视图和俯视图

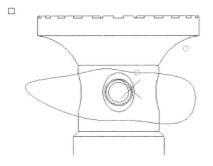

图 12.5.8 局部剖中心点位置与样条曲线

8．局部剖左视图

左视图需要对中间轴进行局部剖，方便查看内部孔结构。双击左视图，弹出【绘图视图】对话框。单击【类别】列表框中的【截面】选项，进入【截面选项】选项组。选中其中的【2D 横截面】单选按钮，单击【将横截面添加到视图】按钮 ✚，选择【名称】下面的"A"，【剖切区域】选择"局部"。界面底部系统信息提示区提示：➡ 选择截面间断的中心点< D >，在如图 12.5.8 所示位置单击并绘制样条曲线，绘制样条曲线结束点时离起始点要有一些距离，单击鼠标中键确定。单击对话框中的【应用】按钮，再单击【确定】按钮退出对话框。

9．修改剖面线

双击图中剖面线，弹出【菜单管理器】对话框。通过单击【下一个】/【上一个】可以变换剖面线在图中的被选位置；单击【间距】按钮可在【修改模式】下方选择间距的调整方式；单击【角度】按钮可修改剖面线的倾角，一般选取"45"或"135"；单击【排出】按钮可将该模型以不剖的形式显示。按照上述方法修改装配图的剖面线，结果如图 12.5.9 所示。

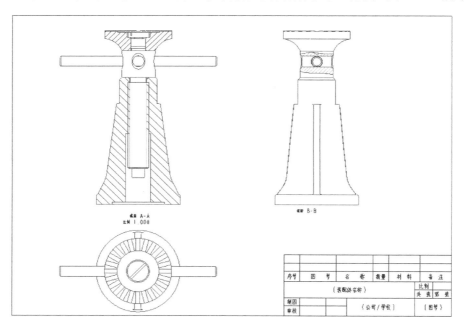

图 12.5.9 修改装配图剖面线

10．标注零件序号

单击【注释】选项卡【注释】区域中的【注解】旁的倒三角，在下滑面板中选取 ⤷A 引线注解，弹出【选中参考】对话框，在零件上单击鼠标左键，再将鼠标移动到序号放置位置单击鼠标中键，输入编号后再单击鼠标中键确定。按此方式完成所有零件序号的标注，标注完成后框选所有尺寸调节显示大小，结果如图 12.5.10 所示。

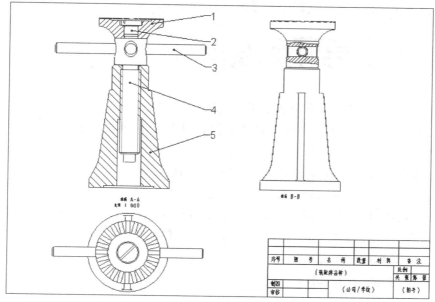

图 12.5.10　标注零件序号

11. 标注主要尺寸，完善信息

选择【注释】选项卡，单击【注释】区域中的【尺寸】按钮，对千斤顶各主要尺寸进行标注，同时完善装配图底部明细表、名称、比例等信息，结果如图 12.5.11 所示。

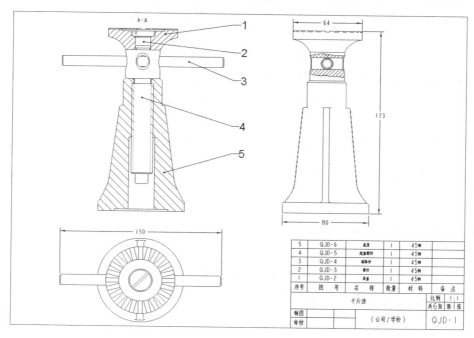

图 12.5.11　标注主要尺寸及完善信息

12. 保存工程图

单击界面顶部快速访问工具栏中的【保存】按钮 ⊞，完成千斤顶装配图的创建。

12.6 工程图的打印输出

打印出图是 CAD 工程设计中非常重要的环节。在 Creo 6.0 的零件模式、装配模式及工程图模式中，都可以在界面顶部选择【文件】|【打印】|【打印】选项，进行打印出图操作。

在 Creo 系统中进行打印出图操作需要注意以下几点：

- 打印操作前，需要对 Creo 的系统配置文件进行必要的打印选项设置。
- 在打印出图时一般选择系统打印机 MS Printer manager，需要注意的是在零件模式和装配模式下，如果模型是着色状态，不能选择系统打印机，一般可以选择打印机类型为 Generic Color Postscript。
- 屏幕中灰色显示的隐藏线，在打印时为虚线。

进行打印出图操作可以进入【打印】选项卡（见图 12.6.1）进行相关设置，选项卡中各区域的功能和设置方法如下。

图 12.6.1 【打印】选项卡

【设置】区域：单击【设置】区域中的【设置】按钮 ▤，弹出【打印机配置】对话框，如图 12.6.2 所示。可在【打印机】文本框后单击【命令和设置】按钮 ＋↓，弹出打印机类型选项板。

【纸张】区域：可选择纸张大小和方向等，单击【纸张】区域右下角的箭头弹出【纸张】对话框，可对尺寸、单位、标签等进行设置。

【显示】区域：可对图形的显示效果进行调节，包括图中模板是否显示、图纸所处位置及旋转角度。

【模型】区域：可对图中需要打印的部分进行选择，包括图纸的框选和层的选择，也可对质量进行设置。

【完成】区域：单击【预览】按钮可对设置后选择打印的部分进行查看，单击【打印】按钮会弹出【打印】对话框，如图 12.6.3 所示。

图 12.6.2　【打印机配置】对话框

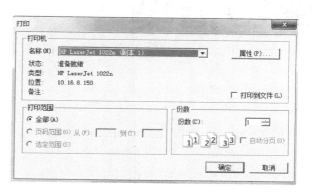

图 12.6.3　【打印】对话框

12.7　练习题

1.　创建底座零件的工程图

参照 12.2 节中的步骤创建如图 12.7.1 所示的底座零件的工程图。

2.　创建间歇槽轮机构的装配图

参照 12.5 节中的步骤创建如图 12.7.2 所示的间歇槽轮机构的装配图。

图 12.7.1　底座零件模型

图 12.7.2　间歇槽轮机构模型

第**13**章

模型渲染

　　Creo 6.0 在渲染功能上比以前版本相比有很大的提高，允许通过调整各种参数来改进模型外观、增强细节部分，使模型获得更好的视觉效果。调整渲染参数时模型外观将随之更新，可以不断移动、旋转模型，从不同角度观看渲染效果。这样的效果在现在的设计过程中显得越来越重要。

　　适当地应用颜色、纹理及光照，更改背景以及应用其他效果，如反射、色调映射及景深等，可以得到照片级的设计效果，如图 13.0.1 所示为 Creo 6.0 的渲染效果。

图 13.0.1　渲染效果

13.1　Render Studio 介绍

　　Creo Render Studio 可以通过对模型外观、场景和光照等元素进行设置来创建模型的渲染图像。渲染图像可以呈现环境在外观上的反射效果，揭示设计缺陷，帮助确认设计目标。在渲染图像中，用户还可以看到在光照、阴影和环境的真实设置下一个模型化对象的外观。

　　在 Creo 6.0 中打开模型，单击功能区【应用程序】选项卡中的【Render Studio】按钮 ，启动 Render Studio，功能区出现【Render Studio】选项卡（见图 13.1.1），使用其中的工具按钮，进行模型渲染。

图 13.1.1　【Render Studio】选项卡

- 【外观】按钮：将外观应用到模型上或更改模型中使用的现有材料。
- 【Scenes】（场景）按钮：将替代 HDRI 场景应用到模型上。还可以编辑场景来修改默认场景、环境、光源和背景。
- 【已保存方向】按钮：设置或修改观察方向。
- 【透视图】按钮：将模型设置为透视图模式。

● 【实时渲染】按钮 ：打开和关闭实时光线跟踪处理。

● 【渲染输出】区域：用于保存已定义设置的渲染图像。

Creo Render Studio 由 Luxion KeyShot 渲染引擎提供支持，可以采用模型定义的场景和外观，也可将模型保存为可在独立的 KeyShot 应用程序中打开的 BIP 文件。

1. 场景信息

在功能区【Render Studio】选项卡中，单击【实时】区域中的倒三角，选中出现的【场景信息】选项，将打开包含实时渲染信息的【信息】窗口，如图 13.1.2 所示。

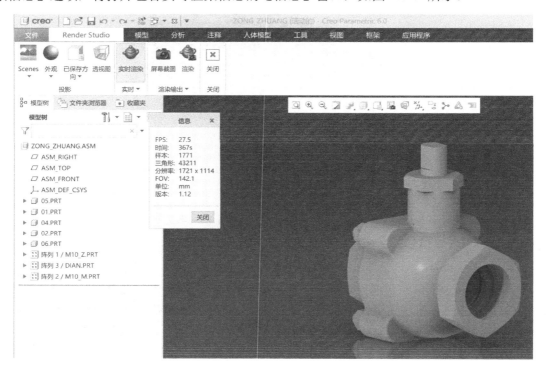

图 13.1.2　显示实时渲染信息

【信息】窗口中的各参数介绍如下。

● FPS：每秒传输帧数（Frames Per Second）。

● 时间：渲染器处理当前图像所花费的时间。当渲染器重新启动时，例如移动了照相机或更改了实时设置等，将重置此时间。

● 样本：样本数越多，质量越好，反射和阴影越准确。样本数趋近于无穷大时，图像会变得更加逼真。

● 三角形：当前渲染中处于活动状态的三角形的数量。

● 分辨率：当前图像的分辨率。

● FOV（取景范围）：当前相机的取景范围。

● 单位：场景的测量单位。

● 版本：Render Studio 版本号。

2. 保存或导出渲染输出

1）保存渲染输出

在功能区【Render Studio】选项卡上，单击【渲染】按钮 。【渲染】对话框随即打开，如图 13.1.3 所示。

图 13.1.3　【渲染】对话框

在对话框中的【文件名】文本框中输入名称并指定保存渲染图像的路径。在【格式】下拉列表框中选择 JPEG、TIFF、PNG 等渲染图像输出格式。此外，还可以在【渲染】对话框中进行下述修改：

- 勾选【包括 Alpha（透明度）】复选框以启用 PNG 或 TIFF 文件格式的透明背景。
- 在【分辨率】文本框或其后的下拉列表框中输入或选择分辨率。
- 在【选项】选区指定【最大样本数】和【最长时间】的值以调整渲染质量。【最大样本数】最大可设置为 256；【最长时间】则没有限制。

设置完毕后，单击对话框中的【渲染】按钮保存渲染图像。

2）将渲染模型另存为截图

（1）确保功能区【Render Studio】选项卡中的【实时渲染】按钮 处于按下状态。

（2）单击功能区【Render Studio】选项卡中的【屏幕截图】按钮 ，打开【保存屏幕截图】对话框，如图 13.1.4 所示。

（3）在对话框中的【文件名】文本框中输入文件名称，并为屏幕截图选择一个保存路径。

（4）单击【保存】按钮，以 PNG 格式保存截图。

也可以通过单击【文件】|【另存为】|【保存副本】选项以 PNG 或 TIFF 等格式保存文件。

图 13.1.4 【保存屏幕截图】对话框

13.2 ▶ 实时渲染对象

在功能区【Render Studio】选项卡中，可以通过单击【实时渲染】按钮  来打开或关闭渲染。

1. 实时渲染设置

单击功能区【Render Studio】选项卡【实时】区域中的倒三角，选中出现的【实时设置】选项，打开【实时渲染设置】对话框，如图 13.2.1 所示。在对话框中可对下述内容进行设置：

图 13.2.1 打开【实时渲染设置】对话框

- 【光照预设】：有"自定义""性能模式""基本""产品""内部"和"完全仿真"
  选项可供选择。光照预设对阴影、照明和光线反射指定了预定义值。默认为"基本"
  选项。
- 【光线反射】：移动滑块或在文本框中修改光线反射数。光线可从不同曲面反射指定
  次数。较强的反射可照亮场景中较暗的区域。
- 【间接反射】：移动滑块或在文本框中修改间接光线反射数。数字越大，从不同对象
  反射的颜色越多。
- 【阴影质量】：移动滑块或在文本框中输入最多四位小数的值。数字越大，投射在地
  面上的阴影质量越好。随着该值增加到 1.0000 以上，阴影的不规则或不一致边将会
  变为一致边和锐边。
- 【自身阴影】：显示投射在其他对象上的阴影，如图 13.2.2 所示。

图 13.2.2　打开自身阴影效果

- 【全局照明】：照亮环境。对象的颜色将投射在附近其他对象上。间接反射越多，全
  局照明越强。全局照明强度增大效果如图 13.2.3 所示。

图 13.2.3　全局照明强度增大效果

- 【地面照明】：以对象的颜色照亮地面。对象的颜色投射在地面上时，对象的阴影将
  显得暗淡无光，如图 13.2.4 所示。

图 13.2.4　白色地面照明效果

- 【焦散】：查看对象或地面上的焦散效果。在玻璃类材料或金属材料上，使用焦散效果将得到更好的渲染效果，如图 13.2.5 所示。光线穿过对象进行反射或折射时将产生真实的焦散效果。

图 13.2.5　焦散效果显示在金属杯和玻璃杯周围

- 【内部模式】：设置是否启用内部照明。选中此复选框后，模型将暴露在自然光下。如果同时勾选【全局照明】复选框，则将照亮较暗区域。用户还可以增加【光线反射】值以在模型上投射更多光源。
- 【内核数】：渲染可使用的 CPU 内核数。

单击【实时渲染设置】对话框中的【确定】按钮保存设置。

2. 实例：实时渲染玻璃杯

（1）打开随书资源中的模型 glass.prt，如图 13.2.6 所示，对其进行渲染。通过本渲染例子，表现玻璃杯中的液体效果。

（2）单击【Render Studio】选项卡中的【实时渲染】按钮 。为了达到渲染效果，在建模时使用了曲面组建立了玻璃杯体曲面组 F9 和杯中液体曲面组 F7，如图 13.2.7 所示。零件必须具有两个不同的曲面面组，分别赋予不同的材质和特性才能获得照片级的渲染输出。

（3）单击【外观】按钮 以打开【外观】下滑面板。

（4）选择并应用【库】区域中的适当材料外观。在本实例中，可应用如图 13.2.8 所示的外观材料。

（5）单击【外观】下滑面板中的【编辑模型外观】选项以修改材料属性。在本实例中，可设置如图 13.2.9 所示的材料属性。

图 13.2.6　玻璃杯模型

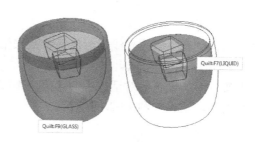

图 13.2.7　杯子与液体曲面面组

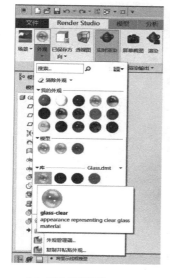

（a）杯子外观材料

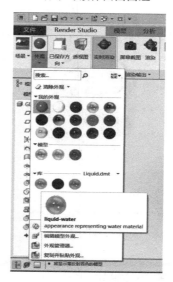

（b）液体外观材料

图 13.2.8　设置外观材料

（a）杯子材料属性

（b）液体材料属性

图 13.2.9　设置材料属性

（6）单击功能区【实时】区域中的倒三角，选中出现的【实时设置】选项，打开【实时渲染设置】对话框。在其中修改光线反射值等参数来生成照片级的真实光源效果。本例设置参数及对应效果如图 13.2.10 所示。

（7）单击【实时渲染设置】对话框中的【确定】按钮，以显示照片级的真实材料和光源效果渲染玻璃杯模型，结果如图 13.2.11 所示。

图 13.2.10　实时渲染设置　　　　　　　图 13.2.11　渲染结果

13.3　练习题

渲染如图 13.3.1 所示的飞船模型。

图 13.3.1　飞船模型

第14章

机构运动分析与仿真

14.1 机构模块概述

Creo 6.0 的机构模块可以对机构进行运动仿真分析。机构模块主要包括创建机构、定义特殊连接、创建伺服电动机、机构分析与回放等功能。通过机构模块，用户可以直接观察、记录并以图形（如位移线图、速度线图、加速度线图等）或动画形式显示运动仿真分析结果。

1.【机构】模块工作界面介绍

单击装配环境下【应用程序】选项卡中的【机构】按钮，系统进入【机构】模块，如图 14.1.1 所示，界面顶部出现【机构】选项卡，其中的主要区域及工具按钮介绍如下。

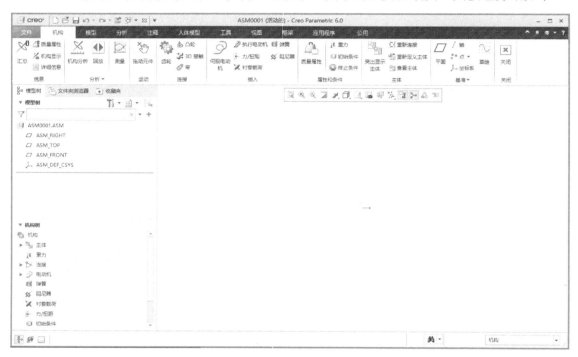

图 14.1.1　机构工作界面

1)【连接】区域

此区域工具用于创建特殊连接，包括凸轮、齿轮副、带传动等。只有定义了特殊连接后，才能够进行运动仿真与分析。

【齿轮】按钮：用于设置齿轮副连接。齿轮副用来定义两个旋转轴之间的速度关系，能够模拟一对齿轮之间的啮合运动和传动关系。具体操作方法见本书 14.3 节。

【凸轮】按钮：用来设置凸轮副连接。凸轮副连接是分别在两个构件上指定一个（或一组）曲面或曲线来创建的。具体操作方法见本书 14.4 节。

2)【插入】区域

此区域工具用于定义伺服电动机、执行电动机、弹簧、力/力矩、阻尼器等。

【伺服电动机】按钮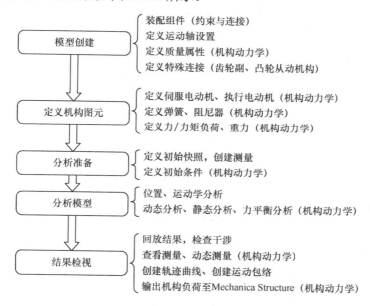：用于创建伺服电动机。将机构按照连接条件装配完毕后，要想使它"动"起来，必须为之施加伺服电动机。把伺服电动机施加在以销方式连接的构件（公共轴）上，可以令该构件实现旋转运动；施加在以滑块方式连接的构件上，可以令该构件实现平移运动。具体方法见本书 14.3 节、14.4 节和 14.5 节。

3）【分析】区域

此区域工具用于对所创建的机构进行分析，使用回放功能对分析结果进行回放，检查元件之间的干涉，观察分析结果。

2．机构运动仿真的一般过程

机构运动仿真的一般过程如图 14.1.2 所示。

图 14.1.2　机构运动仿真的一般过程

14.2　机构连接方式介绍

1．连接方式

在进行机构的运动学分析和仿真之前，必须进入装配工作界面完成各元件的连接。元件之间的连接是利用一组预先定义的约束集来实现的，元件的主要连接方式及其自由度如表 14.2.1 所示：

表 14.2.1　主要连接方式及其自由度

连接类型	平移 自由度	旋转 自由度	说　　明
焊接	0	0	连接定义：坐标系对齐 作用：将两个主体焊接在一起，两个主体之间没有相对运动

（续表）

连接类型	平移自由度	旋转自由度	说　明
刚性 （Rigid）	0	0	连接定义：使用约束方式放置元件 作用：将两个主体定义为刚体，无相对运动
滑动杆 （Slider）	1	0	连接定义：轴对齐；平面一平面配对/偏距（限制绕轴运动） 作用：使主体沿轴向平移，限制绕轴运动
销 （Pin）	0	1	连接定义：轴对齐；平面一平面配对/偏距（限制沿轴向平移） 作用：使主体绕轴转动，限制沿轴向平移
圆柱 （Cylinder）	1	1	连接定义：轴对齐 作用：使主体能够绕轴转动，沿轴向平移
球 （Ball）	0	3	连接定义：点与点对齐 作用：可在任何方向上旋转
平面 （Planar）	2	1	连接定义：平面一平面对齐/匹配 作用：使主体在平面内相对运动，绕垂直于该平面的轴转动
轴承 （Bearing）	1	3	连接定义：直线上的点 作用：球接头与滑动杆接头的混合
6DOF	3	3	连接定义：坐标系对齐 作用：建立三根平移运动轴和三根旋转运动轴，使主体可在任何方向上平移和转动

注：主体——机构模型的基本元件，是受严格控制的一组零件，在组内没有自由度。基础——不运动的主体。

2．各种连接的创建

创建各种连接创建要进入装配工作界面，指定连接类型、元件（后调入的为元件）和装配件（图形区已创建好的连接模型）的约束参考。

单击功能区【模型】选项卡【元件】区域中的【组装】按钮，打开要调入的零件，弹出【元件放置】操控板，如图 14.2.1 所示。

图 14.2.1　【元件放置】操控板

选择【元件放置】操控板中的不同约束集会在【放置】下滑面板中生成对应的约束集，此处以【销】约束集为例进行说明。选中【用户定义】下拉列表框中的 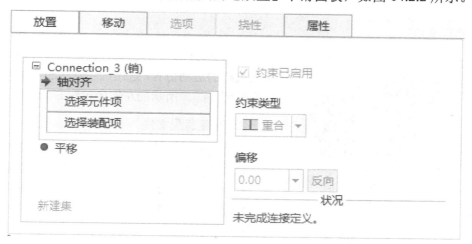 销选项，单击【放置】按钮，弹出和【销】约束集相关的【放置】下滑面板，如图 14.2.2 所示。

图 14.2.2　【放置】下滑面板

仅一个约束往往不足以确定元件之间的连接关系，可一直添加约束，直到完成连接定义。下面介绍几种常用的连接方式。

- 【刚性】连接：通常机架与底座、箱体等构件之间都应采用刚性连接。系统中用 刚性 选项设置。

- 【销】连接：由一个轴对齐约束和一个与轴垂直的平移约束组成。轴对齐约束将两个构件上的轴线对齐，生成公共轴线；平移约束限制两个构件沿着轴线的移动。用【销】连接的两个构件仅仅具有一个绕公共轴线旋转的自由度。【销】连接适用于轴类零件或带有孔的零件。系统中用 销选项设置。

- 【滑块】连接：用来设定两个相互连接的构件之间沿直线方向的相对移动。使用轴对齐约束将两个构件上的轴线对齐，生成移动方向的轴线，使用旋转约束来限制构件绕轴线的转动。实施【滑块】连接后，被连接的构件只有一个平移自由度。【滑块】连接适用于活塞零件、平移从动件或推杆类零件。系统中用 滑块选项设置。

- 【圆柱】连接：设定一个构件的圆柱面包围（或被包围）另一个构件的圆柱面。【圆柱】连接使用轴对齐约束来限制其他四个自由度，被连接的构件具有两个自由度：一个是绕指定轴线的旋转自由度，另一个是沿着轴向的平移自由度。【圆柱】连接适用于有相对平移且自身可以绕其中心线旋转的轴类零件。系统中用 圆柱选项设置。

- 【平面】连接：被连接的构件具有一个旋转自由度和两个平移自由度。【平面】连接适用于作平动的零件，如连杆等。系统中用 平面选项设置。

- 【球】连接：由一个点对齐约束组成。【球】连接适用于机械中的球形铰链或万向节等零件。系统中用 球选项设置。

14.3 齿轮机构的运动分析与仿真

1．模型选用

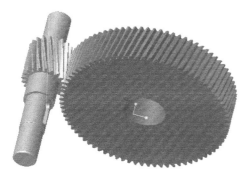

图 14.3.1　齿轮机构仿真模型

使用第 11 章中的斜圆柱齿轮，进行减速箱中的齿轮机构的运动仿真。选用的主动齿轮和被动齿轮分别为如图 14.3.1 所示的左侧齿轮和右侧齿轮。

2．新建装配文件

单击【文件】|【新建】选项，弹出【新建】对话框，单击【类型】选项组中的【装配】单选按钮，输入文件名称为"齿轮机构"。取消勾选【使用默认模板】复选框，单击【确定】按钮，弹出【新文件选项】对话框，选择模板为"mmns_asm_design"，单击【确定】按钮，进入装配环境。

3．创建骨架模型

创建骨架模型作为齿轮的安装轴。

（1）单击功能区【模型】选项卡【元件】区域中的【创建】按钮，弹出【创建元件】对话框，设置如图 14.3.2 所示，单击【确定】按钮，弹出【创建选项】对话框，选择【创建特征】单选按钮，如图 14.3.3 所示，单击【确认】按钮完成设置。

（2）单击功能区【模型】选项卡【基准】区域中的【轴】按钮 ，弹出【基准轴】对话框，按住<Ctrl>键，选取基准平面 FRONT 面和 RIGHT 面作为【参考】，创建基准轴 1，如图 14.3.4 所示。

图 14.3.2　【创建元件】对话框

图 14.3.3　【创建选项】对话框

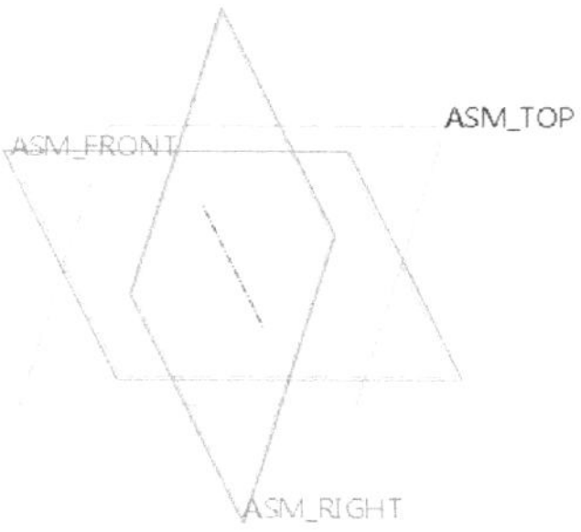

图 14.3.4　创建基准轴 1

💡 **小提示**：单击功能区【视图】选项卡【显示】区域中的【平面标记显示】按钮，图形区的基准平面会显示对应的名称。

（3）单击功能区【模型】选项卡【基准】区域中的【轴】按钮 ∅，弹出【基准轴】对话框。选取基准平面 TOP 面为【参考】，单击【偏移参考】下方列表框，按住<Ctrl>键，选择基准平面 FRONT 面和 RIGHT 面作为【偏移参考】，在列表框基准平面 FRONT 面后输入距离为 130，如图 14.3.5 所示。单击【确定】按钮，完成基准轴 2 的创建，如图 14.3.6 所示。

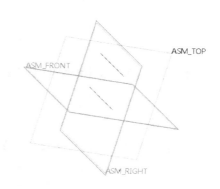

图 14.3.5　【基准轴】对话框设置　　　　　图 14.3.6　创建基准轴 2

（4）激活骨架模型：单击【视图】选项卡【窗口】区域中的【激活】按钮 ☑，激活骨架模型。

4．组装主动齿轮

（1）单击功能区【模型】选项卡【元件】区域中的【组装】按钮 🗗，在弹出的【打开】对话框中选择模型"主动齿轮.prt"，单击【打开】按钮，界面顶部弹出【元件放置】操控板。

（2）单击操控板中的【用户定义】下拉列表框，在下拉列表中选择 🔩 销。单击操控板中的【放置】按钮，弹出【放置】下滑面板，如图 14.3.7 所示。

（3）单击【轴对齐】下方的选框，分别选取主动齿轮轴线和基准轴 1，设置【约束类型】为重合，结果如图 14.3.8 所示。单击【平移】下方的选框，分别选取齿轮端面和基准平面 TOP 面，设置【约束类型】为重合，结果如图 14.3.9 所示。

图 14.3.7　【放置】下滑面板

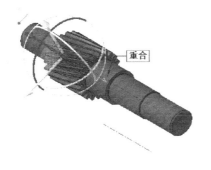

图 14.3.8　轴对齐设置　　　　　　　　　　　图 14.3.9　平移设置

（4）单击【元件放置】操控板中的【确定】按钮✔，完成主动齿轮的组装，如图 14.3.11 所示。

5．组装被动齿轮

（1）单击功能区【模型】选项卡【元件】区域中的【组装】按钮，在弹出的【打开】对话框中选择模型"被动齿轮.prt"，单击【打开】按钮，界面顶部弹出【元件放置】操控板。

（2）参照主动齿轮的组装方式组装被动齿轮，在【放置】下滑面板中出现【旋转轴】选项。单击【旋转轴】下方的选框，分别选取被动齿轮上的辅助平面 HA_DTM 和原坐标系上的基准平面 ASM_RIGHT 作为参考，设置【当前位置】为适当的角度，调整两齿轮的相对位置，防止齿轮干涉。【放置】下滑面板设置如图 14.3.10 所示。

图 14.3.10　【放置】下滑面板设置

（3）单击【元件放置】操控板中的【确定】按钮✔，组装被动齿轮，完成齿轮的装配，如图 14.3.11 所示。

6．进入【机构】模块

单击功能区【应用程序】选项卡中的【机构】按钮，界面顶部弹出【机构】选项卡。

7．定义齿轮副连接

单击【机构】选项卡【连接】区域中的【齿轮】按钮 ，系统弹出【齿轮副定义】对话框。如图 14.3.12 所示设置主动齿轮的参数，其中【运动轴】选取主动齿轮中心轴，节圆【直径】设置为 50。单击对话框中的【齿轮 2】选项卡，按同样的方式选取被动齿轮中心轴为【运动轴】，节圆【直径】设置为 208，单击【确定】按钮退出。

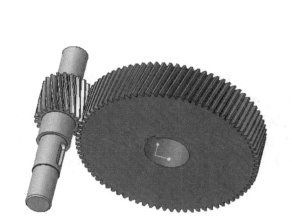

图 14.3.11　齿轮装配

图 14.3.12　【齿轮副定义】对话框

8．定义伺服电动机

（1）单击【机构】选项卡【插入】区域中的【伺服电动机】按钮，界面顶部弹出【电动机】操控板，如图 14.3.13 所示。

图 14.3.13　【电动机】操控板

（2）定义伺服电动机连接轴：单击操控板中的【参考】按钮，选取主动齿轮轴线处的旋转标识作为电动机驱动的连接轴，选中连接轴后的【参考】下滑面板如图 14.3.14 所示，单击【反向】按钮可以改变电动机的转动方向。单击下滑面板中的【编辑运动轴设置】按钮，弹出【运动轴】对话框，如图 14.3.15 所示，选定的连接轴和主体将高亮显示。单击其中的【动态属性】按钮，可对【恢复系数】和【启用摩擦】相关参数进行设置。单击对话框中的 ✔

按钮退出。

图 14.3.14 【参考】下滑面板　　　　　　图 14.3.15 【运动轴】对话框

（3）定义伺服电动机参数：单击操控板中的【配置文件详情】按钮，弹出【配置文件详情】下滑面板，如图 14.3.16 所示。此面板中的【驱动数量】可设为"角位置""角速度""角加速度"和"扭矩"四种类型；【电动机函数】选区中的【函数类型】下拉列表框中包括"常量""余弦""斜坡"等选项。本实例中设置【驱动数量】为"角加速度"，【函数类型】为"常量"，取消勾选出现的【使用当前位置作为初始值】复选框；设置【初始角】为0，【初始角速度】为15，【电动机函数】的【系数】为15，具体设置如图 14.3.17 所示。

图 14.3.16 【配置文件详情】下滑面板　　　图 14.3.17 【配置文件详情】下滑面板设置

（4）绘制伺服电动机运动参数曲线：在【配置文件详情】下滑面板的【图形】选区中，

勾选【位置】、【速度】和【加速度】复选框，单击 ～ 按钮，弹出【图表工具】对话框，如图 14.3.18 所示。（对话框不能正常显示中文，所以标题等显示存在问题，可对照图 14.3.18 中箭头所指按从上至下的顺序把标题等设置为英文。）勾选【图形】选区中的【在单独图形中】复选框，结果如图 14.3.19 所示。

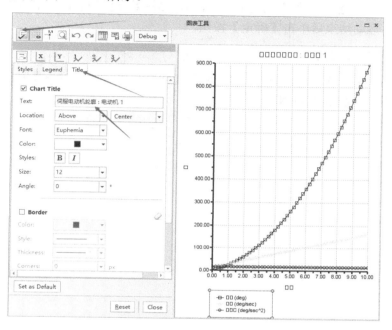

图 14.3.18 　【图表工具】对话框

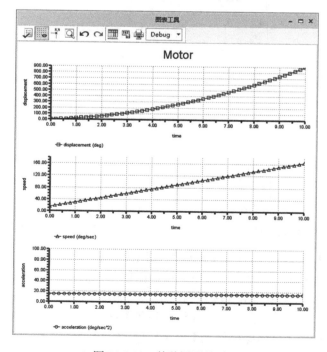

图 14.3.19 　单独图形显示

（5）单击【电动机】操控板中的【确定】按钮✔，完成电动机的设置。

9．机构分析

单击【机构】选项卡【分析】区域中的【机构分析】按钮⊠，弹出【分析定义】对话框，如图 14.3.20 所示，设置【类型】为运动学，【图形显示】设置为默认。单击【运行】按钮，齿轮开始转动，运动结束后单击【确定】按钮。

10．【回放】工具应用

（1）单击【机构】选项卡【分析】区域中的【回放】按钮◀▶，弹出【回放】对话框，可以回放运动分析，如图 14.3.21 所示。

图 14.3.20 【分析定义】对话框   图 14.3.21 【回放】对话框

（2）在【回放】对话框中单击【播放当前结果集】按钮◀▶，弹出【动画】对话框，如图 14.3.22 所示。单击各播放功能按钮，可以回放当前的运动。单击【捕获】按钮，弹出【捕获】对话框，可以以视频的格式保存当前运动，如图 14.3.23 所示。

（3）单击【回放】对话框中的【碰撞检测设置】按钮，弹出【碰撞检测设置】对话框，如图 14.3.24 所示。选中【全局碰撞检测】单选按钮，【可选】选项组可以自行选择，单击【确定】按钮，回到【回放】对话框。单击【播放当前结果集】按钮◀▶，系统将进行碰撞检测。

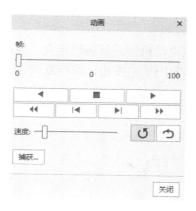

图 14.3.22　【动画】对话框

图 14.3.23　【捕获】对话框

11.【测量】工具应用

（1）单击【机构】选项卡【分析】区域中的【测量】按钮，弹出【测量结果】对话框，如图 14.3.25 所示。单击【测量】选项组中的【创建新测量】按钮，系统弹出【测量定义】对话框，在【类型】下拉列表框中选择【速度】选项，如图 14.3.26 所示。单击【测量定义】对话框中【点或运动轴】下的选取箭头，选取被动齿轮一个轮齿的顶点，单击对话框中的【确定】按钮退出。

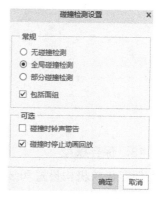

图 14.3.24　【碰撞检测设置】对话框

（2）在【测量结果】对话框的【测量】选框中选中出现的"measure1"，在【结果集】选框中选中"AnalysisDefinition1"选项。单击对话框左上角的【绘制图形】按钮（未设置前为灰色不可选状态），系统弹出【图表工具】对话框，显示测量结果如图 14.3.27 所示。

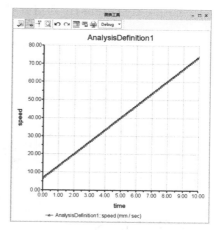

图 14.3.25　【测量结果】对话框　图 14.3.26　【测量定义】对话框设置　图 14.3.27　【图表工具】对话框
显示测量结果

12. 查看【机构树】

查看【机构树】中的设置内容，可对齿轮副、伺服电动机等进行编辑定义，各部分展开如图 14.3.28 所示。单击【机构】选项卡中【关闭】区域中的⊠按钮，保存算例。

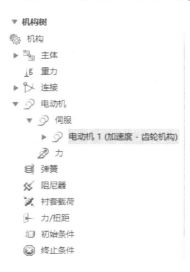

图 14.3.28 【机构树】展开图

13. 保存模型

保存齿轮机构设置和装配模型。

14.4 间歇槽轮机构的运动分析与仿真

1. 模型选用

选用间歇槽轮机构作为仿真对象，模型如图 14.4.1 所示。

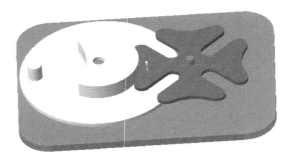

图 14.4.1 间歇槽轮机构模型

2. 新建装配文件

参照 14.3 节新建装配文件，其中输入文件名称为"间歇槽轮"。

3．组装底座

（1）单击功能区【模型】选项卡【元件】区域中的【组装】按钮![icon]，在弹出的【打开】对话框中选择模型"基座.prt"，单击【打开】按钮，界面顶部弹出【元件放置】操控板。

（2）在操控板【放置】下滑面板中，设置【约束类型】为![icon]固定，其余设置保持默认，单击【元件放置】操控板中的【确定】按钮![icon]，完成底座的组装，如图 14.4.2 所示。

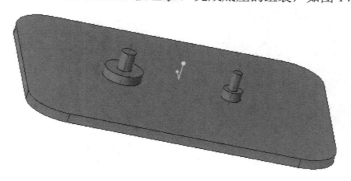

图 14.4.2　组装底座

4．组装凸轮

（1）单击功能区【模型】选项卡【元件】区域中的【组装】按钮![icon]，在弹出的【打开】对话框中选择模型"凸轮.prt"，单击【打开】按钮，界面顶部弹出【元件放置】操控板。

（2）单击操控板中的【用户定义】下拉列表框，选择其中的![icon]销选项。单击【放置】按钮，弹出【放置】下滑面板，单击【轴对齐】下方的选框分别选取凸轮轴线和底座上大圆柱的轴线，设置【约束类型】为重合。单击操控板中的![icon]按钮，在单独的窗口中显示元件，弹出的窗口如图 14.4.3 所示。

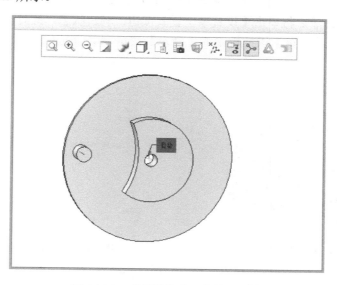

图 14.4.3　在单独的窗口中显示元件

（3）单击【平移】下方的选框，分别选取窗口中凸轮的背面和底座大圆柱的台阶面，设置【约束类型】为重合，可通过【反向】按钮调整方向。此时出现【旋转轴】约束，单击其下选框并分别选取如图 14.4.4 所示的凸轮上的竖直参考平面和基座上的竖直参考平面，【当前位置】下方输入 0，并勾选【启用重生成值】复选框，具体设置如图 14.4.5 所示。单击【元件放置】操控板中的【确定】按钮✔，完成凸轮的组装。

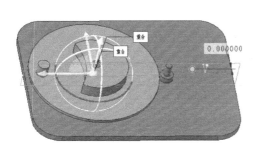

图 14.4.4　选取参考　　　　　　　　图 14.4.5　【放置】下滑面板设置

5. 组装槽轮

（1）单击功能区【模型】选项卡【元件】区域中的【组装】按钮，在弹出的【打开】对话框中选择模型"槽轮.prt"，单击【打开】按钮，界面顶部弹出【元件放置】操控板。

（2）单击操控板中的【用户定义】下拉列表框，选择其中的 销选项。单击【放置】按钮，弹出【放置】下滑面板，单击【轴对齐】下方选框，分别选取槽轮轴线和基座上小圆柱的轴线，设置【约束类型】为重合；单击【平移】下方选框，分别选取槽轮的一个端面和基座小圆柱的阶梯面，设置【约束类型】为重合，可通过【反向】按钮调整方向。此时出现【旋转轴】约束，单击其下选框分别选取如图 14.4.6 所示槽轮上的竖直参考平面和基座上的竖直参考平面。在【当前位置】下方输入 45，并勾选【启用重新生成值】复选框，具体设置如图 14.4.7 所示。然后再单击【设置零位置】按钮，刷新状态，此时【当前位置】下方数值变为 0。单击【元件放置】操控板中的【确定】按钮✔，完成槽轮的组装。

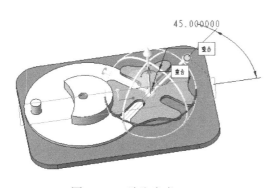

图 14.4.6　选取参考　　　　　　　　图 14.4.7　【放置】下滑面板设置

6. 仿真分析

（1）进入【机构】模块：单击功能区【应用程序】选项卡中的【机构】按钮，界面顶部弹出【机构】选项卡。在功能区【连接】区域中单击【凸轮】按钮，弹出【凸轮从动机构连接定义】对话框，如图 14.4.8 所示。

（2）定义接触面：在【凸轮 1】选项卡中勾选【自动选择】复选框，单击对话框中的选取箭头 ↖，选取如图 14.4.9 所示的曲面为【曲面/曲线】。此时，自动会选中整个圆柱面，单击对话框中的【确定】按钮。单击【凸轮从动机构连接定义】对话框中的【凸轮 2】选项卡，勾选【自动选择】复选框，单击对话框中的选取箭头 ↖，按住<Ctrl>键选取如图 14.4.10 所示的槽轮周向上的某两个连续轮廓。此时，自动会选中一圈轮廓，单击对话框中的【确定】按钮。

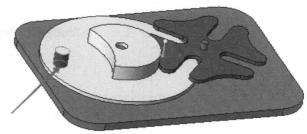

图 14.4.8　【凸轮从动机构连接定义】对话框　　　　图 14.4.9　定义凸轮接触面

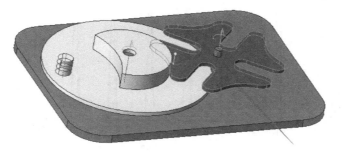

图 14.4.10　定义槽轮接触面

（3）单击【凸轮从动机构连接定义】对话框中的【属性】选项卡，勾选【启用省离】复

图 14.4.11   配置文件详情设置

选框。单击对话框中的【确定】按钮，完成凸轮约束。

（4）定义伺服电动机：单击【机构】选项卡【插入】区域中的【伺服电动机】按钮⊙，界面顶部弹出【电动机】操控板。单击操控板中的【参考】按钮，选取凸轮轴线处的旋转标识作为电动机驱动的连接轴。单击【配置文件详情】按钮，弹出下滑面板，设置如图 14.4.11 所示。单击操控板中的【确定】按钮✔，完成电动机的设置。

（5）机构分析：单击【机构】选项卡【分析】区域中的【机构分析】按钮✗，弹出【分析定义】对话框，设置【类型】为运动学，【结束时间】设置为 50，其余保持默认。单击【运行】按钮，凸轮开始转动，运动结束后单击【确定】按钮。

（6）测量槽轮速度：单击【机构】选项卡【分析】区域中的【测量】按钮✕，弹出【测量结果】对话框。单击【创建新测量】按钮，系统弹出【测量定义】对话框，在【类型】下拉列表框中选择【速度】选项。单击【测量定义】对话框中【点或运动轴】下的选取箭头，选取槽轮圆弧上的某一个顶点，单击对话框中的【确定】按钮。在【测量结果】对话框的【测量】选项框中选中出现的"measure1"，在【结果集】选框中选中"AnalysisDefinition1"。单击选框中的【绘制图形】按钮，系统弹出【图表工具】对话框，显示测量结果如图 14.4.12 所示。

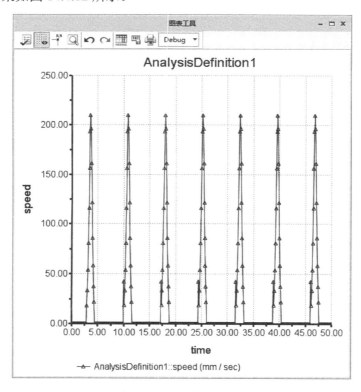

图 14.4.12   槽轮速度显示

（7）单击【机构】选项卡中【关闭】区域中的▣按钮，保存算例。

7．保存模型

保存凸轮机构设置和装配模型。

14.5　曲柄连杆机构的运动分析与仿真

1．模型选取

选用曲柄连杆机构作为仿真对象，模型如图 14.5.1 所示。

2．新建装配文件

参照 14.3 节新建装配文件，其中输入文件名称为"曲柄连杆"。

3．创建基准轴

单击功能区【模型】选项卡【基准】区域中的【轴】按钮 ⁄，以基准平面 TOP 面和 FRONT 面为【参考】创建基准轴 AA_1。

4．组装曲轴

（1）单击功能区【模型】选项卡【元件】区域中的【组装】　图 14.5.1　曲柄连杆机构模型
按钮 ⧉，在弹出的【打开】对话框中选择模型"曲轴.prt"，单击【打开】按钮，界面顶部弹出【元件放置】操控板。

（2）单击操控板中的【用户定义】下拉列表框，选择其中的 ✗ 销 选项。单击【放置】按钮，弹出【放置】下滑面板，单击【轴对齐】下方选框，分别选取如图 14.5.2 所示的曲轴中部圆柱的轴线和基准轴 AA_1，设置【约束类型】为重合；单击【平移】下方选框，分别选取如图 14.5.3 所示的曲轴中间基准平面和基准平面 RIGHT 面为参考平面，设置【约束类型】为重合，可通过【反向】按钮调整方向。单击操控板中的【确定】按钮 ✓，完成曲轴的组装。

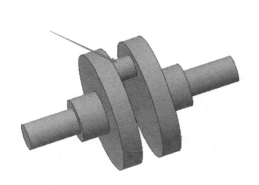

图 14.5.2　曲轴参考轴线

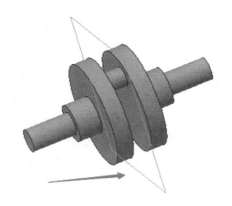

图 14.5.3　曲轴参考平面

5. 组装连杆

（1）单击功能区【模型】选项卡【元件】区域中的【组装】按钮🔲，在弹出的【打开】对话框中选择模型"连杆.prt"，单击【打开】按钮，界面顶部弹出【元件放置】操控板。

（2）单击操控板中的【用户定义】下拉列表框，选择其中的🔗销选项。单击【放置】按钮，弹出【放置】下滑面板，单击【轴对齐】下方选框，分别选取如图 14.5.4 所示的连杆大端圆孔的轴线，再选取如图 14.5.2 所示的轴线，设置【约束类型】为重合；单击【平移】下方选框，分别选取如图 14.5.3 所示的曲轴中间基准平面和如图 14.5.5 所示的连杆中间基准平面为参考平面，设置【约束类型】为重合，可通过【反向】按钮调整方向。单击操控板中的【确定】按钮✔，完成连杆的组装。

图 14.5.4　连杆参考孔轴线

图 14.5.5　连杆参考平面

6. 组装活塞销

（1）单击功能区【模型】选项卡【元件】区域中的【组装】按钮🔲，在弹出的【打开】对话框中选择模型"活塞销.prt"，单击【打开】按钮，界面顶部弹出【元件放置】操控板。

（2）单击操控板中的【用户定义】下拉列表框，选择其中的🔗销选项。单击【放置】按钮，弹出【放置】下滑面板，单击【轴对齐】下方选框，分别选取活塞销轴线和连杆小端圆孔的轴线，设置【约束类型】为重合；单击【平移】下方选框，分别选取如图 14.5.6 所示的活塞销中间基准平面和如图 14.5.5 所示的连杆中间基准平面为参考平面，设置【约束类型】为重合，可通过【反向】按钮调整方向。单击操控板中的【确定】按钮✔，完成活塞销的组装。

图 14.5.6　活塞销参考平面

7. 组装活塞

（1）单击功能区【模型】选项卡【元件】区域中的【组装】按钮🔲，在弹出的【打开】对话框中选择模型"活塞.prt"，单击【打开】按钮，界面顶部弹出【元件放置】操控板。

（2）单击操控板中的【放置】按钮，弹出【放置】下滑面板，依次对如图 14.5.7 所示的活塞两基准平面、孔轴线进行约束，约束对象为基准平面 RIGHT 面、基准平面 TOP 面、活塞销的轴线。【约束类型】均为重合，单击操控板中的【确定】按钮✔，完成活塞的组装，如图 14.5.8 所示。

8．仿真分析

（1）进入【机构】模块：单击功能区【应用程序】选项卡中的【机构】按钮，界面顶部弹出【机构】选项卡。

（2）定义伺服电动机：在功能区中单击【机构】选项卡【插入】区域中的【伺服电动机】按钮，界面顶部弹出【电动机】操控板。单击操控板中的【参考】按钮，选取曲轴长轴轴线的旋转标识作为电动机驱动的连接轴。单击【配置文件详情】按钮，弹出下滑面板，设置如图 14.5.9 所示。单击操控板中的【确定】按钮，完成电动机的设置。

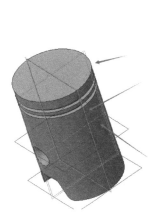

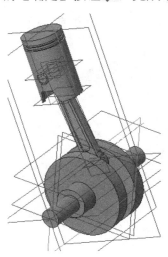

图 14.5.7　活塞组装参考　　　　图 14.5.8　完成组装　　　　图 14.5.9　设置配置文件详情

（3）机构分析：单击【机构】选项卡【分析】区域中的【机构分析】按钮，弹出【分析定义】对话框，设置【类型】为运动学，设置【结束时间】为 20，其余保持默认。单击【运行】按钮，机构开始转动，运动结束后单击【确定】按钮。

（4）测量活塞速度：单击【机构】选项卡【分析】区域中的【测量】按钮，弹出【测量结果】对话框。单击【创建新测量】按钮，系统弹出【测量定义】对话框，在【类型】下拉列表框中选择【速度】选项。单击【测量定义】对话框中【点或运动轴】下的选取箭头，选取活塞顶部一点，单击对话框中的【确定】按钮。在【测量结果】对话框的【测量】选框中选中出现的"measure1"，在【结果集】选框中选中"AnalysisDefinition1"。单击选项框中的【绘制图形】按钮，系统弹出【图表工具】对话框，显示测量结果如图 14.5.10 所示。

（5）单击【机构】选项卡中【关闭】区域中的按钮，保存算例。

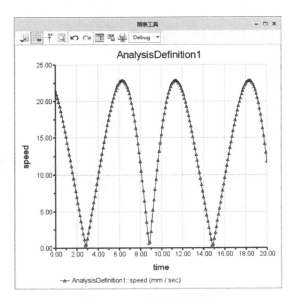

图 14.5.10　显示活塞速度

9．保存模型

保存曲柄连杆机构设置和装配模型。

14.6 练习题

1．顶杆凸轮机构的运动仿真

参照 14.4 节步骤对顶杆凸轮机构进行运动仿真，模型如图 14.6.1 所示。

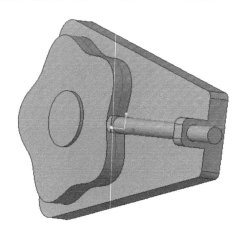

图 14.6.1　顶杆凸轮机构模型

2．平面连杆机构的运动仿真

参照 14.5 节步骤对平面连杆机构进行运动仿真，模型如图 14.6.2 所示。

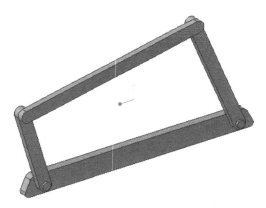

图 14.6.2　平面连杆机构模型

第15章

结构分析与优化设计

15.1 结构分析模块简介

结构分析可以计算结构在载荷作用下的变形、应变、应力及反作用力等；优化设计是通过实验或计算找出满足设计目标和约束条件的最佳设计方案的。结构分析和优化设计在 Creo 6.0 中由结构分析模块 Simulate 来完成。

1．结构分析模块概述

Creo Simulate 是一款面向多学科的 CAE 工具，可用来模拟模型的物理行为，并了解和改进模型的机械性能。用户可以直接计算模型的应力、挠度、频率、热传递路径及其他因子，这些因子用于表明模型在真实环境中的工作状态。

Creo Simulate 为用户提供两个模块，即结构模块和热模块，两个模块分别针对不同类型的机械仿真模拟问题。结构模块侧重于模型的结构力学仿真，而热模块用于评估热传递特性。

Creo Simulate 有两种基本模式：集成模式和独立模式。在集成模式下，将在 Creo Parametric 6.0 内执行 Creo Simulate 功能，因此，集成模式是零件或装配体建模和优化的最便捷的环境。在独立模式下，可以打开在 Creo Parametric 6.0 或其他 CAD 工具中创建的零件，并且可以独立于 Creo Parametric 6.0 进行模拟研究。

1）进入结构分析模块

在集成模式下，首先需要进入零件设计模块或装配设计模块完成几何模型的创建，然后单击功能区【应用程序】选项卡【仿真】区域中的【Simulate】按钮🔲，进入结构分析模块，如图 15.1.1 所示。此时功能区【主页】选项卡【设置】区域中的【结构模式】按钮🔲处于被选中状态。

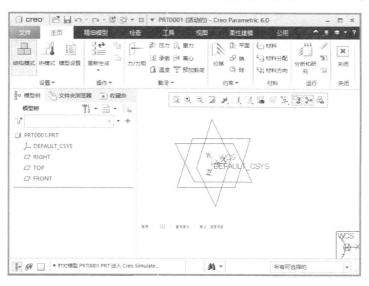

图 15.1.1　结构分析模块

2）功能区选项卡简介

（1）【主页】选项卡。

- 【设置】区域：包含【结构模式】、【热模式】及【模型设置】按钮。结构分析模块除自身固有的求解器外，还提供了 FEM 模式，自动为第三方有限元求解器（如 NASTRAN 和 ANSYS）创建完全关联的 FEA 网格。固有模式切换至 FEM 模式：单击功能区【主页】选项卡【设置】区域中的【模型设置】按钮，弹出如图 15.1.2 所示的【模型设置】对话框，勾选【FEM 模式】复选框即可。

图 15.1.2　【模型设置】对话框

- 【载荷】区域：用于施加结构承受的载荷。
- 【约束】区域：用于添加结构承受的约束条件。
- 【材料】区域：用于指定元件的材料及属性。
- 【网格】区域（FEM 模式）：创建和评估 FEM 模式下模型的网格，并在需要时细化网格。
- 【运行】区域：建立分析、运行分析以及获取结果。

（2）【精细模型】选项卡。

【精细模型】选项卡中各区域工具按钮如图 15.1.3 所示。

- 【理想化】区域：为模型或模型的各部分定义理想化的表示方式，以便更简化地将模型呈现给求解器，从而提高求解器的效率。
- 【连接】区域：用于定义模型各区域如何连接以及载荷如何传输。
- 【区域】区域：用于创建各种实体或曲面特征。
- 【AutoGEM】区域（固有模式）：为固有模式模型创建几何元素的网格，并在需要时细化网格。

图 15.1.3　【精细模型】选项卡

2．结构分析和优化流程

在固有模式下分析和优化模型，将通过如图 15.1.4 所示的四个步骤完成。

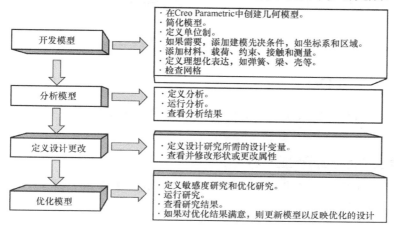

图 15.1.4　固有模式下的结构分析和优化流程

15.2 建立结构分析模型

结构分析模型是 Creo Simulate 结构分析的前提,通过添加用于定义模型性质的建模图元来创建模型。此外,在模型创建过程中还可以评估和细化网格。创建的模型与实际情况越接近,分析结果就越准确。本节将通过具体操作向读者介绍简化模型、定义材料、创建约束、创建载荷、理想化模型等操作的执行方法。

15.2.1 简化模型

简化模型通过去除与分析无关的特征或几何,对实际零件或装配体进行简化,以减少模型分析时所占用的内存,加快分析运行速度。常用的简化方法有:

- 以梁或薄壳来代替实体。
- 去除不必要的几何特征,直接创建相对简单的模型用于仿真计算。
- 在模型树中将不需要的特征隐藏。

如图 15.2.1 所示的零件模型是实际设计得到的零件,未经过简化,零件通过末端厚板上的螺栓孔固定于机架,可以近似地视为悬臂梁模型。若载荷仅施加于零件前端一侧的孔洞上,则另一侧结构几乎不受到应力作用,因此,该结构的有无对分析结果基本上不造成影响。所以在仿真分析计算时,对图 15.2.1 所示的零件进行简化,得到如图 15.2.2 所示的模型。

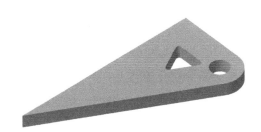

图 15.2.1　零件模型　　　　　　　　图 15.2.2　简化模型

15.2.2 定义材料

在对模型进行仿真分析之前,必须要对模型的材料属性进行定义,需要定义的内容包括密度、模量等。

1. 定义模型分析可能用到的材料

单击功能区【主页】选项卡【材料】区域中的【材料】按钮 材料,弹出如图 15.2.3 所示的【材料】对话框。

(1)创建新材料。

① 单击对话框左上角的【创建新材料】按钮▢，弹出【材料定义】对话框，如图 15.2.4 所示。【材料定义】对话框中的主要设置对象如下。

图 15.2.3　【材料】对话框

图 15.2.4　【材料定义】对话框

- 【名称】文本框用于定义当前新材料的名称，系统默认为 "MATERIAL1"。
- 【说明】文本框用于填写对该材料的简要描述。
- 【密度】文本框用于定义该材料的密度值，其右侧的下拉列表框用于选择密度单位。
- 【结构】选项卡用于定义该材料的相关物理属性参数，包括【对称】、【应力-应变响应】、【泊松比】、【杨氏模量】、【热膨胀系数】、【机构阻尼】、【材料极限】、【失效准则】、【疲劳】等。

② 单击【材料定义】对话框中的【保存到模型】按钮，材料即添加到模型材料库中。

（2）编辑材料属性。

在【材料】对话框中选择【库中的材料】或【模型×××（零件或装配文件名字）中的材料】列表框中的某一材料，单击对话框左上方的【编辑选定材料的属性】按钮✏，弹出【材料定义】对话框，此时用户可以对选定材料的属性进行符合自己需求的修改操作。

（3）添加库中的材料。

选中【库中的材料】列表框中所给出的材料，然后双击鼠标左键，则将该材料添加到【模型×××中的材料】列表框中。若【模型×××中的材料】列表框中误添加了不需要的材料，可以先在【模型×××中的材料】列表框中选定该材料，然后单击鼠标右键，在弹出的右键菜单中单击【删除】选项以删除该材料。

2．创建材料方向

【材料方向】工具的作用是定义各向异性的材料在零件模型中的分布方向。单击功能区【主页】选项卡【材料】区域中的【材料方向】按钮 材料方向，弹出如图 15.2.5 所示的【材料方向】对话框，其中：

- 列表框显示当前模型中材料方向的名称和类型。
- 【说明】文本框显示当前被选中的材料方向的简要描述。
- 【新建】按钮用于新建材料方向。单击该按钮，弹出如图 15.2.6 所示的用于定义材料方向的【材料方向】对话框。

图 15.2.5　【材料方向】对话框

图 15.2.6　定义材料方向的【材料方向】对话框

该对话框中的【名称】文本框用于定义新方向的名称，默认为"MaterialOrient1"；【说明】文本框用于填写新方向的简要描述；【相对于】选项组用于定义新材料方向的参考坐标系，选择【全局】单选按钮则以默认坐标系"WCS"为参考坐标系，选择【选定】单选按钮则可以根据用户需求自行选择合适的参考坐标系；【材料方向】选项组用于定义材料坐标系相对于参考坐标系的方向。

3．材料分配

【材料分配】工具用于对模型或体积块创建材料分配。单击功能区【主页】选项卡【材料】区域中的【材料分配】按钮 材料分配，弹出如图 15.2.7 所示的【材料分配】对话框，其中：

- 【名称】文本框用于定义当前添加到模型中的材料的名称，系统默认为"MaterialAssign1"。
- 【参考】选项组用于定义分配材料的模型。单击下拉按钮 选择参考对象类型：【分量】或【体积块】，然后从图形区选择定义材料分配的模型。

图 15.2.7　【材料分配】对话框

- 【属性】选项组用于定义分配给当前模型的材料以及材料方向。

15.2.3　创建约束

约束就是根据实际的情况，对模型的点、线、面的自由度进行限制。在对模型进行约束之前，必须保证以下参考和几何存在。

- 坐标系：每个约束都需要有一个相对固定的坐标系作为参考。这些坐标系可以是系统默认的全局坐标系"WCS"，也可以由用户指定的坐标系。坐标系的类型包括：笛卡儿坐标系、圆柱坐标系和球坐标系。
- 基准点：如果需要约束模型上的一个特定点，往往需要在该位置上创建一个基准点。
- 区域：如果约束曲面区域，那么需要在模型中创建该区域。

1.　创建约束集

约束集是模型仿真分析过程中多个约束的集合。

单击功能区【主页】选项卡【约束】区域中的倒三角，选取出现的【约束集】按钮 约束集，弹出如图 15.2.8 所示的【约束集】对话框，其中：

- 列表框用于显示当前模型已有的约束集。
- 【新建】按钮用于创建一个新的约束集。单击该按钮，弹出如图 15.2.9 所示的【约束集定义】对话框。其中，【名称】文本框用于定义新建约束集的名称，默认为"ConstraintSet1"；【说明】文本框用于简要描述该约束集。
- 【复制】按钮用于复制当前选中的加亮显示的约束集。在列表框中选中一个约束集，单击该按钮，一个复制的新约束集就创建完成了。
- 【编辑】按钮用于对当前选中的约束集进行编辑操作，可以重新定义其名称和说明。
- 【删除】按钮用于对选中的加亮显示的约束集进行移除。

图 15.2.8　【约束集】对话框

图 15.2.9　【约束集定义】对话框

2.　创建位移约束

【位移】工具用于对模型的点、线、面进行约束。单击【主页】选项卡【约束】区域中的【位移】按钮，弹出如图 15.2.10 所示的【约束】对话框，其中：

- 【名称】文本框用于定义新建的位移约束的名称，默认为"Constraint1"。
- 【集的成员】选项组用于定义新建的位移约束属于哪个约束集，在其下拉列表框中选

图 15.2.10 【约束】对话框

择所属约束集，也可以单击【新建】按钮创建新的约束集。

- 【参考】选项组用于定义位移约束的对象。

① 参考对象类型选择：单击【参考】下方的下拉列表框中的 ▾ 按钮，在下拉列表框中选择位移约束的参考对象类型：【曲面】、【边/曲线】或【点】。

② 参考对象的选择方式：

  ○ 【单一】单选按钮表示选取时鼠标单击一次只能选择单一的曲面、边/曲线、点。

  ○ 【边界】单选按钮表示一次可选择整个模型表面。

  ○ 【目的】单选按钮表示一次可以选择多个曲面、边/曲线、点的集合。

③ 参考对象选择：在模型中选择相应的几何元素，该几何元素就被添加到列表框中了。选择曲面时单击【曲面集】按钮，在弹出的【曲面集】对话框中可以更方便高效地定义曲面集。

- 【坐标系】选项组用于定义约束的参考坐标系。同样地，用户可以根据需要选择全局坐标系 "WCS" 或者自选坐标系。

- 【平移】选项组用于定义所选择的点、线、面相对于 X、Y、Z 轴的平移约束。

  ○ 【自由】按钮 ，表示所选取的点、线、面可以相对于 X、Y、Z 轴自由平移。

  ○ 【固定】按钮 ，表示所选取的点、线、面相对于 X、Y、Z 轴固定。

  ○ 【规定的】按钮 ，表示所选取的点、线、面相对于 X、Y、Z 轴平移指定的距离。

- 【旋转】选项组用于定义所选择的点、线、面相对于 X、Y、Z 轴的旋转约束。

  ○ 【自由】按钮 ，表示所选取的点、线、面可以相对于 X、Y、Z 轴自由旋转。

  ○ 【固定】按钮 ，表示所选取的点、线、面相对于 X、Y、Z 轴固定。

  ○ 【规定的】按钮 ，表示所选取的点、线、面可以相对于 X、Y、Z 轴旋转指定的角度。

以面位移约束为例简要介绍其创建过程：

（1）在【约束】对话框中，选择【参考】下方的下拉列表框中的【曲面】选项，在模型中选择约束的面，如图 15.2.11 所示。

（2）在【平移】选项组中，按下 X 轴的【固定】按钮 、Y 轴的【固定】按钮 和 Z 轴的【规定的】按钮 并输入 Z 轴方向位移值 "1"，在下拉列表框中选择【mm】选项，如图 15.2.12 所示。

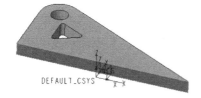

图 15.2.11 选择约束的面

图 15.2.12 【平移】选项组设置

（3）单击【确定】按钮，完成面位移约束的创建，效果如图 15.2.13 所示。

3. 创建平面约束

【平面】工具用于对平面的 6 个自由度进行约束。单击【主页】选项卡【约束】区域中的【平面】按钮  平面，弹出如图 15.2.14 所示的【平面约束】对话框，其中：

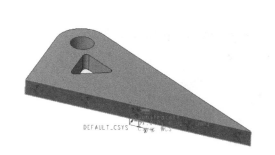

图 15.2.13　创建的面位移约束

图 15.2.14　【平面约束】对话框

- 【名称】文本框用于定义新建的平面约束的名称，默认为"Constraint1"。
- 【集的成员】选项组用于定义新建的平面约束属于哪个约束集，在其下拉列表框中选择所属约束集，或单击【新建】按钮创建新的约束集。
- 【参考】选项组用于定义需要约束的平面。

15.2.4　创建载荷集

载荷集是模型仿真过程中所承受的多个载荷的集合。由【载荷集】工具来进行定义和创建。创建完成的载荷集会被自动添加到模型树中。

单击【主页】选项卡【载荷】区域中的倒三角，选择出现的【载荷集】按钮 ，弹出如图 15.2.15 所示的【载荷集】对话框，其中：

- 列表框用于显示当前模型中存在的载荷集。
- 【新建】按钮用于创建一个新的载荷集，单击该按钮，弹出如图 15.2.16 所示的【载荷集定义】对话框，其中，【名称】文本框用于定义新的载荷集的名称，默认为"LoadSet1"；【说明】文本框用于简要描述该载荷集。

图 15.2.15　【载荷集】对话框

图 15.2.16　【载荷集定义】对话框

- 【复制】按钮用于复制当前在列表框中选中的载荷集。
- 【编辑】按钮用于对当前选中的载荷集进行编辑操作。
- 【删除】按钮用于移除当前选中的载荷集。

15.2.5 创建载荷

1. 【载荷】区域介绍

功能区【主页】选项卡中的【载荷】区域中的各个按钮的功能如下：

- 【力/力矩】按钮⊞用于创建力/力矩载荷。
- 【压力】按钮⊟用于创建压力载荷。
- 【重力】按钮⊞用于创建重力载荷。
- 【离心】按钮⊞用于创建离心载荷。
- 【温度】按钮⊞用于创建结构的温度载荷。

其中，常用的是创建力/力矩载荷和压力载荷。

2. 创建力/力矩载荷

单击【主页】选项卡【载荷】区域中的【力/力矩】按钮⊞，弹出如图15.2.17所示的【力/力矩载荷】对话框，其中：

- 【名称】文本框用于定义当前创建的力/力矩载荷的名称，默认为"Load1"。

图 15.2.17 【力/力矩载荷】对话框

- 【集的成员】选项组用于定义当前创建的力/力矩载荷属于哪个载荷集。可以在下拉列表框中选中所属载荷集或通过单击【新建】按钮创建新的载荷集。
- 【参考】选项组用于定义力/力矩载荷加载在模型中的位置。
  - 加载对象类型选择：包括【曲面】、【边/曲线】和【点】三种加载对象类型，用户可以根据需求进行选择。
  - 加载对象选择：在模型中单击选择相应的几何元素，该元素即添加到列表框中。由于不同的加载对象类型不同，因此选择方式也会有所不同，但基本类似。
- 【属性】选项组用于定义施加在模型上的力/力矩的参考坐标系以及载荷分布规律。同样地，用户可以选择以"WCS"为参考的全局坐标系，也可以根据需要选择其他坐标系作为载荷参考对象。单击高级 >> 按钮，展开【分布】和【空间变化】选项组。在【分布】下拉列表框中有【总载荷】、【单位面积上的力】、【点总载荷】及【点总承载载荷】四个选项，用于说明载荷值代表的含义；在【空间变化】下拉列表框中有【均匀】、【坐标函数】及【在整个图元上插值】

三个选项，用于说明载荷在空间上的变化规律。

- 【力】/【力矩】选项组用于定义施加在模型上的力/力矩，可以同时对模型施加力和力矩。在【力】或【力矩】下拉列表框中有三种描述方式，如图 15.2.18 所示（以【力】为例）。

图 15.2.18　【力】的三种描述方式

- 　【分量】选项通过输入在模型上施加的力/力矩在 X、Y、Z 轴上的分量值来描述作用在模型上的力/力矩的大小和方向。
- 　【方向矢量和大小】选项通过输入在模型上施加的力/力矩的方向矢量，以及该力/力矩的大小值来描述该力/力矩。
- 　【方向点和大小】选项利用模型空间里两点的连接矢量来描述力/力矩的方向矢量，并根据用户输入的数值来确定该力/力矩的大小。
- 　在【力】、【力矩】选项组的最下方是单位选项，通过下拉列表框选择施加力/力矩的单位。

3．创建压力载荷

【压力】工具用于对模型平面施加压力载荷。单击【主页】选项卡【载荷】区域中的【压力】按钮，弹出如图 15.2.19 所示的【压力载荷】对话框。

图 15.2.19　【压力载荷】对话框

- 【名称】文本框用于定义新建压力载荷的名称，默认为"Load1"。
- 【集的成员】选项组用于定义该压力载荷所属的载荷集。用户可以在下拉列表框中选择所需的载荷集，也可以单击【新建】按钮创建新的载荷集。
- 【参考】选项组用于定义载荷加载到模型中的位置。在【曲面】子选项中选中【单一】单选按钮，表示在模型中选中单一曲面；选中【边界】单选按钮，表示在模型中选中边界表面，即整个模型表面；选中【目的】单选按钮，表示在模型中选中多个曲面。
- 【压力】选项组用于定义施加压力的方法和种类。单击高级 >>按钮，展开【空间变化】选项组。在【空间变化】选项组中选择【均匀】选项，表示施加的压力载荷均匀分布在表面上；选择【坐标函数】选项，表示施加的压力载荷按照函数关系式分布在表面上；选择【在整个图元上插值】选项，表示施加的压力载荷按照插值点进行分布；选择【外部系数字段】选项，表示根据外部文件确定其压力载荷的分布形式。

- 【值】文本框用于指定施加压力载荷的数值大小。在右侧下拉列表框中选择值的单位。

15.2.6　网格划分

网格划分是有限元仿真分析中非常重要的一个步骤。Creo Simulate 中的【AutoGEM】工具可以实现模型网格的自动划分。

1．网格控制

单击功能区【精细模型】选项卡【AutoGEM】区域中的【控制】按钮 ▦ 控制 ▾ 旁的倒三角，弹出如图 15.2.20 所示的【控制】下滑菜单。

常用的控制方式说明：

- 【最大元素尺寸】选项用于设置网格的最大尺寸。
- 【最小边长度】选项用于设置网格的最小尺寸。
- 【硬点】选项可以将节点设置到模型中的指定点。
- 【硬曲线】选项可以将节点设置到模型中的指定边或曲线上。
- 【边分布】选项可以在指定的边线上设置节点的数目以及节点之间的距离。

以生成最大网格尺寸为例，单击选择【最大元素尺寸】选项，弹出如图 15.2.21 所示的【最大元素尺寸控制】对话框，选择参考对象类型，选择对象选择方式，选择控制对象，在【元素尺寸】下的文本框中输入网格最大尺寸的值，并选择单位为"mm"。

图 15.2.20　【控制】下滑菜单　　　　图 15.2.21　【最大元素尺寸控制】对话框

2．创建网格和删除网格

单击功能区【精细模型】选项卡【AutoGEM】区域中的【AutoGEM】按钮 ▦，弹出如图 15.2.22 所示的【AutoGEM】对话框。

【AutoGEM】对话框中的【AutoGEM 参考】选项组用于创建新的网格以及删除已有的网格。新建网格时，首先在【AutoGEM 参考】的下拉列表框中选择需要创建网格的对象类型：【具有属性的全部几何】、【体积块】、【曲面】或【曲线】。用户根据需要选取合适的选择方式

进行对象选取，然后单击【创建】按钮，新的网格就开始创建了，并弹出【诊断：AutoGEM
网格】对话框。删除网格时，在下拉列表框中选择要删除网格的对象类型，在模型中选择要
删除的网格，单击【删除】按钮，网格即被删除。

　　【文件】菜单可以实现【加载网格】、【从研究复制网格】、【保存网格】以及【关闭】等功能。

　　【信息】菜单能够查询生成的网格信息，如模型摘要、边界边、边界表面、逼近的元素、
孤立元素、AutoGEM 日志等，并校验网格。

3．设置几何公差

　　单击【精细模型】选项卡【AutoGEM】区域中的【AutoGEM】按钮下的倒三角，单
击出现的【几何公差】选项，弹出如图 15.2.23 所示的【几何公差设置】对话框。该对话框
可以用于设置【最小边长度】、【最小曲面尺寸】、【最小尖角】和【合并公差】等网格参数。

图 15.2.22　【AutoGEM】对话框

图 15.2.23　【几何公差设置】对话框

15.2.7　建立结构分析模型实例

　　托架是一种简单的机械结构，遍布在生活的方方面面，其模型如图 15.2.24 所示。

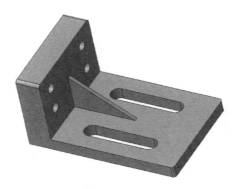

图 15.2.24　托架模型

以托架作为分析模型，该托架通过四个螺栓孔连接在机架上，其承载面拟定载荷为 500N。

1．分配材料

（1）打开模型“tuojia.prt”，单击功能区【应用程序】选项卡【仿真】区域中的【Simulate】
按钮（也可以直接在 Creo Simulate 6.0 中打开模型文件），进入到结构分析模块。

（2）单击功能区【主页】选项卡【材料】区域中的【材料分配】按钮　材料分配，弹出如

图 15.2.25 所示的【材料分配】对话框。

（3）单击【属性】选项组【材料】选项右侧的【更多】按钮，弹出【材料】对话框，双击【库中的材料】列表框中"Legacy-Materials"文件夹中的"STEEL.mtl"选项，将其加载到【模型 TUOJIA.PRT 中的材料】列表框中。单击【确定】按钮，返回【材料分配】对话框，"STEEL"将添加到【材料】下拉列表框中。

（4）单击【确定】按钮，材料即分配到模型中，如图 15.2.26 所示。

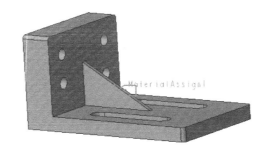

图 15.2.25 【材料分配】对话框　　　　图 15.2.26 材料分配结果

2．创建位移约束

（1）单击功能区【主页】选项卡【约束】区域中的【位移】按钮，弹出如图 15.2.27 所示的【约束】对话框。

（2）单击【参考】选项组中的【目的】单选按钮。选择模型上的螺栓孔曲面，如图 15.2.28 所示。

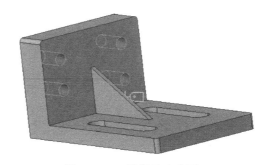

图 15.2.27 【约束】对话框　　　　图 15.2.28 选择约束曲面

（3）在【平移】选项组中，按下 *X*、*Y*、*Z* 轴的【固定】按钮；在【旋转】选项组中，按下 *X*、*Y*、*Z* 轴的【自由】按钮。

（4）单击【确定】按钮，完成约束的创建，结果如图 15.2.29 所示。

3．创建力载荷

（1）单击功能区【主页】选项卡【载荷】区域中的【力/力矩】按钮，弹出如图 15.2.30 所示的【力/力矩载荷】对话框。

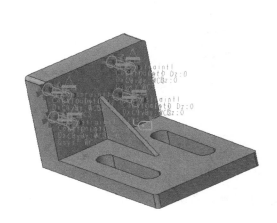

图 15.2.29　约束结果　　　　　　　　　图 15.2.30　【力/力矩载荷】对话框

（2）单击【参考】选项组中的【单一】单选按钮，选择托架承载面，如图 15.2.31 所示。

（3）在【力】选项组的下拉列表框中选择【分量】选项，并分别输入 *X*、*Y*、*Z* 方向的力分量为 "0" "-500" "0"，并选择单位为 "N"，单击【确定】按钮，完成力载荷的创建，如图 15.2.32 所示。

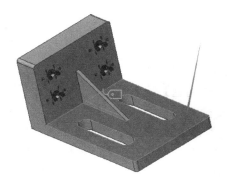

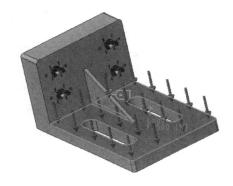

图 15.2.31　托架承载面　　　　　　　　图 15.2.32　创建力载荷

小提示：在输入力分量或者力矢量的时候，切记留意参考坐标系方向。

4. 创建网格

（1）单击功能区【精细模型】选项卡【AutoGEM】区域中的【AutoGEM】按钮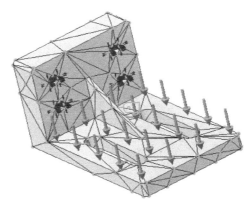，弹出如图 15.2.33 所示的【AutoGEM】对话框。默认创建的对象类型为【具有属性的全部几何】，然后单击【创建】按钮，系统将根据默认设置自动生成网格，如图 15.2.34 所示，并弹出【AutoGEM 摘要】对话框和【诊断：AutoGEM 网格】对话框，关闭两个对话框即可回到【AutoGEM】对话框。

图 15.2.33 【AutoGEM】对话框

图 15.2.34 自动生成的网格

（2）在【AutoGEM】对话框中，单击【关闭】按钮，系统提示是否保存网格，单击【是】按钮保存网格，准备分析使用。

（3）单击功能区【AutoGEM】区域中【控制】按钮 控制 ▼旁的倒三角，在下拉菜单中选择【最大元素尺寸】选项，弹出如图 15.2.35 所示的【最大元素尺寸控制】对话框，在【参考】选项组下拉列表框中，选择【元件】选项，并在【元素尺寸】文本框中输入"10"，选择单位为"mm"，作为网格元素最大尺寸控制。单击【确定】按钮，完成最大元素尺寸控制的设置。注意，在这一步操作中，用户也可以根据自身需求对模型特定的部分进行网格密集化处理。

图 15.2.35 【最大元素尺寸控制】对话框

（4）单击功能区【AutoGEM】区域中的【AutoGEM】按钮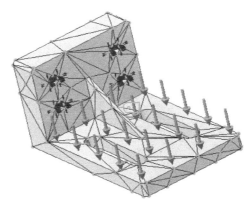，弹出【问题】对话框，提示"此元件存在一个网格。是否要检索它？"，单击【是】按钮。然后弹出另一个【问题】对话框，提示"几何或网格控制已更改。是否要更新网格？"，单击【是】按钮。系统重新生成如图 15.2.36 所示的网格，并弹出【AutoGEM 摘要】对话框和【诊断：AutoGEM 网格】对话框。分别关闭两个对话框，回到【AutoGEM】对话框。同样地，单击【关闭】按钮，再单击【是】按钮保存新的网格。

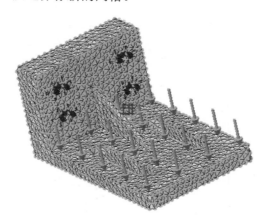

图 15.2.36　重新生成的网格

15.3　建立结构分析

结构分析模型建立好后，即可进行分析，分析类型包括静态分析、模态分析、疲劳分析等。

15.3.1　静态分析

静态分析用于计算在指定载荷和指定约束的作用下模型产生的变形、应力和应变。

通过静态分析可以了解模型中的材料是否经受得住应力，零件是否可能断裂（应力分析）、零件可能在哪些地方断裂（应变分析）、模型的形状变化程度（变形分析），以及载荷对任何接触的作用（接触分析）。

1．新建静态分析

（1）单击【主页】选项卡【运行】区域中的【分析和研究】按钮，随即弹出如图 15.3.1 所示的【分析和设计研究】对话框。

（2）单击对话框中的【文件】菜单，打开【文件】下拉菜单，选择【新建静态分析】选项。弹出如图 15.3.2 所示的【静态分析定义】对话框，其中：

- 【名称】文本框用于定义新建静态分析的名称，默认为"Analysis1"。
- 【说明】文本框用于简要描述该新建静态分析。
- 【非线性/使用载荷历史记录】复选框，非线性分析时，勾选该复选框可以创建包括【计算大变形】、【接触】、【超弹性】、【塑性】及【非线性弹簧】等类型的分析。
- 【惯性释放】复选框被勾选时，表示约束选项失效，模型仅受指定载荷影响，该选项仅适用于线性静态分析。
- 【约束】选项组用于定义新建静态分析所施加的约束集，若用户在使用过程中需要选择多个约束集，可以勾选【组合约束集】复选框并选择所需的约束集。

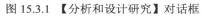

图 15.3.1 【分析和设计研究】对话框　　　图 15.3.2 【静态分析定义】对话框

- 【载荷】选项组用于定义新建静态分析承受的载荷，若用户在使用过程中需要使用多个载荷集，可以勾选【累计载荷集】复选框并选择所需载荷集。
- 【收敛】选项卡用于定义静态分析的计算方法，【方法】下拉列表框中包括【多通道自适应】、【单通道自适应】及【快速检查】三种收敛方式选项。如果创建接触分析时选择【单通道自适应】收敛方式，则可以选择【局部网格细化】。对于大变形静态分析，可以选择【包括突弹跳变】选项来研究结构中突弹跳变或后失稳行为的载荷位移曲线。如果选择【多通道自适应】收敛方式，则还需要输入最大和最小多项式阶、收敛百分比等，但是该收敛方式不适用于大变形分析。
- 【输出】选项卡如图 15.3.3 所示，其中【计算】选项组用于设置需要分析的计算内容，包括【应力】、【旋转】、【反作用】和【局部应力误差】；【出图】选项组用于选择绘制栅格的密度。对于非线性分析和具有载荷历史的分析，从【输出步长】区域选择项指定想要计算测量的步长，并显示该分析的结果。
- 【排除的元素】选项卡如图 15.3.4 所示，用于定义在计算过程中可以排除的元素。勾选【排除元素】复选框，并设置需要排除的元素。

（3）单击【确定】按钮，完成静态分析的新建。

2．运行分析

在【分析和设计研究】对话框中，单击【开始运行】按钮，弹出【问题】对话框，单击【是】按钮，进行分析。

图 15.3.3　【输出】选项卡

图 15.3.4　【排除的元素】选项卡

3．获取分析结果

分析完成后，弹出如图 15.3.5 所示的【运行状况（Ananlysis1）运行已完成】对话框，该对话框用于提示用户在分析过程中出现的错误、警告等信息。关闭该对话框，在【分析和设计研究】对话框中单击【查看设计研究或有限元分析结果】按钮，弹出如图 15.3.6 所示的【结果窗口定义】对话框。

图 15.3.5　【运行状况（Ananlysis1）运行已完成】对话框

图 15.3.6　【结果窗口定义】对话框

- 【名称】文本框用于定义新建分析结果的名称，默认为"Window1"。
- 【标题】文本框用于定义新建分析结果的标题。
- 【研究选择】选项组用于定义结果显示的某个分析。
- 【显示类型】下拉列表框用于定义分析结果的显示类型，包括【条纹】、【矢量】、【图形】、【模型】等选项。
- 【数量】选项卡用于定义分析结果显示量，依次选择显示量的类型、单位和分量。
- 【显示位置】选项卡如图 15.3.7 所示，用于定义结果显示的零件几何元素，如【曲线】、【全部】、【元件/层】等。
- 【显示选项】选项卡用于定义结果窗口中显示的内容，如图 15.3.8 所示。

图 15.3.7 【显示位置】选项卡　　　　　图 15.3.8 【显示选项】选项卡

15.3.2　模态分析

模态分析用于计算模型的固有频率和振型。

1.　新建模态分析

单击【主页】选项卡【运行】区域中的【分析和研究】按钮，弹出【分析和设计研究】对话框。单击【文件】下拉菜单中的【新建模态分析】选项，弹出如图 15.3.9 所示的【模态分析定义】对话框，其中：

- 【名称】文本框用于定义新建模态分析的名称，默认为"Analysis1"。
- 【说明】文本框用于定义新建模态分析的简要描述。
- 【约束】选项组用于设置施加到模型上的约束。
   - 选择【受约束】单选按钮，并选取一个约束集作为约束条件。若分析中包含有多个约束集，则需要勾选【组合约束集】复选框。
   - 选择【无约束】单选按钮可分析无约束模态，此时约束集列表框变成不可用状态，表示模型不受约束作用，同时【使用刚性模式搜索】复选框被自动勾选。
- 【模式】选项卡用于设置需要提取的模态数目，分为【模式数】和【频率范围内的所有模式】两种方式。
- 其余选项参考静态分析。

完成该对话框后单击【确定】按钮，完成模态分析的新建。

2.　运行分析

参考静态分析。

3.　获取分析结果

在【分析和设计研究】对话框中，单击【查看设计研究或有限元分析结果】按钮，弹出如图 15.3.10 所示的【结果窗口定义】对话框，其中：

- 【名称】文本框用于定义新建分析结果的名称，默认为"Window1"。
- 【标题】文本框用于定义新建分析结果的标题。

图 15.3.9　【模态分析定义】对话框　　　　图 15.3.10　【结果窗口定义】对话框

- 【研究选项】选项组用于定义结果显示的某个分析的某几个模式。
- 【显示类型】下拉列表框用于定义生成分析结果的显示类型，包括【条纹】、【矢量】、【图形】和【模型】四种。
- 【数量】选项卡用于定义分析结果显示量，包括【应力】、【位移】、【应变】、【P 级别】和【每单位体积的应变能】。
- 其他选项的作用参考静态分析。

15.3.3　疲劳分析

疲劳分析用于确定模型在受循环载荷作用时是否易受疲劳损伤的影响，由 HBM-nCode 提供的求解器技术与疲劳分析集成。在定义疲劳分析之前，必须先定义静态分析。为了获得有效的疲劳分析结果，还必须分配模型材料的疲劳特征，也可以使用外部疲劳材料文件为分析定义疲劳特征。

1．材料的疲劳特征

零件抵抗静力破坏的能力主要取决于材料本身的性质。而零件抵抗疲劳破坏的能力不仅与材料有关，而且还与材料的组成、零件的表面状态、尺寸等有关。在疲劳分析中，不仅要确定材料的密度、杨氏模量、泊松比等参数，还需要设置材料的疲劳特征参数，如最大抗拉强度、材料表面粗糙度等。

单击功能区【主页】选项卡【材料】区域中的【材料】按钮  材料，弹出【材料】对话框，选中模型中的材料列表框中的材料，单击【编辑】按钮 ✎，弹出如图 15.3.11 所示的【材料定义】对话框，其中：

- 【材料极限】选项组用于定义材料的【拉伸屈服应力】、【拉伸极限应力】、【压缩极限应力】等属性。
- 【失效条件】选项组用于定义材料的失效方式：【无】、【修正的莫尔理论】、【最大剪应力（Tresca）】及【畸变能（von Mises）】。

- 【疲劳】选项组用于定义材料的工艺特征。在下拉列表框中选择【统一材料法则（UML）】选项，然后在其下的选项中设置【材料类型】、【表面粗糙度】和【失效强度衰减因子】。

图 15.3.11 【材料定义】对话框

> **小提示**：在 Creo 6.0 中先设置【失效条件】，再设置【疲劳】下方的选项，最后设置【材料极限】，否则会出现未设置必须材料极限的提示。

2. 新建疲劳分析

在【分析和设计研究】对话框中，单击【文件】下拉菜单中的【新建疲劳分析】选项，弹出如图 15.3.12 所示的【疲劳分析定义】对话框，其中：

- 【名称】文本框用于定义新建疲劳分析的名称。

- 【说明】文本框用于定义新建疲劳分析的简要描述。
- 【前一分析】选项卡用于指定疲劳分析时使用已执行过的静力分析结构还是重新执行新的静力分析。

【前一分析】选项卡默认勾选【使用来自前一设计研究的静态分析结果】复选框。

- ○ 【设计研究】下拉列表框用于选择模型中已创建的设计研究。
- ○ 【静态分析】下拉列表框用于选择模型中已创建的静态分析。
- ○ 【载荷集】列表框用于选择进行疲劳分析的载荷集。
- ○ 勾选【计算安全因子】。

- 【载荷历史】选项卡如图 15.3.13 所示，用于定义载荷，其中，【寿命】文本框用于定义应力循环次数；【加载】选项组用于定义载荷的类型和幅值特征，在【类型】下拉列表框中有【恒定振幅】和【可变振幅】两个选项，在【振幅类型】下拉列表框中选择幅值类型：【峰值-峰值】、【零值-峰值】、【用户定义】等。

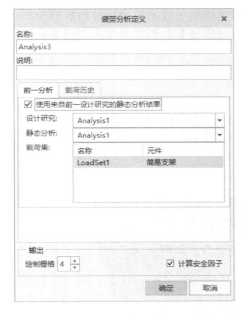

图 15.3.12　【疲劳分析定义】对话框

图 15.3.13　【载荷历史】选项卡

3．运行分析

参考静态分析。

4．获取分析结果

在【分析和设计研究】对话框中，选中【分析和设计研究】列表框中的疲劳分析，单击【查看设计研究或有限元分析结果】按钮，弹出【结果窗口定义】对话框，在该对话框中：

- 【显示类型】选项卡用于定义生成的分析结果的显示类型。
- 【数量】选项卡中的【分量】下拉列表框用于选择输出结果选项，有四种类型，包括【仅点】、【对数破坏】、【安全因子】和【寿命置信度】。
- 其余选项同静态分析和模态分析。

15.3.4　建立结构分析实例

在 15.2.7 节中简易托架模型设置的基础上进行静态分析、模态分析和疲劳分析。

1．静态分析

（1）新建静态分析。

单击【主页】选项卡【运行】区域中的【分析和研究】按钮，随即弹出【分析和设计研究】对话框。单击【文件】下拉菜单中的【新建静态分析】选项，弹出【静态分析定义】对话框。保持默认设置，单击【确定】按钮，完成静态分析的新建。

（2）运行分析。

在【分析和设计研究】对话框中，单击【开始运行】按钮，弹出【问题】对话框，单击【是】按钮，进行分析。

（3）获取分析结果。

分析完成后，弹出【运行状态】对话框，该对话框用于提示用户在分析过程中所出现的错误、警告等信息。关闭该对话框，在【分析和设计研究】对话框中单击【查看设计研究或有限元分析结果】按钮，弹出【结果窗口定义】对话框。保持默认设置，单击【确定并显示】按钮，在新窗口中显示静态分析的应力云图，如图 15.3.14 所示。

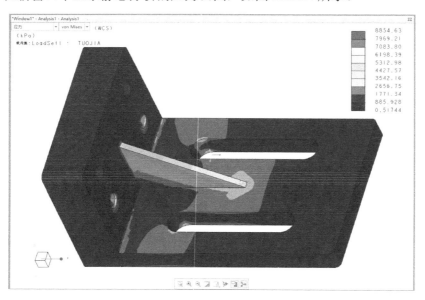

图 15.3.14　静态分析的应力云图

从图 15.3.14 中可以看到中间加强筋处为薄弱环节，接近 9MPa。在安全应力范围内，如果要对模型进行改进，则可以对其进行优化。

2．模态分析

（1）新建模态分析。

在【分析和设计研究】对话框中单击【文件】下拉菜单中的【新建模态分析】选项。保持默认设置，单击【确定】按钮，完成模态分析的新建。

（2）运行分析。

参考静态分析。

（3）获取分析结果。

在【分析和设计研究】对话框中，单击【查看设计研究或有限元分析结果】按钮，弹出【结果窗口定义】对话框。保持默认设置，单击【确定并显示】按钮，在新窗口中显示模态分析的应力云图，如图 15.3.15 所示。

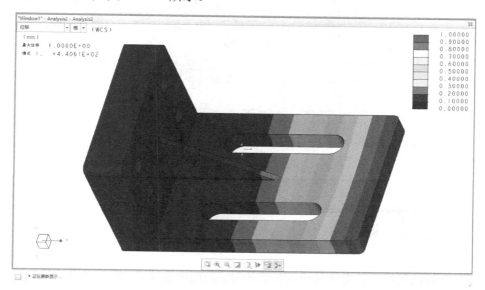

图 15.3.15　模态分析的应力云图

3．疲劳分析

（1）设置材料的疲劳特征。

参照 15.3.3 节中图 15.3.11 所示，设置【拉伸屈服应力】为 300MPa、【拉伸极限应力】为 350MPa，以及相应的【失效条件】为"最大剪应力"，【疲劳】相关参数为"统一材料法则"，【失效强度衰减因子】为"1.2"。

（2）新建疲劳分析。

在【分析和设计研究】对话框中，单击【文件】下拉菜单中的【新建疲劳分析】选项，弹出【疲劳分析定义】对话框。勾选【使用来自前一设计研究的静态分析结果】复选框，在【设计研究】下拉列表框中选择模型中已创建的设计研究。【载荷历史】选项卡定义应力循环次数为"1000000"，完成疲劳分析的新建。

（3）运行分析。

参考静态分析。

（4）获取分析结果。

在【分析和设计研究】对话框中，选中【分析和设计研究】列表框中的疲劳分析，单击【查看设计研究或有限元分析结果】按钮，弹出【结果窗口定义】对话框，查看安全因子，结果如图 15.3.16 所示。

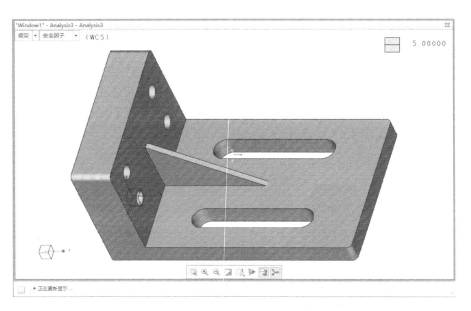

图 15.3.16　疲劳分析安全因子云图

15.4　设计研究

有限元分析的最终目的之一是进行优化设计。在优化设计前，需要对设计参数进行筛选，通过筛选，确定对优化目标函数影响最大的设计参数。敏感度分析可以完成参数筛选工作，为进一步优化奠定基础。

15.4.1　标准设计研究

标准设计研究是一种定量分析工具。通过对模型中的设计参数进行设置，分析其对模型性能的影响。

1．新建标准设计研究

在 15.3.4 分析流程后单击【分析和设计研究】对话框【文件】下拉菜单中的【新建标准设计研究】选项，弹出如图 15.4.1 所示的【标准研究定义】对话框，其中：

- 【名称】文本框用于定义新建标准研究的名称，默认为 "study1"。
- 【说明】文本框用于定义新建标准研究的简要描述。
- 【分析】列表框用于显示标准研究的分析，可以多选，选择的项目越多分析就越慢。
- 【变量】列表框用于定义变量及变量值。变量可以是模型尺寸，也可以是模型参数。

单击【从模型中选择尺寸】按钮，选中模型，模型的设计尺寸就显示出来，单击所研究的尺寸，返回【标准研究定义】对话框，选择的尺寸就添加到【变量】列表框中。单击【设置】文本框，定义需要研究的尺寸数值。

单击【从模型中选择参数】按钮，弹出【选择参数】对话框，如图 15.4.2 所示，在对话框下部列表框中选择所需的参数，单击【应变】按钮，返回【标准研究定义】对话框，选中的参数就被添加到【变量】列表框中，单击【设置】文本框，对其赋值。

单击【删除选定行】按钮🔳，在【变量】列表框中选中的参数就被移除掉，不再作为设计研究变量。

图 15.4.1　【标准研究定义】对话框　　　　　　图 15.4.2　【选择参数】对话框

2．运行分析

参考静态分析。

3．获取研究结果

参考静态分析。

15.4.2　敏感度设计研究

敏感度分析是一种定量分析工具，通过研究多个设计参数对模型性能的影响敏感程度，筛选出影响较大的主要设计参数，即局部敏感度分析，然后确定主要参数的变化范围，进行全局敏感度分析，寻找最佳设计。

1．新建敏感度设计研究

在【分析和设计研究】对话框中，单击【文件】下拉菜单中的【新建敏感度设计研究】选项，弹出如图 15.4.3 所示的【敏感度研究定义】对话框，其中：

- 【名称】文本框用于定义新建的敏感度研究的名称，默认为"study1"。
- 【说明】文本框用于定义新建的敏感度研究的简要描述。
- 【类型】下拉列表框用于定义敏感度研究的类型。
  - 【局部敏感度】分析计算模型测量（如应力）对轻微形状变更的敏感度。
  - 【全局敏感度】分析计算模型测量对设计参数在指定范围内变更的敏感度。
- 【分析】列表框用于显示进行标准研究的分析，可以多选，选中的项目越多分析就越慢，选中的分析为高亮显示。
- 【变量】列表框用于显示和设置模型尺寸的数值。具体用法参见标准设计研究的相关内容。

图 15.4.3 【敏感度研究定义】对话框

2. 运行分析

参考静态分析。

3. 获取分析结果

参考静态分析。

15.4.3 优化设计研究

优化设计的目的在于寻找一种最佳的设计方案。由用户指定研究目标、约束条件和设计参数等，然后在参数的指定范围内求出可满足研究目的和约束条件的最佳解决方案。

1. 创建优化设计研究

在【分析和设计研究】对话框中，单击【文件】下拉菜单中的【新建优化设计研究】选项，弹出如图 15.4.4 所示的【优化研究定义】对话框，其中：

- 【名称】文本框用于定义新建的优化研究的名称，默认为“study1”。
- 【说明】文本框用于定义新建的优化研究的简要描述。
- 【类型】下拉列表框用于定义优化研究的类型。
  - 【优化】：通过调整一个或多个参数以指定的设计目标达到最佳化。
  - 【可行性】：用于测试一个设计方案在指定限制条件下的可行性。

图 15.4.4　【优化研究定义】对话框

- 【目标】选项组。用户在该选项组中选取一个测量作为设计研究的目标以达到最大化或最小化。
- 【设计极限】列表框。用户在该列表框中选取一个或多个测量作为优化过程中的约束条件。
  - 单击【添加测量】按钮，弹出【测量】对话框，在【预定义】或【用户定义】列表框中选择测量项，单击【确定】按钮，所选测量项就添加到列表框中。
  - 选中列表框中的测量项，单击【删除测量】按钮，选中的测量项就移除出列表框。
- 【分析】和【载荷集】选项组分别用于指定测量项对应的分析和载荷集。
- 【变量】列表框。选取一个或多个设计参数作为优化目标达到最佳化能够调整的变量，并且需要定义变量的范围和初始值。
- 单击【选项】按钮，弹出【设计研究选项】对话框，在该对话框中定义设计研究优化算法、优化收敛系数、最大迭代次数、收敛方式等。

2．运行分析

参考静态分析。

3．获取优化结果

参考静态分析。

15.4.4 设计研究实例

对简易支架模型进行分析。打开"zhijia.prt"，其模型如图 15.4.5 所示。

1. 标准设计研究

参照前面章节的介绍对简易支架进行材料定义、约束创建、网格划分操作，再进行静态分析。其中，表面载荷为 800N，向下。

（1）单击功能区【应用程序】选项卡【仿真】区域中的【Simulate】按钮，进入结构分析模块。

（2）单击功能区【主页】选项卡【运行】区域中的【分析和研究】按钮，弹出【分析和设计研究】对话框。

（3）在【分析和设计研究】对话框中，打开【文件】下拉菜单，单击【新建标准设计研究】选项，弹出【标准研究定义】对话框。

（4）单击选中【分析】列表框中的"Analysis1"（已运行完成的静态分析）。

（5）单击【变量】右侧的【从模型中选择尺寸】按钮。在模型树中，单击简易支撑结构的草绘，此时图形区中将显示该草绘存在的尺寸值，如图 15.4.6 所示选取支持臂角度为"30°"的尺寸，该尺寸即添加到【变量】列表框中。

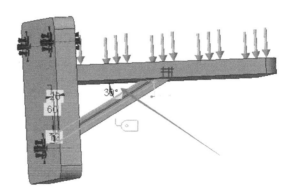

图 15.4.5　简易支架模型　　　　　　　　图 15.4.6　选择的变量尺寸

（6）在【变量】列表框中该尺寸对应的【设置】文本框中输入"25"，单击【确定】按钮，返回【分析和设计研究】对话框，完成标准设计研究的创建。

（7）选中列表框中刚才创建的标准设计研究，单击【开始运行】按钮，弹出【问题】对话框，单击【是】按钮，开始计算。运行完成后弹出【运行状况（Ananlysis1）运行已完成】对话框，单击【关闭】按钮，该对话框关闭，并返回到【分析和设计研究】对话框。

小提示：进行标准设计和敏感度设计时，模型文件名和保存的分析文件名最好为英文且不要有下画线，不然不能对设置内容做【运行】操作。

（8）在【分析和设计研究】列表框中选中刚才运行完成的标准设计研究，单击【查看设计研究或有限元分析结果】按钮，弹出【结果窗口定义】对话框。

（9）选择【显示类型】为"条纹"。打开【数量】选项卡，选中下拉列表框中的【位移】选项，并指定其单位为"mm"，选择【分量】下拉列表框中的【模】选项，打开【显示选项】选项卡，勾选【已变形】、【显示载荷】和【显示约束】复选框。

（10）其余选项保持默认，单击【确定并显示】按钮，结果窗口中显示位移随简易支架结构角度变化的条纹图，如图 15.4.7 所示。

（11）打开模型显示区左上角的下拉列表框，选择【应力】和【畸变能（von Mises）】选项，此时模型显示区自动切换到应力随支撑结构变化的条纹图，如图 15.4.8 所示。

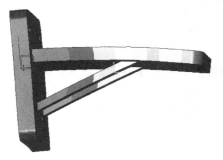 

图 15.4.7　位移随支撑结构变化的条纹图 1　　　图 15.4.8　应力随支撑结构变化的条纹图 1

（12）重复（3）～（11）步操作，并在第（6）步操作中的【设置】文本框中输入"20"。

（13）分析结果如图 15.4.9 和图 15.4.10 所示。

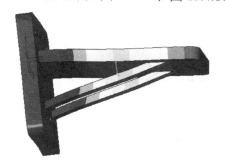 

图 15.4.9　位移随支撑结构角度变化条纹图 2　　　图 15.4.10　应力随支撑结构角度变化条纹图 2

2．敏感度分析

（1）在【分析和设计研究】对话框中选择【文件】下拉菜单的【新建敏感度设计研究】选项，弹出【敏感度设计研究】对话框。

（2）选中【分析】列表框中的"Analysis1"（已运行完成的静态分析）。

（3）单击【从模型中选择尺寸】按钮，同样地，在模型树中选中简易支架结构的草绘，在图形区中单击选中其角度尺寸。此时该尺寸即被添加进【变量】列表框中，并分别将【开始】和【终止】文本框中的值改为"20"和"30"并指定【步距】为"5"。

（4）单击【选项】按钮，弹出【设计研究选项】对话框，勾选【重复 P 环收敛】和【每次形状更新后重新网格化】复选框，单击【关闭】按钮，返回【敏感度设计研究】对话框。在【敏感度设计研究】对话框中单击【确定】按钮，返回【分析和设计研究】对话框，完成敏感度设计研究的创建。

（5）同样地，选中刚创建的敏感度设计研究，单击【开始运行】按钮，弹出【问题】对话框，单击【是】按钮，开始计算。运行完成后弹出【运行状况（Ananlysis1）运行已完成】对话框，单击【关闭】按钮，该对话框关闭，并返回到【分析和设计研究】对话框。

（6）在【分析和设计研究】列表框中选中刚才运行完成的敏感度设计研究，单击【查看设计研究或有限元分析结果】按钮，弹出【结果窗口定义】对话框。

（7）选中【显示类型】下拉列表框中的【图形】选项。打开【数量】选项卡，选中下拉列表框中的【测量】选项，并单击【测量】按钮，弹出【测量】对话框，选中列表框中的【max_disp_mag】选项，单击【确定】按钮，返回【结果窗口定义】对话框。单击【确定并显示】按钮，模型显示区显示最大位移随斜支撑结构角度变化的曲线，如图 15.4.11 所示。

（8）单击模型显示区左上角的【测量】下拉列表框，单击【测量】选项，弹出【测量】对话框，同样地，选中【预定义】列表框中的【max_stress_vm】选项，单击【确定】按钮，此时模型显示区将切换到最大应力随斜支撑结构角度变化的曲线，如图 15.4.12 所示。

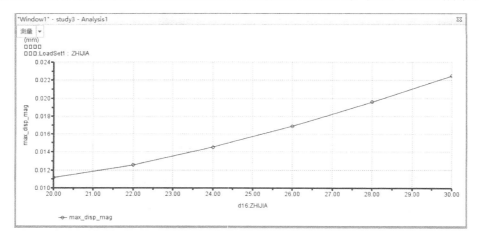

图 15.4.11　最大位移随斜支撑结构角度变化的曲线

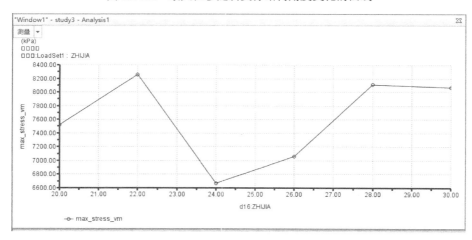

图 15.4.12　最大应力随斜支撑结构角度变化的曲线

3．优化设计

（1）在【分析和设计研究】对话框中，选择【文件】下拉菜单的【新建优化设计研究】选项，弹出【优化研究定义】对话框。

（2）选择【类型】下拉列表框中的【优化】选项，单击【目标】选项组中的【测量】按钮 ✐ ，弹出【测量】对话框，选中【预定义】列表框中的【max_stress_vm】选项作为目标函数，单击【确定】按钮，返回【优化研究定义】对话框。

（3）单击【设计极限】列表框右侧的【添加】按钮 ⬚ ，弹出【测量】对话框，选中【预定义】列表框中的【max_stress_vm】选项，单击【确定】按钮，返回【优化研究定义】对话框。在【设计极限】列表框中的【值】文本框中输入 "10"。

（4）单击【变量】右侧的【从模型中选择尺寸】按钮 ↖ ，同样地，在模型树中选中斜支撑结构的草绘，在图形区中单击选中其角度尺寸，此时该尺寸即被添加进【变量】列表框中。并分别在【最小值】和【最大值】文本框输入 "20" 和 "30"，单击【确定】按钮，返回【分析和设计研究】对话框。

（5）选中刚才创建的优化设计研究，单击【开始运行】按钮 ◣ ，弹出【问题】对话框，单击【是】按钮，开始计算。运行完成后弹出【运行状况（Ananlysis1）运行已完成】对话框，单击【关闭】按钮，该对话框关闭，并返回到【分析和设计研究】对话框。

（6）在【分析和设计研究】列表框中选中刚才运行完成的优化设计研究，单击【查看设计研究或有限元分析结果】按钮 ▦ ，弹出【结果窗口定义】对话框。

（7）选择【显示类型】下拉列表框中的【条纹】选项。打开【数量】选项卡，选中下拉列表框中的【应力】选项，并指定单位为 "MPa"，选择【分量】下拉列表框中的【畸变能（von Mises）】选项，打开【显示选项】选项卡，勾选【已变形】、【显示载荷】和【显示约束】复选框。

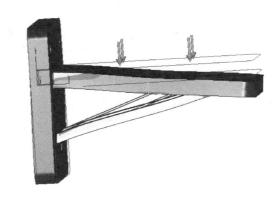

图 15.4.13　优化后的应力随斜支撑结构角度变化的条纹图

（8）单击【确定并显示】按钮，结果窗口中显示优化后的应力随斜支撑结构角度变化的条纹图，如图 15.4.13 所示。

（9）退出结果窗口，完成优化设计研究。

15.5　练习题

试对如图 15.5.1 所示的支撑结构模型进行静态分析和模态分析。材料为钢，立面约束为完全固定，上表面受 100MPa 的压力载荷。支撑结构模型的截面草图如图 15.5.2 所示。

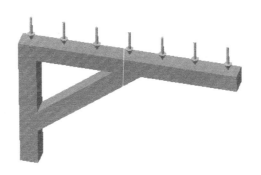

图 15.5.1　支撑结构模型

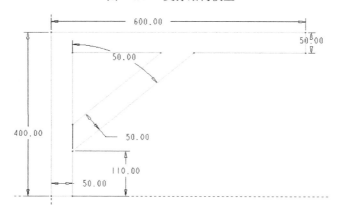

图 15.5.2　截面草图

第16章

NC 加工

16.1 ▸ NC 加工简介

NC（Numerical Control，数控）加工是现代机械加工的重要基础与技术手段，在机械制造过程中可提高生产效率、稳定加工质量、缩短加工周期、提高生产柔性，实现对各种复杂精密零件的自动化加工。

本章将对 Creo 6.0 中 NC 加工进行介绍，包括运行数控机床、使用工艺管理器、创建 NC 序列等，从而掌握如何实现模型的数控加工，生成刀具位置（CL）数据，进行材料移除仿真。

1. 制造工作界面

单击【新建】按钮 [□]，弹出【新建】对话框。在【类型】选项组中单击【制造】单选按钮，在【子类型】选项组中单击【NC 装配】单选按钮，取消勾选【使用默认模板】复选框，如图 16.1.1 所示，单击【确定】按钮，弹出【新文件选项】对话框。选择其中的 "mmns_mfg_nc"，如图 16.1.2 所示，单击对话框中的【确定】按钮，进入制造工作界面。

图 16.1.1 【新建】对话框

图 16.1.2 【新文件选项】对话框

制造工作界面和零件工作界面的布局形式一样，主要区别体现在制造工作界面的功能区中有【制造】和【模型】选项卡，如图 16.1.3 所示。【制造】选项卡中主要有【元件】、【机床设置】、【工艺】、【制造几何】和【校验】区域；【模型】选项卡中有进行零件创建和零件组装相关操作的工具按钮。

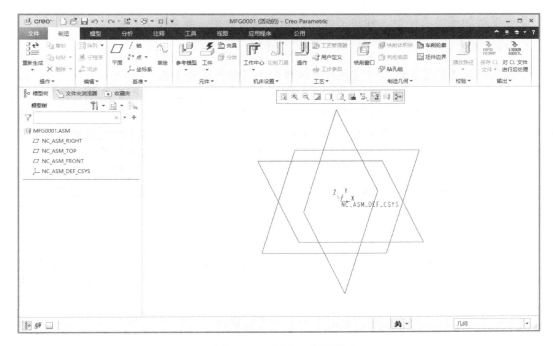

图 16.1.3　制造工作界面

2. 创建 NC 加工的一般流程

进入制造工作界面后需要进行一系列的操作、设置才能实现对模型的 NC 加工，Creo 中创建 NC 加工的流程如图 16.1.4 所示。

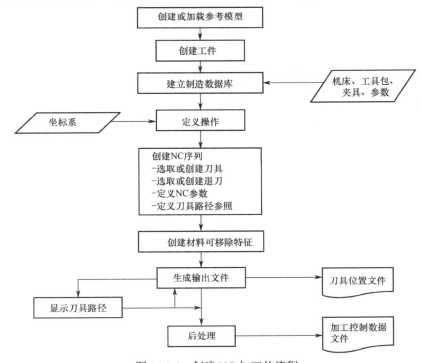

图 16.1.4　创建 NC 加工的流程

此处仅对加载参考模型、创建工件的开始步骤做介绍，其余部分在后续小节介绍。

1）加载参考模型

单击功能区【制造】选项卡【元件】区域中的【参考模型】按钮下方的倒三角，在下滑面板中出现【组装参考模型】、【继承参考模型】和【合并参考模型】选项。常用其中的【组装参考模型】，另外两种模型的装配过程与其相同，不同的是装配后的结果。【合并参考模型】指将设计零件几何复制到参考零件中，也将基准平面信息从设计模型复制到参考模型中；【继承参考模型】指参考零件继承设计零件中的所有几何和特征信息。

单击【组装参考模型】选项，弹出【打开】对话框，选取创建好的模型并单击【打开】按钮。界面顶部弹出【元件放置】操控板，同第 11 章产品装配中出现的界面一样，常用的放置方法是将模型坐标系与原坐标系重合。

2）创建工件

单击功能区【制造】选项卡【元件】区域中的【工件】按钮下方的倒三角，在下滑面板中出现多个选项，常用其中的【自动工件】和【创建工件】选项。此处以【自动工件】选项为例，后续案例中会介绍【创建工件】选项。

（1）单击【自动工件】选项，界面顶部弹出【创建自动工件】操控板，如图 16.1.5 所示。操控板中有两种工件形状：【矩形工件】，用来相对参考模型定义矩形工件；【圆形工件】，用来相对参考模型定义圆形工件。操控板中还有两种工件尺寸的定义方式：【包络】，指创建完全包容参考模型、没有偏置的工件；【自定义】，指创建偏置一定距离的毛坯工件。

图 16.1.5 【创建自动工件】操控板

单击操控板中的【选项】按钮，弹出【选项】下滑面板，如图 16.1.6 所示。可通过整体尺寸设置和线性偏移、旋转偏移来调整工件尺寸。

图 16.1.6 【选项】下滑面板

（2）单击模型树中的坐标系 ⊥ NC_ASM_DEF_CSYS 作为【放置】参考，再单击【创建自动工件】操控板中的【确定】按钮 ✔，完成工件的创建。

16.2　使用工艺管理器

工艺管理器功能基于制造工艺表，此表中列出了全部制造工艺对象，如机床、操作、夹具、刀具和 NC 序列等。NC 序列在制造工艺表中列出时，被称作步骤，在工艺管理器以外创建的其他类型的步骤也在制造工艺表中列出。

1.【制造工艺表】对话框

单击功能区【制造】选项卡【工艺】区域中的
⬛ 工艺管理器按钮，弹出【制造工艺表】对话框，如
图 16.2.1 所示。对话框中的菜单栏包括【文件】、【编
辑】、【视图】、【插入】、【工具】和【特征】菜
单，其中【工具】被误译为图中的【刀具】。工具栏
中包括了主要操作的快捷工具按钮，可通过工具按钮
实现菜单栏中的大部分操作。如图中方框标记内所示，
可单击【资源】按钮 ⭥ 将【工艺主视图】切换为【机
床主视图】，再单击【工艺】按钮 ⬛ 返回。

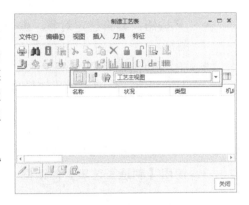

图 16.2.1　【制造工艺表】对话框

2. 主要工具按钮介绍

工具按钮中以视图切换按钮为主，在不同视图中
工具按钮有一定区别，可用的状态也不同。在创建操作或工艺时，新建的内容是紧跟在【制造工艺表】对话框中选中的步骤之后的。

1）视图切换按钮

● 【资源】按钮 ⭥：单击进入【机床主视图】。

● 【工艺】按钮 ⬛：单击进入【工艺主视图】。

● 【工步】按钮 ⬛：单击进入【工步信息主视图】。

2）【机床主视图】状态时的主要工具按钮

● 【插入新铣削-车削工作中心】按钮 ⬛：单击进入【铣削-车削工作中心】对话框。

● 【插入新车削工作中心】按钮 ⬛：单击进入【车削工作中心】对话框。

● 【插入新铣削工作中心】按钮 ⬛：单击进入【铣削工作中心】对话框。

3）【工艺主视图】状态时的主要工具按钮

● ⬛ 按钮：插入新操作。

● ⬛ 按钮：插入新铣削步骤。

● ⬛ 按钮：插入新车削步骤。

● ⬛ 按钮：插入新孔加工步骤。

- 按钮：从制造模板中插入新步骤。
- 按钮：插入新夹具。
- 按钮：插入新装配步骤。

4)【制造工艺表】中主要辅助工具按钮

- 按钮：查看工艺时间图。
- 按钮：在制造工艺表中执行线平衡。
- [ ]按钮：为选定步骤创建、修改和删除局部参数。
- **d**=按钮：为选定步骤创建、修改和删除局部关系。
- 按钮：打开或关闭表栅格。

5)【制造工艺表】对话框中底部工具按钮

- 按钮：编辑选定对象。编辑对象时，根据对象类型，在底部工具栏中将出现附加图标。
- 按钮：编辑选定对象的说明。在【制造工艺表】对话框中选中某个操作步骤，单击该按钮，会弹出关于该操作的备注对话框，可以在此对话框中进行说明填写。
- 按钮：显示选定操作或步骤的刀具路径，需要定义完全才可用。
- 按钮：计算执行选定操作或步骤所需的时间，需要定义完全才可用。
- 按钮：显示完全定义的步骤或操作的刀具路径和加工模拟，需要定义完全才可用。

3. 使用【制造工艺表】对话框

以加工如图 16.2.2 所示的模型为例，介绍【制造工艺表】对话框的使用。

（1）模型工艺分析。

加工模型如图 16.2.2 所示，圆盘周围开有圆孔，中间有五边形凹槽。从图形所展示的结构分析得到该模型的加工过程：表面铣削、腔槽铣削、孔加工。

（2）创建铣削工作中心 MILL01。

图 16.2.2　加工模型

加载该参考模型，使用【自动工件】来创建工件。单击功能区【工艺】区域中的 工艺管理器 按钮，弹出【制造工艺表】对话框。单击对话框中处于彩色状态的【资源】按钮，表中内容切换成【机床主视图】，如图 16.2.3 所示。

单击工具栏中的【插入新铣削工作中心】按钮，弹出【铣削工作中心】对话框，如图 16.2.4 所示。保持默认设置，单击【确定】按钮退出，此时在制造工艺表中出现了创建的铣削工作中心。

（3）创建操作。

单击【制造工艺表】对话框中的【工艺】按钮，表中内容还原成【工艺主视图】。单击工具栏中的 按钮插入新操作，界面顶部弹出【操作】操控板，如图 16.2.5 所示。【工作中心】默认选择为"MILL01"，【程序零点】在模型树中选取参考坐标系 NC_ASM_DEF_CSYS。单击操控板中的【确定】按钮，完成设置，此时在制造工艺表中出现了名称为"OP010"的操作。

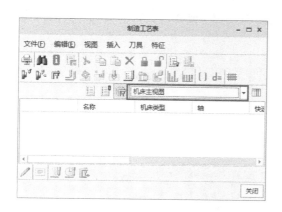

图 16.2.3　切换成【机床主视图】

图 16.2.4　【铣削工作中心】对话框

图 16.2.5　【操作】操控板

（4）创建表面铣削。

选中【制造工艺表】对话框中新建的"OP010"操作图标，单击 按钮插入新的铣削步骤，弹出【创建铣削步骤】对话框，如图 16.2.6 所示。保持默认设置，单击对话框中的【确定】按钮，界面顶部弹出【表面铣削】操控板，如图 16.2.7 所示。

图 16.2.6　【创建铣削步骤】对话框

图 16.2.7　【表面铣削】操控板

单击操控板中的【刀具管理器】按钮，弹出【刀具设定】对话框，如图 16.2.8 所示。调整对话框大小以显示底部按钮，单击对话框中的【应用】按钮，在列表框中显示刀具内容，单击【确定】按钮退出。【表面铣削】操控板中的其余高亮按钮暂时不设置，在 16.3 节中进行详细讲解。单击操控板中的【确定】按钮✔退出，此时制造工艺表中出现了表面铣削内容，如图 16.2.9 所示。

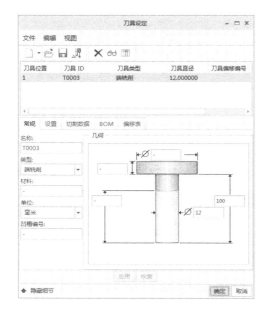

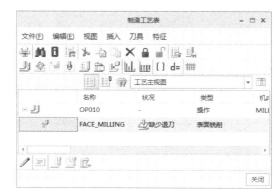

图 16.2.8　【刀具设定】对话框　　　　图 16.2.9　表面铣削内容

> **小提示**：多次设定刀具时需单击【刀具设定】对话框中的【新建】按钮，实现不同的刀具位置。

（5）创建腔槽铣削。

选中【制造工艺表】对话框中新建的"表面铣削"所在行顶头图标，单击按钮插入新的铣削步骤，弹出【创建铣削步骤】对话框。在【类型】中选择"腔槽铣削"，其余设置保持默认。单击对话框中的【确定】按钮，此时制造工艺表中出现了腔槽铣削内容。选中【腔槽铣削】顶头图标，单击鼠标右键，在弹出选项栏中选择【编辑定义】选项，弹出【菜单管理器】对话框，进一步对相关参数进行设置。

（6）创建孔加工。

选中【制造工艺表】对话框中新建的"腔槽铣削"所在行顶头图标，单击按钮插入新的孔加工步骤，弹出【创建孔加工步骤】对话框。保持默认设置，单击对话框中的【确定】按钮，界面顶部弹出【钻孔】操控板。单击操控板中的【确定】按钮✔，此时制造工艺表中出现了标准钻孔内容，如图 16.2.10 所示。

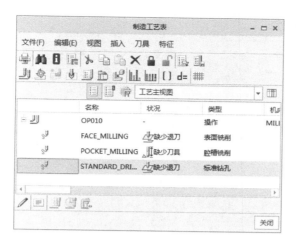

图 16.2.10　创建的标准钻孔内容

16.3　创建制造工艺

制造工艺包括机床、操作、NC 序列的创建，夹具的定义，设置退刀曲面及制造参数等。以下主要对工作中心（机床）、操作、NC 序列的创建做讲解。

1. 创建工作中心（机床）

以创建铣削工作中心为例，介绍工作中心（机床）的创建。

1）创建铣削工作中心

单击【制造】选项卡【机床设置】区域中的【工作中心】按钮下方的倒三角，弹出如图 16.3.1 所示的下滑面板。选中 铣削 后弹出【铣削工作中心】对话框，如图 16.3.2 所示。Creo 中创建的第一个铣削机床名称为"MILL01"，创建的后续机床名称依次类推，不同类型的机床英文不同。在【轴数】下拉列表框中设置当前机床的轴数，默认设置为"3轴"，机床轴数主要用于设置 NC 序列时的可选范围。机床的轴数与选择的机床类型密切相关，各种机床类型中的可选轴数如下：

图 16.3.1　下滑面板

- 铣削：3 轴、4 轴和 5 轴；
- 铣削/车削：3 轴、4 轴和 5 轴，还可设置刀头数和主轴数；
- 车床：1 个塔台和 2 个塔台，还可设置主轴数；
- 线切割：2 轴和 3 轴。

2）参数设置及介绍

（1）【输出】选项卡内包括【命令】、【刀补】和【探针补偿】三个选项组。

（2）【刀具】选项卡主要用于设定换刀时间、探针和刀具的参数。单击【刀具】选项卡中的【刀具】按钮，弹出【刀具设定】对话框，如图 16.3.3 所示。设置完成后单击【应用】按钮，即在列表框中显示出刀具的详细信息。

图 16.3.2 【铣削工作中心】对话框　　　　　图 16.3.3 【刀具设定】对话框

图 16.3.4 【刀具】下滑面板

【刀具设定】对话框各选项卡介绍如下：

- 【常规】选项卡中可设置刀具【名称】、选择刀具【类型】、设置刀具【材料】和【单位】等。除可在此处选择类型外，还可单击对话框顶部工具栏中□按钮旁的倒三角，弹出如图 16.3.4 所示的【刀具】下滑面板，然后选择所需刀具。
- 【设置】选项卡中包含刀具属性和各种可选参数的文本框。
- 【切割数据】选项卡用于指定切割数据，根据坯件材料的类型和条件，设置刀具进行粗加工和精加工的进给量、速度、轴向深度和径向深度等。
- 【BOM】选项卡提供有关刀具物料清单的信息。
- 【偏移表】选项卡可设置多个刀尖的刀具。

（3）【参数】选项卡用于设置机床的【最大速度】、【马力】、【快速移刀】和【快速进给率】，只需输入具体数值或进行选择，如图 16.3.5 所示。

（4）【装配】选项卡通过调入其他加工机床数据的方法设置机床的各种参数。

（5）【行程】选项卡主要用于设置数控机床在加工过程中各个坐标轴方向上的行程极限，如图 16.3.6 所示。若不设置行程极限，系统不会对加工工序进行行程检查。选择的机床类型不同，【行程】选项卡中的设置对象也会不同。

（6）【循环】选项卡主要用于在加工孔类特征时，创建【循环名称】和【循环类型】。单击【循环】选项卡中的【打开】按钮，在弹出的【自定义循环】对话框中可以定义加工循环参数。

以上选项卡设置好后单击【铣削工作中心】对话框中的【确定】按钮，完成铣削工作中心的创建。

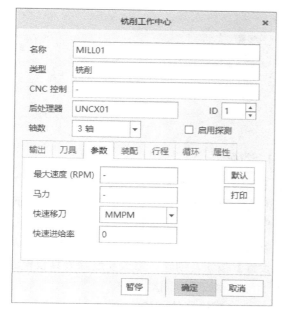

图 16.3.5 【参数】选项卡

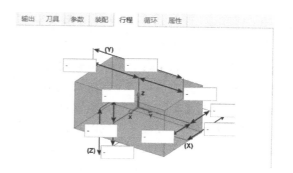

图 16.3.6 【行程】选项卡

2. 创建操作

（1）单击功能区【工艺】区域中的【操作】按钮，界面顶部弹出【操作】操控板，如图 16.3.7 所示。【工作中心】可在创建的机床中选择，【程序零点】一般选取原点坐标系。

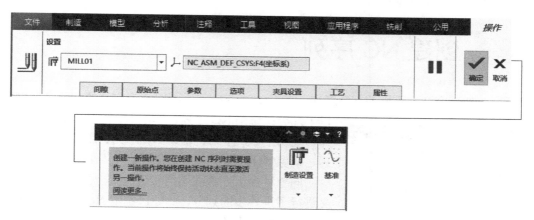

图 16.3.7 【操作】操控板

（2）单击操控板尾部对应按钮可创建【制造设置】和【基准】，其中【制造设置】就是创建工作中心。

（3）单击操控板中的【间隙】按钮，弹出【间隙】下滑面板，如图 16.3.8 所示。【间隙】下滑面板主要用来设置退刀参数。设置了退刀参数后，刀具在从零件的一个加工部位移动到另一个加工部位的刀具轨迹起点时便不会与零件或夹具发生碰撞。【类型】下拉列表框中可供选择的有【平面】、【圆柱面】、【球面】、【曲面】和【无】。注意：选取的【参考】均为工件上的面，和参考模型无关。

图 16.3.8 【间隙】下滑面板

（4）单击操控板中的【原始点】按钮，弹出【原始点】下滑面板，以设置进刀点和退刀点。下滑面板中的【自】表示创建或选择一个基准来指定操作的切削刀具的起始位置；【原始点】表示创建或选择一个基准点来指定操作的切削刀具的结束位置。

（5）单击【参数】按钮，设置某些刀具轨迹数据文件的属性或为某些操作添加注释；单击【选项】按钮，设置坯料的名称；单击【夹具设置】按钮，创建、修改和删除夹具设置的图标；单击【工艺】按钮，计算加工的时间，用于与实际加工时间对比。

（6）设置好后单击操控板中的【确定】按钮✔，完成操作的创建。

3．创建 NC 序列

NC 序列是表示单个刀具路径的装配（或工件）特征，在创建 NC 序列前必须设置一个操作。机床的类型定义好后可使用对应的 NC 序列类型，同时结合工艺管理器的介绍可知 NC 序列的创建主要是通过对应机床对话框中列举的工具按钮实现的。不同加工方法的 NC 序列创建及各类 NC 序列内容介绍举例具体参见 16.4 节。

16.4 创建 NC 序列

不同的加工方法有不同的 NC 序列，在 Creo 6.0 中关于不同加工方法的 NC 序列可分为以下几类：铣削 NC 序列、车削 NC 序列、孔加工 NC 序列、线切割 NC 序列、辅助 NC 序列、用户定义的 NC 序列、镜像 NC 序列。

同一种加工方法在不同实现方式上又对 NC 序列的定义进行了进一步的划分，此处以铣削 NC 序列为对象，对铣削加工方法中的主要 NC 序列的创建做归纳介绍。

参考 16.3 节内容创建好操作后，功能区会出现【铣削】选项卡，单击进入【铣削】选项卡。【铣削】选项卡内的【铣削】区域如图 16.4.1 所示，其中包含了所有以铣削为主的加工方式。

图 16.4.1 【铣削】区域

各种加工方式的 NC 序列创建的形式可分为两种：一

种是单击功能区工具按钮后界面顶部弹出对应的操控板；另一种是弹出【菜单管理器】对话框。用后者设置的内容相对较多，属于该类的铣削加工有：【曲面铣削】、【钻削式粗加工】、【腔槽加工】、【侧刃铣削】、【铅笔追踪】和【局部铣削】。以下以【表面铣削】代表第一类、【腔槽加工】代表第二类进行 NC 序列创建的相关内容介绍。

1.【表面铣削】NC 序列创建

（1）单击功能区【铣削】选项卡【铣削】区域中的 ⏉ 表面按钮，界面顶部弹出【表面铣削】操控板，如图 16.4.2 所示。

图 16.4.2　【表面铣削】操控板

（2）【表面铣削】操控板中的工具按钮介绍如下，在其中进行对应设置。

- 【刀具管理器】按钮⏉：单击该按钮弹出【刀具设定】对话框，进行所需刀具的参数设置。可在该按钮后的下拉列表框中选取创建好的相关刀具，或选取其中的 ⏊ 编辑刀具...同样会弹出【刀具设定】对话框。

- 【预览】按钮⚒：单击该按钮会在图形区显示刀具。

- 【坐标系】图标⎇：在该图标后方的选框中设置参考的坐标系，一般选取模型树中的原点坐标系。

- 【参考】按钮：单击该按钮，弹出【参考】下滑面板，如图 16.4.3 所示。其中，【类型】下拉列表框的可选项包括【曲面】和【铣削窗口】，其中【曲面】选项可在参考模型上选取，【铣削窗口】选项则需要选取之前创建好的表面。

图 16.4.3　【参考】下滑面板

- 【参数】按钮：单击该按钮，弹出【参数】下滑面板，如图 16.4.4 所示。有底纹的文本框对应的参数为必填参数，其余参数可根据实际情况适当填写。单击下滑面板中最下方的【编辑加工参数】按钮⚒，会弹出编辑序列参数对话框，可结合对话框下方示意图理解输入参数，如图 16.4.5 所示。

- 【间隙】按钮：单击该按钮，弹出【间隙】下滑面板，如图 16.4.6 所示。下滑面板中的【类型】默认为【平面】，【参考】选择工件上的平面，选取后可在【值】文本框中输入偏移距离。【起点】和【终点】分别为刀具的起始和终止基准点，可在图形区中进行选取，也可不进行设置。

- 【选项】按钮：单击该按钮，弹出【选项】下滑面板，如图 16.4.7 所示。其中【切削刀具适配器】选框用于选择要用作切削刀具适配器的零件或装配；【进入点】选框用于选择或创建切削运动的入口点；【进刀轴】选框可选择被刀具用作向加工曲面进刀的轴；【仅第一个层切面】复选框将进刀运动应用至第一个层切面；【退刀轴】选框可选择被刀具用作向加工曲面退刀的轴；【仅最后一个层切面】复选框将退刀运动应用至最后一个层切面。

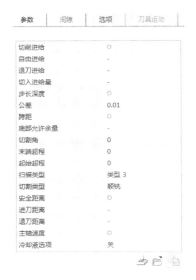

图 16.4.4 【参数】下滑面板

图 16.4.5 编辑序列参数对话框

图 16.4.6 【间隙】下滑面板

图 16.4.7 【选项】下滑面板

- 【刀具运动】按钮：用来创建、修改和删除刀具运动，以及定义切削运动的 CL 命令，只有成功定义刀具路径计算的全部参数后，该选项才可用。

（3）播放刀具路径与材料移除仿真。

所有内容设置完成后可进行播放刀具路径与材料移除仿真，对应于操控板中的工具按钮为：【播放刀具路径】按钮、【过切检查】按钮和【材料移除仿真】按钮。

2．【腔槽加工】NC 序列创建

（1）单击功能区【铣削】区域中的倒三角，在下滑面板中选取 腔槽加工 按钮，弹出【菜单管理器】对话框如图 16.4.8 所示。

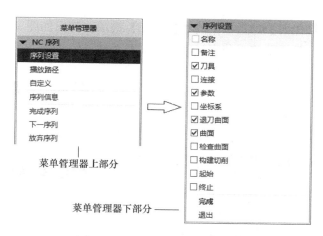

图 16.4.8　【菜单管理器】对话框

（2）在【序列设置】选项栏下可根据需要勾选设置内容，一般使用默认勾选项即可。单击对话框中【完成】按钮后可进入各个设置对话框，以下展示其中主要的设置。

- 【名称】复选框：用于弹出【输入 NC 序列名】对话框，如图 16.4.9 所示。

图 16.4.9　【输入 NC 序列名】对话框

- 【刀具】复选框：用于弹出【刀具设定】对话框，同前述表面铣削中弹出的一致。
- 【参数】复选框：用于弹出编辑序列参数对话框，同前述表面铣削中弹出的类似。
- 【坐标系】复选框：勾选该复选框，在【菜单管理器】对话框中出现【序列坐标系】选项栏，如图 16.4.10 所示。
- 【退刀曲面】复选框：用于弹出【退刀设置】对话框，如图 16.4.11 所示。

图 16.4.10　【序列坐标系】选项栏

图 16.4.11　【退刀设置】对话框

- 【曲面】复选框：勾选该复选框，在【菜单管理器】对话框中出现【曲面拾取】选项栏，如图 16.4.12 所示。选择具体选项单击【完成】按钮后弹出【选择】对话框。

（3）【序列设置】选项栏中的勾选内容设置好后，单击【菜单管理器】对话框中的【播放路径】选项，弹出如图 16.4.13 所示的【播放路径】选项栏，可进行刀具路径播放和相关检查。

（4）单击【菜单管理器】对话框中的【自定义】选项，弹出如图 16.4.14 所示的【自定义】对话框，可进行刀具运动的相关定义。

图 16.4.12 【曲面拾取】选项栏　图 16.4.13 【播放路径】选项栏　图 16.4.14 【自定义】对话框

16.5 使用刀具位置数据和显示刀具路径

1．使用刀具位置数据

刀具位置（CL）文件从 NC 序列内指定的刀具路径中生成。每个 NC 序列生成一个单独的 CL 文件，也可为整个操作创建一个文件。然后，可将这些 CL 文件传送到机器特定的或通用的后处理器中，以生成 NC 带或用于 DNC 通信。

创建 NC 序列时，可通过单击所创建序列的操控板中的 按钮，在单独的【CL 数据】窗口中显示 CL 数据，此窗口仅供显示之用。

1）保存 CL 文件

当 CL 数据写入文件时，可以选择对数据进行立即后处理并创建 MCD 文件，或编写 CL 文件，以后再进行后处理。

（1）单击【制造】选项卡【输出】区域中的【保存 CL 文件】按钮 ，弹出【菜单管理器】对话框，如图 16.5.1 所示。

（2）选择其中的【操作】选项，在对话框中出现【选择菜单】选项栏，创建好的操作都会在其中列出。选中一项操作后，【菜单管理器】对话框显示如图 16.5.2 所示。此时可显示刀具路径并对 CL 数据进行旋转、平移和镜像等处理。注意：选中【操作】选项后，CL 数据包括操作中所有的工序。

（3）选中【路径】选项栏下的【显示】选项，单击最下方的【完成】按钮，弹出【播放路径】选项栏。单击【文件】选项，选择【打开】或【保存】，可打开保存好的 CL 文件或保存 CL 文件到适当位置；选择【另存为 MCD】，弹出【后处理器】选项，设置好后将文件保存到合适位置，以便后处理时调用。

（4）为了方便查看和处理单独工序的 CL 数据，可选择【菜单管理器】对话框中的【NC

序列】选项，在对话框中弹出【NC 序列列表】选项栏，创建好的 NC 序列都会在其中列出。

图 16.5.1　【菜单管理器】对话框 1　　　　　图 16.5.2　【菜单管理器】对话框 2

2）对 CL 文件进行后处理

单击【制造】选项卡【输出】区域中的【对 CL 文件进行后处理】按钮，弹出【打开】对话框，选择保存的后处理文件进行查看。

2．显示刀具路径

在创建好 NC 序列后，可在相应的操控板中进行刀具路径播放或进行仿真。另外，在【制造】选项卡下的【校验】区域中调用或在模型树中单选、多选加工特征时出现的快捷选项栏中调用也可实现。以下介绍利用【校验】区域中的工具按钮，实现的主要刀具路径显示和仿真。

1）播放路径

（1）选中模型树中的特征对象，在【制造】选项卡【校验】区域中单击【播放路径】按钮，弹出【播放路径】对话框，如图 16.5.3 所示。

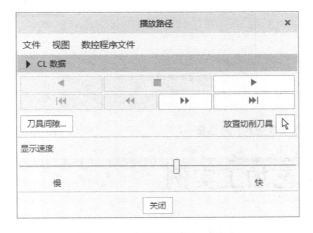

图 16.5.3　【播放路径】对话框

（2）单击对话框中的【播放】按钮 ▶ ，观测刀具的路径。

（3）单击对话框中的【视图】按钮，在弹出的菜单中可对相关显示进行设置。

（4）单击对话框中的【CL 数据】按钮 ▶ CL 数据 ，显示刀具位置数据。

2）材料移除仿真

（1）选中模型树中的特征对象，单击【制造】选项卡【校验】区域中的倒三角，选择出现的【材料移除仿真】按钮 🖱️，界面顶部弹出【材料移除】操控板，如图 16.5.4 所示。

图 16.5.4 【材料移除】操控板

（2）单击操控板中的 🖱️ 按钮，弹出【播放仿真】对话框，如图 16.5.5 所示。

（3）单击对话框中的【播放】按钮 ▶ ，观测刀具仿真路径。

（4）为了直观观测加工仿真结果，可取消勾选【视图】菜单下的【刀具路径】复选框。

3）过切检查

选中模型树中的特征对象，在【制造】选项卡【校验】区域中单击【过切检查】按钮 🖱️，弹出【打开】对话框，选取保存好的 CL 文件。单击【打开】按钮，弹出【菜单管理器】对话框，如图 16.5.6 所示，选取检查曲面即可进行后续操作。

图 16.5.5 【播放仿真】对话框

图 16.5.6 【菜单管理器】对话框

16.6 多工艺加工实例

加工模型如图 16.6.1 所示，模型整体高为 70、长为 400、宽为 300，中间凸台高 25，异形槽深 20，孔直径为 22，密封槽直径为 12。从图中可知该模型的特征包括中部的方形凸台、方形凸台中间的异形槽、凸台四周的密封槽和 4 个钻孔。由以上特征可得到圆盘的加工工艺流程：先用【曲面铣削】在方形工件上加工出具有斜凸台的表面特征；再在斜凸台中间用【腔槽铣削】加工出异形槽；接着用【标准孔加工】进行钻孔；最后使用【轨迹铣削】完成密封槽的加工。

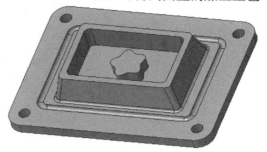

图 16.6.1　加工模型

1. 新建【制造】文件

单击【新建】按钮，弹出【新建】对话框。在【类型】选项组中选择【制造】单选按钮，取消勾选【使用默认模板】选项框，【子类型】选择【NC 装配】，【名称】输入"shili"，单击【确定】按钮，弹出【新文件选项】对话框，选择其中的"mmns_mfg_nc"，进入制造工作界面。

2. 加载参考模型

单击【制造】选项卡【元件】区域中的【参考模型】按钮，弹出【打开】对话框，选取素材模型"shili.prt"。单击【打开】按钮，界面顶部弹出【元件放置】操控板。选中原点坐标系（或在模型树中选择 NC_ASM_DEF_CSYS），再选中模型坐标系，【约束类型】自动变为【重合】，单击操控板中的【放置】按钮，弹出【放置】下滑面板，如图 16.6.2 所示（此图中的【放置】下滑面板是单独显示的，可单击下滑面板右上角的 按钮将其放回到操控板中）。单击操控板中的【确定】按钮，完成参考模型的放置。

图 16.6.2　【放置】下滑面板

3. 创建工件

（1）单击【制造】选项卡【元件】区域中的【工件】按钮下方的倒三角，选择【创建工件】选项，弹出输入零件名称对话框，输入名称"gongjian"，如图 16.6.3 所示。

 小提示：名称要和已有的零件名称不同，因为工件同零件文件的扩展名一致。

（2）单击对话框中的【确定】按钮，弹出【菜单管理器】对话框，在【特征类】选项栏中默认选择【实体】选项，在【实体】选项栏中选择【伸出项】选项。在缩短后的对话框中保持选中默认选项【拉伸】和【实体】，如图 16.6.4 所示。单击【完成】按钮，界面顶部弹出【拉伸】操控板。

图 16.6.3 输入零件名称对话框 图 16.6.4 【菜单管理器】对话框

（3）选取参考模型底面作为草绘平面，进入草绘模式。以底部外轮廓为参考，通过投影边得到如图 16.6.5 所示的圆角矩形。单击【草绘】选项卡【关闭】区域中的【确定】按钮✔️，完成草绘。回到【拉伸】操控板，指定拉伸高度为"80"，方向向上。单击操控板上的【确定】按钮✔️，完成工件的创建。工件以透明状态包裹参考模型，结果如图 16.6.6 所示。

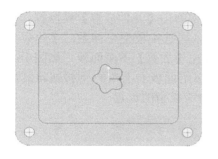

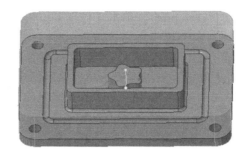

图 16.6.5 投影边得到圆角矩形 图 16.6.6 创建工件

4．创建铣削工作中心

（1）单击【制造】选项卡【机床设置】区域中的【工作中心】按钮🕅下方的倒三角，选择下滑面板中的🕅 铣削选项。弹出【铣削工作中心】对话框，如图 16.6.7 所示。

（2）单击对话框中的【刀具】选项卡，再单击其中的【刀具】按钮，弹出【刀具设定】对话框。设置【类型】为"球铣削"、【刀具直径】为"10"、工作长度为"70"、整体长度为"100"，其余设置保持默认。单击对话框中的【应用】按钮，在列表框中显示出刀具"T0001"的相关信息，如图 16.6.8 所示。单击【刀具设定】对话框中的【确定】按钮，完成刀具的设定。

（3）单击【铣削工作中心】对话框中的【确定】按钮，完成铣削中心创建。

5．创建操作

（1）单击【制造】选项卡【工艺】区域中的【操作】按钮🔟，界面顶部弹出【操作】操控板。【工作中心】🕅为默认的"MILL01"，选取模型树中的 ↳ NC_ASM_DEF_CSYS作为【程序零点】↳。

图 16.6.7　【铣削工作中心】对话框

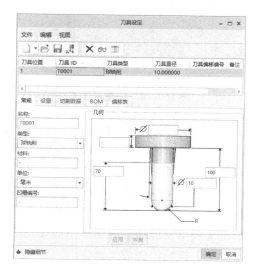

图 16.6.8　【刀具设定】对话框

（2）退刀面设置：单击操控板中的【间隙】按钮，弹出的【间隙】下滑面板，设置其中的【类型】为"平面"、【参考】为工件顶面、【值】为"10"。此时图形区会显示网状退刀面，设置结果如图 16.6.9 所示。

图 16.6.9　【间隙】下滑面板的设置

（3）单击操控板中的【确定】按钮 ✔，完成操作的创建。

6．创建曲面铣削工序

（1）进入【铣削】选项卡。

创建好操作后，界面顶部会出现【铣削】选项卡，单击进入【铣削】选项卡。

（2）创建铣削曲面。

① 单击【制造几何】区域中的【铣削曲面】按钮 🔲，界面顶部弹出【铣削曲面】选项卡。在模型树中隐藏工件特征，单击【铣削曲面】选项卡【曲面设计】区域中的【填充】按钮 🔲，以零件顶部平面轮廓投影边创建平面 1，如图 16.6.10 所示。

② 回到【铣削曲面】选项卡后再单击【曲面设计】区域中的【填充】按钮 🔲，如图 16.6.11 所示，以零件阶梯平面内轮廓投影边、外轮廓边为参考草绘矩形，得到平面 2。

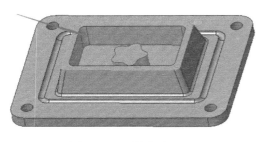
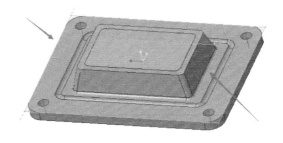

图 16.6.10 创建平面 1　　　　　　　　　　　　　　图 16.6.11 创建平面 2

③ 回到【铣削曲面】选项卡后单击【曲面设计】区域中的【倾斜】按钮，弹出【曲面：斜率控制的铣削曲面】对话框和【选择】对话框，按住<Ctrl>键依次选中如图 16.6.12 所示的全部曲面（倾斜面和倒圆角面共 16 个面），单击【选择】对话框中的【确定】按钮。再选中如图 16.6.13 所示的顶面作为参考，方向向下，单击【菜单管理器】对话框中的【确定】按钮。在弹出的【拔模角度】输入框中保持默认角度"15"，单击输入框上的 ✔ 按钮，再单击【菜单管理器】对话框中的【完成】按钮和【曲面：斜率控制的铣削曲面】对话框中的【确定】按钮，生成平面 3。

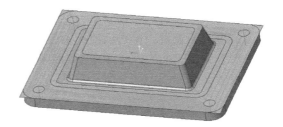

图 16.6.12 选取参考曲面　　　　　　　　　　　图 16.6.13 选取顶面和方向

④ 单击【铣削曲面】选项卡【控制】区域中的【确定】按钮 ✓，完成铣削曲面的创建。

小提示：创建铣削曲面是为了给铣削加工提供参考，适用于参考模型上曲面不连贯和曲面下部还有其他特征的情况；如果加工曲面连贯，则可以在参考模型中直接选取曲面特征。

（3）设置曲面铣削参数。

① 单击【铣削】选项卡【铣削】区域中的倒三角，选取其中的【曲面铣削】按钮，弹出【菜单管理器】对话框，保持【序列设置】选项栏下的【刀具】、【参数】、【曲面】和【定义切削】复选框被勾选，如图 16.6.14 所示。

② 单击【完成】按钮，弹出【刀具设定】对话框，选择其中的刀具"T0001"。单击【确定】按钮，弹出【编辑序列参数"曲面铣削"】对话框，设置【切削进给】为"500"，【粗加工步距深度】为"8"，【跨距】为"3"，【主轴速度】为"1200"，其余设置保持默认，设置结果如图 16.6.15 所示。

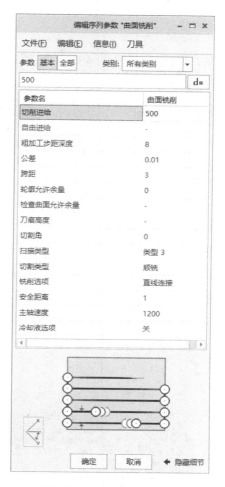

图 16.6.14　【菜单管理器】对话框　　　　图 16.6.15　【编辑序列参数"曲面铣削"】对话框

③ 单击【编辑序列参数"曲面铣削"】对话框中的【确定】按钮，回到缩短的【菜单管理器】对话框，选择【曲面拾取】选项栏下方的【模型】选项，如图 16.6.16 所示，单击【完成】按钮，弹出【选择】对话框。在模型树中对"shili"和"gongjian"特征进行隐藏，显示结果为之前创建的铣削曲面，如图 16.6.17 所示。按住<Ctrl>键选取铣削曲面的所有表面，单击【选择】对话框中的【确定】按钮回到【菜单管理器】对话框。

④ 单击【菜单管理器】对话框底部的【完成/返回】选项，弹出【曲面侧面】对话框。单击【曲面侧面】对话框中的【关闭】按钮，弹出【切削定义】对话框，再单击其底部的【确定】按钮回到【菜单管理器】对话框。单击【菜单管理器】对话框中的【完成序列】选项，完成曲面铣削工序的创建。

图 16.6.16　选择【曲面拾取】

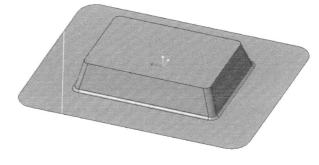

图 16.6.17　铣削曲面

7．显示曲面铣削的刀具路径

（1）选中模型树中的 ⬦ 1.曲面铣削 [OP010]，单击【制造】选项卡，在【校验】区域中单击【播放路径】按钮⬛，弹出【播放路径】对话框。如果没有弹出，则说明创建的 NC 序列有问题。单击【播放路径】对话框中的【视图】按钮，设置好刀具显示，如图 16.6.18 所示。

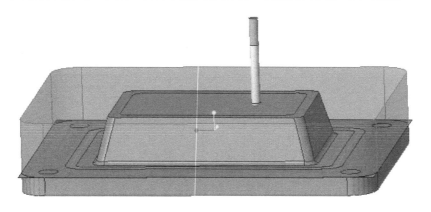

图 16.6.18　刀具显示

> 💡 **小提示**：在【播放路径】状态下不能对"shili"和"gongjian"特征进行隐藏和显示操作，在后续加工仿真中也有同样情况，因此需要提前将"gongjian"特征显示出来。

（2）单击【播放路径】对话框中的【播放】按钮　　▶　　，观测刀具的路径，如图 16.6.19 所示。

（3）单击对话框中的 ▶ CL 数据，显示刀具位置数据如图 16.6.20 所示。单击对话框顶部的【文件】按钮，在弹出的下滑面板中选择【保存】选项。单击【播放路径】对话框下方的【关闭】按钮退出。

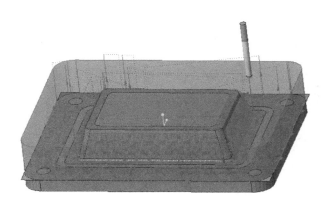

图 16.6.19　刀具的路径

图 16.6.20　刀具位置数据

8. 曲面铣削的加工仿真

（1）选中模型树中的 1. 曲面铣削 [OP010]，在出现的浮动工具栏中选取【材料移除仿真】按钮，界面顶部弹出【材料移除】操控板。单击操控板中的【启动仿真播放器】按钮，在右下角弹出【播放仿真】对话框。单击操作板中的【播放】按钮 ▶ ，观测刀具仿真路径，如图 16.6.21 所示。

（2）为了直观观测加工仿真结果，可在对话框【视图】按钮下进行详细设置，设置选项如图 16.6.22 所示。单击【播放仿真】对话框下方的【关闭】按钮，再单击操控板中的 ✖ 按钮，退出仿真。

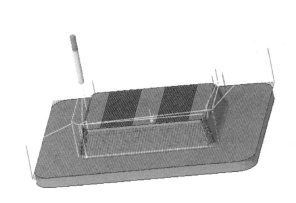

图 16.6.21　刀具仿真路径

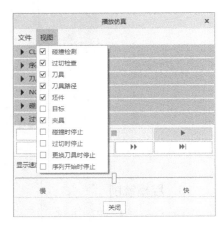

图 16.6.22　视图设置

9．进行曲面铣削的材料移除

（1）进入【铣削】选项卡，单击【制造几何】区域中的倒三角，选择其中的【材料移除切削】选项，弹出【菜单管理器】对话框，如图 16.6.23 所示。依次单击出现在对话框中的【曲面铣削，操作 OP010】选项、【完成】按钮，弹出【相交元件】对话框，如图 16.6.24 所示。

图 16.6.23 【菜单管理器】对话框   图 16.6.24 【相交元件】对话框

（2）单击对话框中的【自动添加(A)】按钮，再单击【选择表中所有元件】按钮 ≣，发现列表框中的内容为选中状态，单击【确定】按钮退出。隐藏模型树中的"shili"特征和创建的三个铣削曲面，此时图形区中的工件模型如图 16.6.25 所示，工件被曲面铣削加工的部分消失。

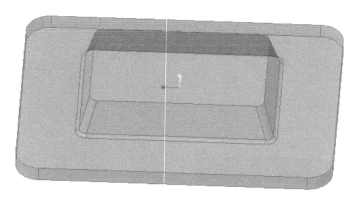

图 16.6.25 曲面铣削结果

10．腔槽铣削

（1）创建腔槽铣削工序。

① 单击【铣削】选项卡【铣削】区域中的倒三角，在下滑面板中选择【腔槽加工】按钮 。弹出【菜单管理器】对话框，在【序列设置】选项栏下的勾选【刀具】、【参数】、

【曲面】复选框。单击【菜单管理器】对话框中的【完成】按钮，弹出【刀具设定】对话框。单击其顶部的【新建】按钮，选取刀具【类型】和设置【几何】参数，如图 16.6.26 所示。单击对话框下方的【应用】按钮，完成刀具"T0002"的创建。单击【确定】按钮退出，弹出【编辑序列参数"腔槽铣削"】对话框，设置如图 16.6.27 所示。

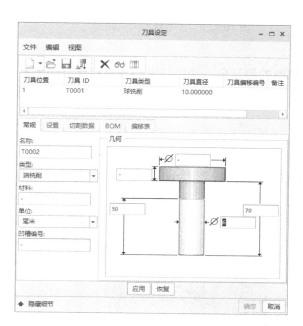

图 16.6.26　【刀具设定】对话框

图 16.6.27　【编辑序列参数"腔槽铣削"】对话框

② 单击【编辑序列参数"腔槽铣削"】对话框中的【确定】按钮，回到缩短的【菜单管理器】对话框。在模型树中显示"shili"特征并隐藏"gongjian"特征，单击【曲面拾取】选项栏下方的【完成】按钮，弹出【选择】对话框，按住<Ctrl>键选择如图 16.6.28 所示的中间异形槽的底面和周围面，单击【确定】按钮，再单击【菜单管理器】对话框中的【完成/返回】选项，最后单击【完成序列】选项，完成腔槽铣削的创建。最后显示"gongjian"特征并隐藏"shili"特征。

（2）显示腔槽铣削的刀具路径。

选中模型树中的，弹出浮动工具栏，选择其中的【播放路径】按钮，弹出【播放路径】对话框。单击对话框中的【播放】按钮，观测刀具的路径，如图 16.6.29 所示。单击对话框中的 ▶ CL 数据，显示刀具位置数据。单击对话框顶部的【文件】按钮，在弹出的下滑面板中选择【保存】选项。单击【播放路径】对话框下方的【关闭】按钮退出。

（3）腔槽铣削的加工仿真。

参照曲面铣削的加工仿真操作对此进行加工仿真，观测刀具仿真路径，如图 16.6.30 所示。单击【播放仿真】对话框底部的【关闭】按钮，单击【材料移除】操控板中的按钮，退出仿真。

图 16.6.28　选取异形槽的底面和四周曲面　　　　图 16.6.29　腔槽铣削刀具路径

（4）进行腔槽铣削的材料移除。

① 单击【铣削】选项卡【制造几何】区域中的倒三角，选择其中的【材料移除切削】选项，弹出【菜单管理器】对话框。依次单击出现在对话框中的【腔槽铣削】选项和【完成】按钮，弹出【相交元件】对话框。

② 单击对话框中的【自动添加(A)】按钮，再单击【选择表中所有元件】按钮，发现列表框中的内容为选中状态，单击【确定】按钮，此时图形区中的模型如图 16.6.31 所示，工件上被【腔槽铣削】加工的部分消失。观察后恢复参考模型"shili"特征为显示状态，将"gongjian"特征设置为隐藏状态。

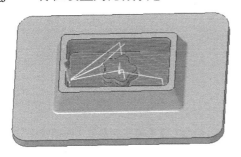 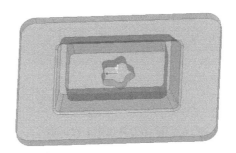

图 16.6.30　刀具仿真路径　　　　　　　　　图 16.6.31 腔槽铣削结果

11. 标准孔

（1）创建标准孔工序。

① 单击【铣削】选项卡【孔加工循环】区域中的【标准】按钮，界面顶部弹出【钻孔】操控板，如图 16.6.32 所示。

图 16.6.32　【钻孔】操控板

② 单击操控板中的【刀具管理器】按钮，弹出【刀具设定】对话框。调整对话框大小以显示下部按钮，单击顶部的【新建】按钮，设置刀具【名称】、【类型】和【几何】，单击底部的【应用】按钮，完成的设置如图 16.6.33 所示。单击【确定】按钮退出，检查操控板中的列表框中是否选用了"T0003"。

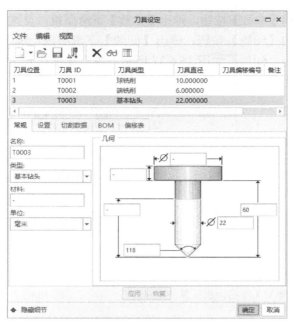

图 16.6.33　【刀具设定】对话框

③　单击操控板中的【参考】按钮，弹出【参考】下滑面板，设置【起始】的方式为 ⫢ （从选定面开始），并选中孔的上表面作为选定面；设置【终止】的方式为 ⫤（加工至选定参考），并选中模型的底面作为参考面，设置结果如图 16.6.34 所示。单击下滑面板中的【细节】按钮，弹出【孔】对话框，选择其中的 各个轴 选项，按住<Ctrl>键依次选中参考模型 4个孔的中心轴，设置结果如图 16.6.35 所示，单击【确定】按钮退出。

图 16.6.34　【参考】下滑面板设置

图 16.6.35　【孔】对话框

④ 单击操控板中的【参数】按钮，弹出【参数】下滑面板，设置内容如图 16.6.36 所示。

⑤ 单击操控板中的【间隙】按钮，弹出【间隙】下滑面板，选中 4 个孔的上表面作为【参考】，设置【值】为"60"，如图 16.6.37 所示。单击【钻孔】操控板中的【确定】按钮✔，完成钻孔参数的设置。

图 16.6.36 【参数】下滑面板设置

图 16.6.37 【间隙】下滑面板设置

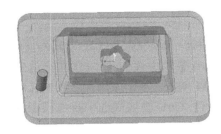

图 16.6.38 刀具的路径

（2）显示标准孔的刀具路径。

① 设置参考模型"shili"特征为隐藏状态、"gongjian"特征为显示状态。选中模型树中的 3. 钻孔 1 [OP010]，弹出浮动工具栏。单击浮动工具栏中的【播放路径】按钮，弹出【播放路径】对话框。单击其中的【播放】按钮 ▶，观测刀具的路径，如图 16.6.38 所示。

② 单击对话框中的 ▶ CL 数据，显示刀具位置数据。单击对话框顶部的【文件】按钮，在弹出的下滑面板中选择【保存】选项。单击【播放路径】对话框下方的【关闭】按钮退出。

（3）标准孔的加工仿真。

参照前面的加工仿真操作步骤对钻孔进行加工仿真，仿真路径如图 16.6.39 所示。

（4）进行标准孔的材料移除。

① 单击【铣削】选项卡【制造几何】区域中的倒三角，选择其中的【材料移除切削】选项，弹出【菜单管理器】对话框。依次单击出现在对话框中的【钻孔 1】选项和【完成】按钮，弹出【相交元件】对话框。

② 单击对话框中的【自动添加(A)】按钮，再单击【选择表中所有元件】按钮 ≡，发现列表框中的内容为选中状态，单击【确定】按钮退出。此时图形区中的模型如图 16.6.40 所示，工件上被【钻孔】加工的部分消失。观察后恢复参考模型"shili"特征为显示状态、"gongjian"特征为隐藏状态。

12. 轨迹铣削

（1）创建轨迹铣削工序。

① 创建高度参考平面：选中密封槽上部平面，单击【铣削】选项卡【基准】区域中的

【平面】按钮 □ ，弹出【基准平面】对话框，设置【偏移】距离为 "-6" （即朝底部偏移）。

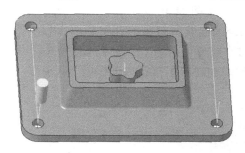

图 16.6.39 钻孔仿真路径

图 16.6.40 钻孔结果

② 单击【铣削】选项卡【铣削】区域中的  2 轴轨迹，界面顶部弹出【曲线轨迹】操控板，如图 16.6.41 所示。

图 16.6.41 【曲线轨迹】操控板

③ 单击操控板中的【刀具管理器】按钮 ⊤ ，弹出【刀具设定】对话框。调整对话框大小以显示下部按钮，单击顶部的【新建】按钮 □ ，设置刀具【名称】、【类型】和【几何】，单击底部的【应用】按钮，完成设置，如图 16.6.42 所示。单击【确定】按钮退出，检查操控板中的列表框是否选用了 "T0004"。

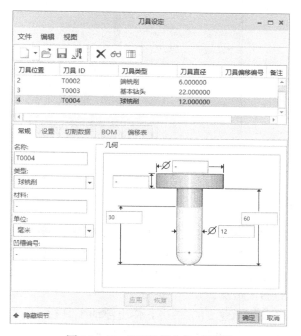

图 16.6.42 【刀具设定】对话框

④ 单击操控板中的【参考】按钮，弹出【参考】下滑面板，设置【起始高度】为密封槽的上表面，设置【高度】为刚刚创建的参考平面，如图 16.6.43 所示。单击下滑面板中的【细节】按钮，弹出【链】对话框，同时按住<Ctrl>键选取密封槽的外轮廓边作为参考，如图 16.6.44 所示。单击【确定】按钮退出，观察偏移方向是否正确（偏移方向箭头要朝内部），可通过下滑面板上的【偏移切削】复选框和【要移除的材料】按钮 进行调节。

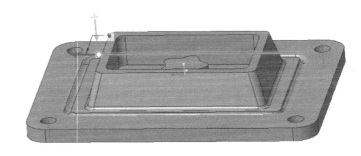

图 16.6.43 【参考】下滑面板设置　　　　　　　图 16.6.44 选取参考

⑤ 单击操控板中的【参数】按钮，弹出【参数】下滑面板，设置内容如图 16.6.45 所示。单击操控板中的【确定】按钮 ✔，完成设置。

（2）显示轨迹铣削的刀具路径。

① 设置参考模型"shili"特征为隐藏状态、"gongjian"特征为显示状态。选中模型树中的 4. 曲线轨迹 1 [OP010]，弹出浮动工具栏。单击浮动工具栏中的【播放路径】按钮 ，弹出【播放路径】对话框，刀具在图形区中的显示如图 16.6.46 所示。

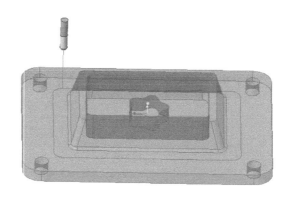

图 16.6.45 【参数】下滑面板设置　　　　　　　图 16.6.46 刀具显示

② 单击【播放路径】对话框中的【播放】按钮　▶　，观测刀具的路径。单击对话框中的 ▶ CL 数据，显示刀具位置数据。单击对话框顶部的【文件】按钮，在弹出的下滑面板中选择【保存】选项。单击【播放路径】对话框下方的【关闭】按钮退出。

（3）标准轨迹铣削的加工仿真。

选中模型树中的 4. 曲线轨迹 1 [OP010]，弹出浮动工具栏。单击浮动工具栏中的【材料移除仿真】按钮 打开【材料移除】操控板。单击操控板中的【启动仿真播放器】按钮 ，弹出【播放仿真】对话框，进行加工仿真，生成刀具的仿真路径如图 16.6.47 所示。单击【播放仿真】对话框的【关闭】按钮，再单击操控板中的 ✕ 按钮，退出仿真。

（4）进行轨迹铣削的材料移除。

① 单击【铣削】选项卡【制造几何】区域中的倒三角，选择其中的【材料移除切削】选项，弹出【菜单管理器】对话框。依次单击出现在对话框中的【曲线轨迹 1】选项和【完成】按钮，弹出【相交元件】对话框。

② 单击对话框中的【自动添加(A)】按钮，再单击【选择表中所有元件】按钮 ≡，发现列表框中的内容为选中状态，单击【确定】按钮退出。此时图形区中的模型如图 16.6.48 所示，工件上被轨迹铣削加工的部分消失。

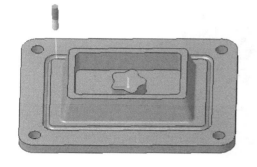
图 16.6.47　刀具仿真路径

图 16.6.48　轨迹切削结果

13. 全部加工步骤的刀具轨迹显示和加工仿真

按住<Ctrl>键在模型树中选中曲面铣削、腔槽铣削、钻孔和曲线轨迹四个加工步骤，在弹出的浮动工具栏中选择【播放路径】按钮 进行全部步骤的刀具轨迹显示；选择【材料移除仿真】按钮 进行全部步骤的加工仿真。

14. 查看工艺表

单击【制造】选项卡【工艺】区域中的【工艺管理器】按钮 ，弹出【制造工艺表】对话框，如图 16.6.49 所示。所有的加工工艺流程都在此有相应记录，单击【关闭】按钮退出。

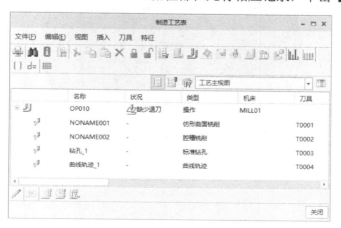
图 16.6.49　【制造工艺表】对话框

15. 保存制造文件

保存文件。

16.7 练习题

1. 壳体零件的铣削加工

壳体是铣削加工中常见的对象，对如图 16.7.1 所示的壳体零件采用 NC 模块进行自动数控加工，参考实例中的【腔槽铣削】和【钻孔】两个步骤完成以下模型。

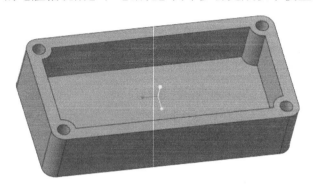

图 16.7.1　壳体零件

2. 圆盘零件的铣削加工

圆盘零件如图 16.7.2 所示，分别参考实例中的【曲面铣削】、【腔槽铣削】、【钻孔】和【轨迹铣削】来完成 NC 加工。

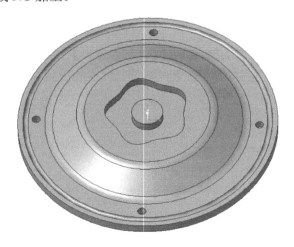

图 16.7.2　圆盘零件